高山嵩草草甸–牦牛放牧生态系统研究

董全民　丁路明　杨晓霞 等　著

赵新全　郎百宁　王启基　马玉寿　顾问

科 学 出 版 社

北 京

内 容 简 介

牦牛是青藏高原高寒牧区畜牧业的重要组成部分，对高寒草甸－牦牛放牧生态系统开展系统研究，是实现高寒草甸生态环境保护和畜牧业可持续发展的基础。本书系统总结了高山嵩草草甸－牦牛放牧生态系统中放牧制度（暖季放牧和冷季放牧）和放牧强度对“土壤－草地－家畜”3个界面的生态功能过程的影响及其机制；初步探讨了放牧后续效应对高山嵩草草甸生态系统的长期影响；全面阐述了牦牛生产力与放牧强度之间的关系；详细论述了牦牛放牧行为过程及其影响因素；深入讨论了高寒牧区放牧系统优化管理的理论和实践。

本书可供从事放牧生态学、草地管理学、恢复生态学及高寒牧区畜牧业生产管理研究的科研人员、高校教师和研究生阅读，也可为三江源地区生态环境保护、畜牧业可持续发展相关部门的管理人员及技术人员提供参考。

审图号：青 S（2019）112 号

图书在版编目（CIP）数据

高山嵩草草甸 - 牦牛放牧生态系统研究 / 董全民等著. —北京：科学出版社，2020.3
ISBN 978-7-03-063956-1

Ⅰ. ①高…　Ⅱ. ①董…　Ⅲ. ①牦牛 - 放牧 - 草原生态系统 - 研究
Ⅳ. ① S823.8　② S812.29

中国版本图书馆 CIP 数据核字（2019）第 300124 号

责任编辑：李　莎 / 责任校对：王万红
责任印制：吕春珉 / 封面设计：东方人华平面设计部

科学出版社 出版
北京东黄城根北街 16 号
邮政编码：100717
http://www.sciencep.com

北京中科印刷有限公司 印刷
科学出版社发行　各地新华书店经销

*

2020 年 3 月第 一 版　开本：B5（720×1000）
2020 年 3 月第一次印刷　印张：16
字数：296 000

定价：180.00 元

（如有印装质量问题，我社负责调换〈中科〉）
销售部电话 010-62136230　编辑部电话 010-62138978-2046（BN12）

资 助 项 目

国家自然科学基金项目

1. 牦牛和藏羊放牧生态系统中土壤－植物界面过程及其响应机制（项目编号：31370469）
2. 放牧制度和放牧方式对高寒草原土壤及植被更新影响的研究（项目编号：31772655）
3. 高寒草地放牧生态系统中放牧家畜－草地界面过程及机理研究（项目编号：30960074）

青海省重大科技专项

青藏高原现代牧场技术研发与模式示范（项目编号：2018—NK—A2）

青海省自然科学基金项目

1. 高寒草地放牧生态系统中土壤－植被界面过程及响应机制（项目编号：2012—Z—906）
2. 放牧方式对高寒草甸土壤碳氮磷生态化学计量特征的影响（项目编号：2017—ZJ—947Q）
3. 不同放牧管理方式（不同牛羊比例）对青藏高原草地放牧系统土壤呼吸及其组分和系统碳收支的影响（项目编号：2017—ZJ—948Q）

青海省“九五”科技攻关项目

“黑土型”退化草地植被恢复技术研究（项目编号：96—N—112）

青海省“高端创新人才千人计划”

1. 2017 年青海省“高端创新人才千人计划”之杰出培养人才——董全民
2. 2018 年青海省“高端创新人才千人计划”之培养团队（人才“小高地”）——“草地适应性管理”研究团队

第二次青藏高原综合科学考察研究

农牧业绿色发展与乡村振兴（项目编号：2019QZKK1002）

本书撰写成员

董全民　丁路明　杨晓霞　尚占环

施建军　张春平　俞　旸　景小平

序　一

青藏高原，被誉为“世界屋脊”“地球第三极”，平均海拔在3000m以上，面积达250万km^2，囊括西藏自治区和青海省的全部区域，新疆、甘肃、四川和云南等省区的部分地区。地理位置南起喜马拉雅山的南缘，北至昆仑山、阿尔金山和祁连山北缘，西部为帕米尔高原和喀喇昆仑山脉，东及东北部与秦岭山脉西段和黄土高原相接。这里重峦叠嶂、河谷切割，地势高耸，形成了十分独特的以藏系家畜为主的草业系统和以藏族群众为主体、多民族融合的高原文明。以青藏高原为主体的高寒草甸，在国家的经济社会发展、生态文明建设和文化传承中发挥着不可替代的作用。

在高寒草甸放牧系统中，牦牛和藏系绵羊是以青藏高原为起源地的特有家畜。牦牛是“世界屋脊”的“景观牛种”，在高寒草甸放牧系统中占有主导地位。牦牛主要赖以放牧的高寒草甸特别是高山嵩草（*Kobresia pygmaea*）草甸在我国主要分布于青藏高原和华北地区。高山嵩草是典型的寒冷旱中生植物，生活力很强，具有耐低温、耐干旱、耐践踏，营养价值高等优良特性，是青藏高原地区高寒草甸重要的优势种，在草地畜牧业中占有重要地位，在维持区域生态环境稳定方面具有重要意义。

牦牛的分布西起帕米尔高原，东至岷山，南自喜马拉雅山南坡，北抵阿尔泰山麓的广大高原、高山、亚高山的寒冷半湿润气候区域。牦牛生活区域的海拔一般在3000m以上，植被类型主要为高寒草甸（包括高山、亚高山草甸）、高寒沼泽及半沼泽。中国是世界牦牛的发源地，世界90%～95%的家养牦牛生活在中国青藏高原及其毗邻的6个省区，即青海、西藏、四川、甘肃、新疆和云南。其中，青海是我国繁育牦牛最多的省，其牦牛数量约占全国牦牛总数的40%；西藏和四川分别为牦牛繁育第二和第三多的地区；甘肃、新疆和云南也有较多的牦牛分布。

根据当代动物学分类，牦牛隶属于哺乳纲、真兽亚纲、偶蹄目、牛科、牛亚科、牛属。1776年，瑞典分类学家卡尔·冯·林奈将牦牛归为牛属（*Bos*），而英国分类学家Gray（1863）因牦牛与其他牛种在形态学上的差异，认为应当将牦牛划分为1个独立的属——牦牛属（*Poephagus*）。而后又有学者提出另外一种观点，将牦牛归为牛属、牦牛亚属。牦牛作为极少数能适应青藏高原特殊生态环境且延续至今的特有品种，是遗传学上一个极为宝贵的基因库，同时在分类学上具有重要的地位和研究意义。现存的牦牛有家养牦牛和野牦牛两种，均起源于原始牦牛。作为我国宝贵的畜种资源，家养牦牛是广大藏区人民重要的生产、生活资源，也是当地民族经济发展的资源依托，受到国内外学者和各级政府的高度关注。2018 年以来，国家和青藏高原牦牛产区地方政府对牦牛产业发展高度重视。2018 年 5 月 6 日，国家牦牛产业提质增效科技创新联盟在兰州成立；6 月 20 日，青海牦牛产业联盟在西宁成立；6 月 12 日，科技部重点研发计划 2018 年度重点专项“青藏高原牦牛高效安全养殖技术应用与示范”正式启动，牦牛产业创新发展进入新时代，牦牛科研和产业创新发展迎来了新的机遇和挑战。

20 世纪 80 年代初，怀揣着梦想和热忱，我首次踏上了青藏高原，与这片广袤深邃的高原大地结下了不解之缘——从牦牛和藏系绵羊的放牧生态学和动物营养学研究开始，到退化草地机理探究和修复技术研发，直至现在的三江源国家公园科学考察，所有的工作都伴随着高寒缺氧的环境和瞬息万变的气候，风餐露宿更是常事。受到客观条件的限制，高寒草地的畜牧业发展面临着更多的技术难题，在这里取得科学研究上的每一个进展都要付出加倍的努力，所以，更需要科技工作者无私的奉献，支撑起“生态–生产–生活”的协调发展。正因为如此，我格外关注在高寒草地从事草业科学研究的同事们，他们承受着常人难以想象的生存与生活压力，以“特别能吃苦、特别能忍耐、特别能战斗、特别能攻关、特别能奉献”的牦牛精神，始终默默地奋战在高原大地上。正是他们的奉献，高寒草地科研与创新的征程才能不断向前，正是他们的付出，支撑着青藏高原草地研究，他们是青藏高原草业科学研究的脊梁。

围绕国家和地方的重大战略需求，青海大学畜牧兽医科学院（青海省畜牧兽医科学院）董全民研究员率领的研究团队，联合兰州大学、中国科学院西北高原生物研究所等单位的科研人员，于 1998 年开始了高寒草甸–牦牛放牧系统的研究，本书集中反映了该团队的研究成果。

本书是作者们历时 20 余年，先后承担和参与的 10 项国家和省部级重大项目的部分成果，也展现了作者们脚踏实地、不懈探索、努力创新的科学精神。本书的付梓，使我们看到中青年学者们风华正茂、斗志昂扬，正在奋力攀登草业科技世界高峰，这是草业事业兴旺发达，走向更大辉煌的保证。我祝贺本书的出版，并期待着更多有关高山草原的力作问世。

中国科学院西北高原生物研究所研究员
中国科学院三江源国家公园研究院研究员

2019 年 11 月 25 日

序　二

牦牛（*Bos grunniens* 或 *Bos mutus*），是以青藏高原为起源地，分布于此地及其毗邻高山、亚高山高寒地区的特有珍稀牛种。牦牛隶属于哺乳纲、真兽亚纲、偶蹄目、牛科、牛亚科。牦牛对高寒生态条件有极强的适应性，耐粗、耐劳，在空气稀薄、寒冷、牧草生长期短等恶劣环境条件下能生活自如、繁衍后代，有“高原之舟”和“全能家畜”的美誉。牦牛既可用于农耕，又可作高原运输工具，为当地牧民提供肉、奶、毛、役力、燃料等生产生活必需品，是青藏高原牧民的重要生活和经济来源，也是当地畜牧业经济中不可缺少的重要畜种。

牦牛主要分布在青藏高原海拔 3000m 以上地区，在天山山脉、阿尔泰山脉、杭爱山脉、萨彦岭也有分布。世界 90%～95% 的家养牦牛生活在中国的青藏高原及毗邻地区：青海、西藏、四川、甘肃、新疆和云南。其中，以青海、西藏和四川的牦牛数量最多，分别约占全国牦牛总数的 40%、30% 和 23%。牦牛是我国宝贵的畜种资源，截至 2018 年，经国家畜禽遗传资源委员会审定、鉴定通过的牦牛地方品种共有 17 个，分别是分布于青海的青海高原牦牛、环湖牦牛和雪多牦牛；分布于西藏的娘亚牦牛、帕里牦牛、斯布牦牛、西藏高山牦牛和类乌齐牦牛，分布于四川的九龙牦牛、麦洼牦牛、木里牦牛、金川牦牛和昌台牦牛，分布于甘肃的甘南牦牛和天祝白牦牛，分布于云南的中甸牦牛及分布于新疆的巴州牦牛。

在高寒草甸放牧系统中，牦牛和藏系绵羊是以青藏高原为起源地的特有家畜，它们是唯一能充分利用青藏高原牧草资源进行动物性生产的畜种，其中牦牛在高寒草甸放牧系统中占主导地位。牦牛赖以放牧的高寒草甸特别是高山嵩草草甸在我国主要分布于青藏高原和华北地区。高山嵩草一般生长于高山草地、山间谷底和山坡上，是典型的寒冷旱中生植物，其营养价值高，具有很强的生活力，可耐低温、耐干旱、耐践踏、水土侵蚀等，是牦牛最重要的天然牧草之一。

近年来，国家和青藏高原牦牛产区地方政府高度重视牦牛产业的发展。2018 年 5 月 6 日，国家牦牛产业提质增效科技创新联盟在兰州成立；6 月 20 日，青海牦牛产业联盟在西宁成立；6 月 12 日，科技部重点研发计划 2018 年度重点专项“青藏高原牦牛高效安全养殖技术应用与示范”正式启动，这一系列事件标志着中国牦牛产业的创新发展进入新时代。

面对国家和地方的重大需求，青海大学畜牧兽医科学院（青海省畜牧兽医科学院）董全民研究员率领的研究团队，联合兰州大学、中国科学院西北高原生物研究所等单位的科研人员，于 1998 年开始了高寒草甸 – 牦牛放牧系统的研究。本书是作者们历时 20 余年研究成果的集中体现，展现了作者们脚踏实地，不懈探索、努力创新的科学精神。本书定量研究了放牧强度和放牧季节对草地土壤、植被和牦牛的影响，量化了高山嵩草草甸两季草场最适放牧强度、两季轮牧草场最佳配置及草场不退化最大放牧强度，并对高寒草地放牧系统优化做了展望。

本书研究历时长、系统性强，整体思路清晰、逻辑严密、论据充分、内容全面，研究结果为青藏高原高寒草地生态畜牧业发展和草地生态补偿中草畜平衡的确定提供了相应的基础数据，是一部具有科学研究价值和实践指导意义的学术专著，可以供草业科学、生态学和环境科学等领域的科研人员、草地管理者、教师和学生使用。特此推荐，是以为序。

青海大学畜牧兽医科学院（青海省畜牧兽医科学院）院长
青海牦牛产业联盟理事长
2019 年 11 月 27 日

前言

在高寒草甸放牧系统中，牦牛和藏系绵羊是以青藏高原为起源地的特有家畜，它们是唯一能充分利用青藏高原牧草资源进行动物性生产的畜种，特别是牦牛，是“世界屋脊”的“景观牛种”，因此在高寒草甸放牧系统中占有主导地位。然而，自然和人为因素的共同作用，导致青海省乃至青藏高原高寒草甸 - 牦牛放牧生态系统结构失调、功能衰退、恢复力减弱，严重影响高寒地区草地畜牧业的发展和牧民群众生活水平的提高，威胁青藏高原乃至下游地区的生态安全，因此受到国内外学者和各级政府的高度关注。

嵩草草甸是由寒冷中生、湿中生和旱中生多年生嵩草属（*Kobresia*）植物为建群种所形成的一种植被类型。在中国主要集中分布于两个区域：一是在青藏高原东部、南部及周围高山上部；二是在新疆维吾尔自治区北部的天山和阿尔泰山的高山带。除这两个分布区域，从青藏高原北部沿西秦岭向东可分布到秦岭主峰太白山及山西小五台山，向西经祁连山沿中部天山分布到帕米尔高原和西天山。嵩草草甸的发生、发展、空间分布格局及群落的种类组成、结构与功能等，同其他地带性植被一样，受一定的生态 - 地理条件的制约，是生物气候的综合反映，也是一定地区生物气候的综合产物，成为典型的高原地带性植被和山地垂直地带性植被。以高山嵩草为建群种的高山嵩草草甸，是青藏高原分布最广、面积最大的类型之一，主要分布在海拔 3200～5600m 的森林带以上的高寒灌丛带和广袤的高原面上，自北而南其分布海拔逐渐抬升。高山嵩草是一种耐低温、旱中生的种类，在高原及高山极端环境的胁迫下，形成植株低矮、生长密集、花期甚早、种子成熟率一般较低、克隆繁殖却非常发达等一系列形态 - 生态适应特征。

放牧是高山嵩草草甸唯一的利用管理方式，草地放牧系统是实现高山嵩草草甸可持续利用的载体。在青藏高原高寒牧区，放牧家畜不仅是草原的消费者和生产者，也是草原牧区社会文化的维持者。在 20 世纪 80 年代，主流观点是要实现“草畜平衡”，认为超载过牧是引起草地退化、草地生产力下降的主要原因，而减少家畜数量（低放牧强度）可维持草地健康。因此，草地生态系统的管理和实践均以草地载畜量低于其最大理论载畜量为主要目标。进入 21 世纪，人们逐渐形成新的观点，认为放牧草地是一个非平衡生态系统，对于草地管理应该是动态的。因为自 20 世纪 80～90 年代以来，频繁的自然灾害和长时间的干旱和寒冷，使家畜的数量很难超过草地的承载力，即使草地存在超载，频繁的雪灾可减少畜群的数量，降低放牧压力，进而使草地植被得以恢复。因此，有观点认为草地没有固定的载畜量，气候因子（主要是降水）对草地生产力的影响远远大于家畜放牧，这就是所谓的草地非平衡生态系统，而且平衡和非平衡是同时存在的。

20世纪后期以来，气候变化、人类活动等因素导致高寒草地发生大面积退化，严重制约青藏高原地区以草地畜牧业持续发展为纽带的社会、经济、环境的可持续发展。在国家青藏高原生态屏障建设及其他生态建设规划下，以协调生产－生态功能为核心的草畜平衡管理面临着巨大的挑战，是青藏高原草地生态系统管理当前最大的需求。如果结合区域社会经济的全面发展考虑，草畜平衡管理是由人对草原经济价值的追求程度所决定的，因此草畜平衡的背后是人与草的平衡，需要从社会－生态－经济复合系统的协调发展方面综合考虑，要兼顾生产和生态，平衡人居－草地－畜群放牧系统单元的结构，这可能是解决青藏高原草地生态系统可持续管理的关键。

在草地放牧系统中，草地植物（草）与放牧家畜（畜）相互依存，相互制约，牧草为牲畜的生长提供了所需的资源，而放牧过程则被认为是天然草原的主要影响因素和进化的驱动力。在生产实践中，调控放牧强度是长期以来行之有效的实现草畜平衡的技术手段。在基础理论研究中，以放牧强度作为主要控制因子而开展的研究极大地促进了草地学和畜牧营养学的结合，发展了放牧生态学。通过对不同放牧条件下草地植被进行动态研究，总结出了对生态演替的许多新认识，如状态－过渡模式、多稳态演替理论等。在草地放牧系统中，草和畜相互作用的过程和机制，如草地植被生产力的形成过程对放牧的响应，即家畜采食后牧草的再生性如何，尤其是是否存在补偿生长或者超补偿生长，及其对家畜生产的反馈作用，尚无定论；“中度干扰理论”、“生长冗余理论”和“优化放牧假设”等假说和理论的提出为放牧生态学奠定了重要的理论基础，但草畜平衡依然是放牧生态系统管理的核心，而放牧强度则是影响家畜生产力、草场恢复力和稳定性的重要因素，也是放牧管理的中心环节。

为此，“省部共建三江源生态与高原农牧业国家重点实验室学术骨干”、青海大学畜牧兽医科学院（青海省畜牧兽医科学院）董全民研究员自1998年起，在时任青海省畜牧兽医科学院副院长郎百宁研究员、中国科学院西北高原生物研究所王启基研究员及现任青海大学畜牧兽医科学院（青海省畜牧兽医科学院）副院长马玉寿研究员的带领和指导下，结合青海省“九五”科技攻关项目——“黑土型”退化草地植被恢复技术研究（项目编号：96—N—112），开始了高寒草甸－牦牛放牧系统的研究，并于2000年师从甘肃农业大学草业学院荣誉院长胡自治先生攻读硕士学位，2002年顺利完成硕士论文《高寒草甸草场牦牛优化放牧方案的研究》；自2002年又师从时任中国科学院西北高原生物研究所所长赵新全研究员攻读博士学位，结合国家“十五”科技攻关项目——江河源区退化草地治理技术与示范（项目编号：2001BA606A）和国家“十一五”科技支撑项目——

典型退化生态系统恢复技术集成（项目编号：2006BAC01A02）开展了高寒人工草地－牦牛放牧系统和牦牛冬季补饲育肥及模式研究，于2006年完成博士论文《江河源区牦牛放牧系统及冬季补饲育肥策略的研究》。在随后的十多年中，董全民研究团队联合兰州大学、中国科学院西北高原生物研究所和北京师范大学等单位的青年学者，结合国家自然科学基金项目——牦牛和藏羊放牧生态系统中土壤－植物界面过程及其响应机制（项目编号：31370469）、放牧制度和放牧方式对高寒草原土壤及植被更新影响的研究（项目编号：31772655）、高寒草地放牧生态系统中放牧家畜－草地界面过程及机理研究（项目编号：30960074）及青海自然科学基金项目——高寒草地放牧生态系统中土壤－植被界面过程及响应机制（项目编号：2012—Z—906）、放牧方式对高寒草甸土壤碳氮磷生态化学计量特征的影响（项目编号：2017—ZJ—947Q）、不同放牧管理方式（不同牛羊比例）对青藏高原草地放牧系统土壤呼吸及其组分和系统碳收支的影响（项目编号：2017—ZJ—948Q），开展了更为系统的高寒草地放牧生态系统的研究，量化了高寒小嵩草草甸两季草场的最适放牧强度、两季轮牧草场最佳配置及草场不退化最大放牧强度。这些研究成果为青海省草地生态畜牧业发展和草地生态补偿中草畜平衡的确定提供了基础数据，为国家重大生态工程项目的实施提供了技术支撑。

经文献检索，截至2018年研究青藏高原牦牛放牧生态系统的中英文文献共计83篇（中文文献61篇，英文文献22篇），其中本书作者的文献共计48篇（中文文献41篇，英文文献7篇）。本书作者的41篇中文文献的研究地点位于青海达日县的高寒草甸，主要通过牦牛放牧强度定量控制试验完成；其他作者的20篇中文文献主要以定性研究为主，定量研究较少，且研究地点分散，主要分布在西藏自治区那曲市（4篇）、四川省红原县（4篇）、甘肃省甘南藏族自治州（2篇）和天祝藏族自治县（7篇）、青海省玉树藏族自治州（2篇）和祁连县（1篇）。另外，英文文献共计22篇，国外研究机构有3篇，均为定性研究；国内研究机构有19篇，其中董全民研究团队有7篇，研究地点位于青海省果洛藏族自治州、海北藏族自治州和甘肃省天祝藏族自治县。其他12篇的研究地点分布在甘肃省甘南藏族自治州（3篇），四川省红原县（4篇），青海省玉树藏族自治州、海南藏族自治州和海北藏族自治州（5篇）。这些研究地点分散，缺乏定点定量较为系统的研究。更重要的是，牦牛作为唯一能充分利用青藏高原牧草资源进行动物性生产的特有牛种，其在高寒草地生态系统中的主导地位无可替代，然而目前国内外尚未有专门研究牦牛放牧系统的专著，不得不说是一种缺憾！

近年，特别是自2018年起，随着国家和青藏高原牦牛产区地方政府对牦牛产业发展的高度重视，多个牦牛产业联盟相继成立、相关研究项目相继启动。2018年5月6日，国家牦牛产业提质增效科技创新联盟在兰州成立；6月20日，青海牦牛产业联盟在西宁成立；6月12日，科技部重点研发计划2018年度重点专项“青藏高原牦牛高效安全养殖技术应用与示范”正式启动，牦牛产业创新发展进入新时代，牦牛科研和产业发展迎来了新的机遇和挑战。因此，希望本书的出版能对青藏高原牦牛放牧生态系统的研究，特别是牦牛产业的发展起到一定推动作用，这也是撰写本书最大的期望。

感谢本书的总顾问中国科学院西北高原生物研究所赵新全研究员、青海省畜牧兽医科学院原副院长郎百宁研究员、中国科学院西北高原生物研究所王启基研究员和青海大学畜牧兽医科学院（青海省畜牧兽医科学院）副院长马玉寿研究员的指导与帮助，衷心地感谢青海省项目管理中心（原工作于青海省畜牧兽医科学院）李清云副研究员、中国科学院西北高原生物研究所刘伟研究员和西南民族大学王长庭教授（原工作于青海省湟源牧校和中国科学院西北高原生物研究所），在进行试验设计和野外试验期间，提出了许多宝贵的意见和建议，给予了大力支持和无私帮助！感谢果洛藏族自治州农牧局李发吉副局长、果洛藏族自治州草原站李有福站长、王海波副站长在野外工作期间给予的支持和帮助！

本书各章的撰写分工如下：第 1 章由杨晓霞、董全民、丁路明撰写；第 2 章由董全民、杨晓霞撰写；第 3 章由董全民、施建军、杨晓霞、张春平撰写；第 4 章由董全民、施建军、张春平、杨晓霞撰写；第 5 章由董全民、张春平、杨晓霞撰写；第 6 章由董全民、杨晓霞、张春平撰写；第 7 章由张春平、杨晓霞、俞旸撰写；第 8 章由董全民、俞旸撰写；第 9 章由丁路明、施建军撰写；第 10 章由尚占环、景小平、俞旸撰写。此外，在本书的统稿过程中，刘文亭、褚晖、何玉龙、杨增增、冯斌、张艳芬、李彩弟等也做了大量的工作，在此一并表示感谢！

在本书撰写过程中，杨晓霞副研究员带领俞旸助理研究员、张春平副研究员、褚晖博士、刘文亭博士、何玉龙博士、杨增增硕士研究生和冯斌硕士研究生等人对书稿进行统稿及修订；俞旸助理研究员负责申请出版基金、联系出版社及经济效益核算；张春平副研究员负责 2018 年的野外取样、数据分析及更新，褚晖博士、刘文亭博士和何玉龙博士负责文献更新及复查等，他们为本书的完成做了大量的工作，凸显团队中年轻科研人员团结协作的精神、积极进取的活力与努力创新的智慧。可以看出，他们是草业科学事业发展的未来和希望所在！

本书是青海大学畜牧兽医科学院（青海省畜牧兽医科学院）“草地适应性管理”研究团队几代人工作的较为系统的总结，内容涉及放牧生态学、植物学、土壤学、草地管理学、地理信息学及经济学等多门学科。鉴于作者水平和时间有限，书中不足之处在所难免，恳请读者批评指正！

著　者

目录

1 绪 论

1.1 高山嵩草草甸生态系统

嵩草属（*Kobresia*）植物，隶属于莎草科（Cyperaceae），全属已知70余种，分布于亚洲的中国、尼泊尔、印度北部、阿富汗、克什米尔地区、哈萨克斯坦（中亚）、格鲁吉亚（高加索）、塔吉克斯坦（帕米尔高原）、吉尔吉斯斯坦（天山），欧洲的俄罗斯（阿尔泰山和西伯利亚），以及北美洲的美国等国家和地区。中国记录59种，4变种，集中分布于四川西部和西南部、云南西北部、西藏和喜马拉雅山区（中国科学院中国植物志编写委员会，2000），其地理分布见表1.1。

高山嵩草（*Kobresia pygmaea*）是嵩草属的重要成员，在我国广布于青藏高原和华北地区，一般生长于高山草地、山间谷底和山坡上，是典型的寒冷旱中生植物。高山嵩草的生命力很强，具有耐低温、耐干旱、耐践踏、耐水土侵蚀等优良特性，是青藏高原高寒草甸的重要优势种，在维持区域生态环境稳定方面具有重要意义。高山嵩草营养价值高，是家畜最主要的天然牧草之一，在草地畜牧业中占有重要地位。

1.1.1 高山嵩草个体和种群特征

高山嵩草植株矮小，高度通常为1～4cm（Miehe et al.，2019），常为垫状，秆纤细，有三钝棱，叶与秆近等长，刚毛状，平均每4个线形小叶为1个分枝（李希来等，1996），根状茎密丛状，根系发达，平展交织成一层紧密的网状草皮层（魏兴琥等，2003；杨元武等，2005）。高山嵩草一般于每年4月底至5月初返青，此时虽然气温变化剧烈，幼芽常处在冻害危险的状态，但是已可抽穗开花（周兴民，2001），这是因为高山嵩草在上一年秋季已经形成花芽原基或花芽，花

表 1.1 中国嵩草属植物地理分布*

物种序号	种名	分布区域												备注
		青海	西藏	甘肃	云南	四川	陕西	新疆	内蒙古	河北	山西	黑龙江	吉林	
1	细序嵩草 *Kobresia angusta*		+		+									
2	普兰嵩草 *Kobresia burangensis*		+											
3	线叶嵩草 *Kobresia capillifolia*	+	+	+	+	+		+	+					
4	薹穗嵩草 *Kobresia caricina*		+											
5	尾穗嵩草 *Kobresia cercostachya*		+		+	+								具有 1 个变种，发秆嵩草 *Kobresia cercostachya* var. *capillacea*
6	杂穗嵩草 *Kobresia clarkeana*		+											
7	截形嵩草 *Kobresia cuneata*	+	+	+		+								
8	短梗嵩草 *Kobresia curticeps*		+											具有 1 个变种，吉隆嵩草 *Kobresia curticeps* var. *gyirongensis*；原变种分布于印度（锡金）、尼泊尔，变种分布于西藏
9	弯叶嵩草 *Kobresia curvata*		+											
10	大青山嵩草 *Kobresia daqingshanica*								+					
11	藏西嵩草 *Kobresia deasyi*		+					+						
12	线形嵩草 *Kobresia duthiei*		+		+	+								
13	三脉嵩草 *Kobresia esanbeckii*		+		+									
14	镰叶嵩草 *Kobresia falcata*					+								

续表

物种序号	种名	分布区域												备注
		青海	西藏	甘肃	云南	四川	陕西	新疆	内蒙古	河北	山西	黑龙江	吉林	
15	蕨状嵩草 *Kobresia filicina*		+		+									具有 1 个变种，近蕨嵩草 *Kobresia filicina* var. *subfilicinoides*
16	丝叶嵩草 *Kobresia filifolia*			+					+	+	+			
17	囊状嵩草 *Kobresia fragilis*		+		+	+								
18	粉绿嵩草 *Kobresia glaucifolia*		+					+						
19	禾叶嵩草 *Kobresia graminifolia*						+				+			
20	贺兰山嵩草 *Kobresia helanshanica*								+					
21	矮嵩草 *Kobresia humilis*	+	+	+				+						
22	膨囊嵩草 *Kobresia inflata*		+		+									
23	甘肃嵩草 *Kobresia kansuensis*	+	+	+	+	+								
24	宁远嵩草 *Kobresia kuekenthaliana*				+	+								
25	湖滨嵩草 *Kobresia lacustris*					+								
26	疏穗嵩草 *Kobresia laxa*		+											
27	鳞被嵩草 *Kobresia lepidochlamys*				+									
28	藏北嵩草 *Kobresia littledalei*		+					+						
29	黑麦嵩草 *Kobresia loliacea*		+		+	+								

续表

物种序号	种名	分布区域												备注
		青海	西藏	甘肃	云南	四川	陕西	新疆	内蒙古	河北	山西	黑龙江	吉林	
30	长芒嵩草 *Kobresia longearistita*					+								
31	大花嵩草 *Kobresia macrantha*	+	+	+		+								具有 1 个变种，裸果嵩草 *Kobresia macrantha* var. *nudicarpa*
32	祁连嵩草 *Kobresia macroprophylla*	+		+										
33	玛曲嵩草 *Kobresia maquensis*			+		+								
34	门源嵩草 *Kobresia menyuanica*	+												
35	岷山嵩草 *Kobresia minshanica*			+		+								
36	嵩草 *Kobresia myosuroides*	+	+	+	+	+		+	+	+	+	+	+	
37	尼泊尔嵩草 *Kobresia nepalensis*		+		+	+								
38	亮绿嵩草 *Kobresia nitens*		+											
39	波斯嵩草 *Kobresia persica*		+											
40	松林嵩草 *Kobresia pinetorum*				+									
41	不丹嵩草 *Kobresia prainii*		+											
42	高原嵩草 *Kobresia pusilla*	+	+	+		+			+	+				
43	高山嵩草 *Kobresia pygmaea*	+	+	+	+	+		+	+	+	+			具有 1 个变种，新都嵩草 *Kobresia pygmaea* var. *filiculmis*
44	粗壮嵩草 *Kobresia robusta*	+	+	+										

续表

物种序号	种名	分布区域												备注
		青海	西藏	甘肃	云南	四川	陕西	新疆	内蒙古	河北	山西	黑龙江	吉林	
45	喜马拉雅嵩草 *Kobresia royleana*	+	+		+	+								
46	赤箭嵩草 *Kobresia schoenoides*		+		+	+		+						
47	四川嵩草 *Kobresia setchwanensis*	+	+		+	+								
48	坚挺嵩草 *Kobresia seticulmis*		+		+	+								
49	夏河嵩草 *Kobresia squamaeformis*			+										
50	细果嵩草 *Kobresia stenocarpa*		+	+				+						
51	匍茎嵩草 *Kobresia stolonifera*		+					+						
52	藏嵩草 *Kobresia tibetica*	+	+	+		+								
53	玉龙嵩草 *Kobresia tunicata*				+									
54	钩状嵩草 *Kobresia uncinoides*		+		+	+								
55	短轴嵩草 *Kobresia vidua*	+	+	+	+	+								
56	根茎嵩草 *Kobresia williamsii*		+											
57	亚东嵩草 *Kobresia yadongensis*		+											
58	纤细嵩草 *Kobresia yangii*					+								
59	玉树嵩草 *Kobresia yushuensis*	+												

* 表中各个物种的分布区域根据《中国植物志》汇编整理。

芽越冬后经春化作用于第二年春季返青的同时即可抽穗开花（杨元武等，2005），6月以后进入漫长的果后营养期，10月初开始枯黄（苗彦君等，2008）。营养枝和生殖枝的最快生长期基本一致，幼苗生长时倾向于先积累地下生物量，因此一般地下部分生物量远高于地上部分，根冠比（root shoot ratio）常大于20，甚至可达90（Li et al.，2008； Ingrisch et al.，2015； Schleuss et al.，2015）。植物体各部分的生物量比重按照根状茎、根、叶的顺序依次降低（高新中等，2008；李海宁等，2003）。

高山嵩草叶片的解剖特征显示出其对高寒地区低温、强光、干旱、强风等不良环境的适应（周兴民，2001；张晓庆等，2006；赵庆芳等，2007）。高山嵩草叶片的远轴面（abaxial side，即通常所说的“下表皮”）分布着发达的栅栏组织，使其既可以充分利用强光进行光合作用，又可以降低强光的伤害（周兴民，2001；张晓庆等，2006），同时在其近轴面（adaxial side，即通常所说的“上表皮”）分布有乳突，可反射强烈的紫外线，降低强辐射带来的损伤（赵庆芳等，2007）。高山嵩草叶片叶肉薄壁细胞发达，有的发生解体成为通气组织，这是由于高山嵩草分布区域中常常会有较为集中的降水，土壤水分较多甚至饱和，而使土壤通气状况较差，通气组织的存在有助于高山嵩草适应这种环境（周兴民，2001；赵庆芳等，2007）。高山嵩草叶片有较为发达的机械组织，主要分布于主脉和较大侧脉的远轴面及叶缘的近轴面（张晓庆等，2006），而且其维管束呈半环状排列，叶片横截面呈弓形（赵庆芳等，2007），这种特征可减少高原地区强风对叶片的损伤。高山嵩草叶片的远轴面及近轴面均分布着较厚的角质层，可有效地抵御低温和强辐射等不利环境（张晓庆等，2006）。此外，高山嵩草叶片气孔分布于远轴面，而且略微凹陷，利于减少蒸腾，从而提高光合效率。

高山嵩草种子很小，但生产能力较高，1m^{2}的高山嵩草可有100～5000个花序（Seeber et al.，2016），生产的种子可达4554粒（周兴民，2001），远高出同样面积上的矮嵩草（*Kobresia humilis*）和藏嵩草（*Kobresia tibetica*）的花序数和种子数。虽然在不同研究中，高山嵩草种子的萌发率有较大的差异（李希来等，1996；邓自发等，2002；苗彦君等，2008；王启基等，2008；黄锦华等，2009；Seeber et al.，2016），但不论是室内发芽试验还是野外原位发芽试验，高山嵩草种子的萌发率都比较低。邓自发等（2002）对未经处理的高山嵩草种子进行发芽试验，其在实验室内的萌发率为4%，而在野外的萌发率仅为1%；黄锦华等（2009）进行的发芽试验中，高山嵩草种子萌发率为13%；大部分研究者则是都未曾观测到高山嵩草种子萌发（李希来等，1996；苗彦君等，2008；王启基等，2008；Seeber et al.，2016）。研究显示将高山嵩草种子贮藏1～2年，可以提高其萌发率，但随着贮藏时间的延长，萌发率又会逐渐降低（黄葆宁和李希来，1996），这可能源于种子发生了劣变或者种子休眠类型发生了改变（乔有明，1996）。对种子进行种皮剥离、低温层积和化学处理后可提高萌发率，说明坚硬的种皮是抑制高山嵩草种子萌发的一个重要因素（邓自发等，2002；张国云等，2008，2011）。种皮致密的保护组织限制了气体的交换和水分的进入，同时也限制了胚根和胚芽的穿破能力（黄锦华等，2009；张国云等，2010）。但是高山嵩草种子的休眠是形态、生理生化多重因素控制下的综合休眠，如通过测定高山嵩草种子内源脱落酸含量的研究认为，较高的内源脱落酸含量与种子萌发率密切相关，因此解除种皮的物理限制依然不足以有效促进种子萌发。

由于种子萌发率低、杂交和多倍化等自然现象（邓德山等，1995）阻碍了野外生境中高山嵩草的有性繁殖，在自然条件下高山嵩草主要采用以营养繁殖为主、有性繁殖为辅的生殖策略（邓德山等，1995；邓自发等，2002；苗彦君等，2008）。营养繁殖主要通过二龄分蘖产生大量营养芽来实现（高新中等，2008），可达总繁殖的 90% 左右（邓自发等，2002）。尽管在自然条件下，高山嵩草的有性繁殖率很低（仅占高山嵩草总繁殖的 10% 左右），但是高山嵩草依旧从中获利颇多。同时进行两种繁殖，使高山嵩草既可通过营养繁殖拥有稳定的遗传基础，确保其生存和竞争力，又可通过有性繁殖获得遗传变异性，有利于高山嵩草对多变环境的适应，这也是高山嵩草可以广布于青藏高原多种生境中的重要原因（Miehe et al., 2019）。

高山嵩草是青藏高原高山嵩草草甸的建群种和优势种，其粗蛋白含量约为12%，甚至可达 17%，粗脂肪含量为 3%～5%，粗纤维含量则为 20%～30%（王宏辉等，2010；马玉寿和徐海峰，2013；石岳等，2013）。因此，高山嵩草具有草质柔软、营养丰富、适口性强等特点，为各类牲畜所喜食。李希来等（2003）研究了放牧强度对高山嵩草种群分株与克隆生长动态的影响，发现当有放牧压力时，高山嵩草单个分蘖的生物量积累高峰期提前，而且单个分蘖的生物量与放牧强度呈正相关关系，而杨元武等（2005）的研究则发现放牧可增加高山嵩草的总分蘖数和秆分蘖数，而放牧也会显著增加高山嵩草的营养繁殖力（王曦，2010），这都体现了高山嵩草的耐牧特性。因此，以高山嵩草为建群种的高山嵩草草甸是青藏高原重要的可更新草地资源（邓自发等，2002；李希来等，2003），具有重要的生态价值和生产价值，是发展青藏高原畜牧业的重要物种资源基础。

高山嵩草在控制高寒地区水土流失中起着重要作用，是维持良好生态环境的重要物种。因其是对长期放牧压力适应而形成的顶级群落的优势种，所以高山嵩草种群数量的变化，对群落结构、功能和微环境会产生很大的影响。以高山嵩草为建群种的高寒草甸是青藏高原分布最广的草甸类型之一（刘伟等，2009），它的稳定对控制高原水土流失，保持长江、黄河源头及中下游地区生态系统的稳定和平衡有着重要的作用。

1.1.2 高山嵩草草甸群落特征

高山嵩草草甸是高山和高寒气候的产物，是典型的高原地带性和山地垂直地带性植被类型（王长庭等，2004），是青藏高原分布最广、面积最大的类型之一。它集中分布在青藏高原东部及其周围高山上部，主要分布在海拔3200～5600m的森林带以上的高寒灌丛带和广袤的高原面上。分布地域的气候以寒冷、少雨、日照长、太阳辐射强、风大和蒸发量大为主要特征。其优势种是高山嵩草，主要的伴生植物有其他莎草科植物，以及禾本科（Poaceae）、菊科（Asteraceae）、玄参科（Scrophulariaceae）、龙胆科（Gentianaceae）、毛茛科（Ranunculaceae）、报春花科（Primulaceae）和大戟科（Euphorbiaceae）等植物（袁九毅等，1997；杨元合等，2004；周国英等，2006；Miehe et al.，2008），其中矮嵩草、异针茅（*Stipa aliena*）、垂穗披碱草（*Elymus nutans*）、美丽风毛菊（*Saussurea pulchra*）、矮火绒草（*Leontopodium nanum*）、麻花艽（*Gentiana straminea*）、雪白委陵菜（*Potentilla nivea*）、二裂委陵菜（*Potentilla bifurca*）和高山唐松草（*Thalictrum alpinum*）等为常见伴生种。

高山嵩草草甸群落外貌较为单一而整齐，层次分化不明显，总覆盖度在80%以上，草层低矮，株高3～5cm，生长较为密集，组成该群落的植物主要是旱中生植物或旱生植物，层片结构以地面芽植物为主（王启基等，1995b；周兴民，2001）。高山嵩草群落的小生境比较干燥，光照和蒸发强。周兴民（2001）对高山嵩草草甸群落中主要物种生态位的研究发现，作为建群种，高山嵩草在土壤水势、光照和坡向3个维度上表现出明显的生态位宽度优势，在群落内表现出对生境因子的适应和对资源利用的优势。

高山嵩草草甸群落的植物组成、物种丰富度、物种多样性等群落结构特征随着海拔或其他气候因子的变化而变化（杨元合等，2004）。在一定的海拔范围内，高山嵩草草甸的群落多样性指数和均匀度指数随海拔的升高而增加，而高山嵩草的相对多度随海拔的升高而降低（孙海群等，2000；贺连选和刘宝汉，2005）。高山嵩草草甸群落土壤pH、有机质、氮含量、磷含量等理化性质与海拔具有显著的相关关系，总的来说，能以有机质或其他稳定性质存在的营养元素含量在不同海拔呈现一定的规律性变化，而易淋溶的营养元素含量与海拔的相关性较弱，没有明显的规律（王瑞永等，2009）。不同海拔高山嵩草草甸的生态系统呼吸和土壤呼吸特征也具有一定的规律性，温度是决定呼吸变异的主要因子，此外它们对温度的敏感性随着海拔的升高和土壤水分含量的增加而增大（付刚等，2010）。

退化状态下的高山嵩草草甸群落特征与退化程度具有一定的相关性，其生物量、物种丰富度、多样性指数符合“中度干扰理论”，物种均匀度指数则在一定范围内随退化程度的加剧而增加（王文颖等，2006），高山嵩草的重要值和优良牧草的数量随退化程度的加剧而趋于降低（张静等，2008）。高山嵩草草甸轻度退化草地地上部分主要功能群碳含量、氮含量及碳氮比（C/N）明显高于重度退化草地，土壤含水量随退化程度的加剧而降低，并与植被盖度呈显著正相关关系（王文颖等，2006）。

近年来，全球气候变化明显，青藏高原作为全球气候变化的启动区和敏感区，其生态系统受到很大影响，加上过度放牧等人为干扰的加剧，高山嵩草草甸遭到严重破坏，许多已退化成黑土滩，严重影响当地经济发展和生态安全。对高山嵩草草甸的合理利用方式进行科学研究，是对其进行可持续利用的基础。

1.2 牦 牛 概 述

牦牛（*Bos grunniens* 或 *Bos mutus*[1]），是以中国青藏高原为起源地，分布于此地及其毗邻高山、亚高山高寒地区的特有珍稀牛种。牦牛隶属于哺乳纲、真兽亚纲、偶蹄目、牛科、牛亚科。牦牛可适应高寒气候，可充分利用高寒气候下的草地牧草资源，对高寒生态条件有极强的适应性，耐粗、耐劳，在空气稀薄、寒冷、牧草生长期短等恶劣的环境条件下能生活自如、繁衍后代，有“高原之舟”和“全能家畜”的美誉（Wiener et al.，2003）。牦牛叫声像猪鸣，所以又称猪声牛；因其主产于中国青藏高原藏族地区，也称西藏牛；因其尾如马尾，所以又名马尾牛；牦牛的藏语名称为“雅客”，英文名称乃是藏语名称的音译“yak”。牦牛既可用于农耕，又可作高原运输工具，为当地牧民提供奶、肉、毛、役力、燃料等生产生活必需品，是青藏高原牧民的重要生活和经济来源，也是当地畜牧业经济中不可缺少的重要畜种（张容昶，1989）。

1.2.1 牦牛的起源和驯化

有关牦牛起源的资料很少，根据古生物学的研究，在欧亚大陆的东北部

〔1〕 牦牛的拉丁名还可表述为 *Poephagus mutus*。*Bos* 代表牛属，而 *Poephagus* 代表牦牛属。对于牦牛应当隶属于牛亚科牛属还是牛亚科牦牛属，学术界尚存在争议。

地区更新世（约250万年前）的地层中，发现了大量的牦牛化石（Dyblor，1957；Belyar，1980；Flerow，1980；Olsen，1990），说明最晚在更新世，“原始牦牛”已经出现并大量分布于现在的中国华北、内蒙古，西伯利亚东部，中亚北部和阿拉斯加地区。更新世晚期的喜马拉雅运动使青藏高原的海拔提升到4500～5000m，山脉的隆起阻挡了从南方来的温暖湿润气候，使这个区域的气候变得寒冷，植被则演替为以高寒草甸为主（Wiener et al.，2003）的生态系统。现在的牦牛则是由于地壳运动、气候变迁而南移至青藏高原及毗邻地区，并能适应高寒气候而延续下来的牛种。

一般学者认为，家养牦牛是由生活在羌塘地区的古羌人[1]狩猎野牦牛并驯化而成的（Rhode et al.，2007）。牦牛被开始驯养的时间可以追溯到距今约1万年前，即旧石器时代结束与新石器时代开始时。到了公元前2800～前2300年的龙山文化时期，牦牛已被人类所饲养，意味着中国人饲养牦牛已有至少4300年的历史（Wiener et al.，2003），而牦牛的驯化也意味着人类在青藏高原定居具有了可能性（Wu and Wu，2004）。

Bailey等（2002）对中国、尼泊尔、不丹和蒙古国的牦牛进行线粒体DNA的比对分析，提出“在从野牦牛到家养牦牛的过程中，驯化发生了两次”的假设，他们用“分子钟”（molecular clock）估测家养牦牛与野牦牛的分化大约发生在5000年前，这个“分化时间”与一些历史典籍的记载及考古学证据大致符合。如在《山海经·北山经》中载曰：“（潘侯之山）有兽焉，基状如牛，而四节生毛，或曰旄牛”；“旄”在《说文解字》中释为“旄，幢也”，指古时用牦牛尾装饰旗杆顶部的旗子，“旄”在《周礼》《尚书》《国语》等古籍中均有记载。

1.2.2 牦牛的分类地位

根据当代动物学分类，牦牛隶属于哺乳纲、偶蹄目、牛科、牛亚科、牛属。1766年，瑞典分类学家卡尔·冯·林奈（Carl von Linné），将牦牛归在牛属（*Bos*），而英国分类学家Gray（1843）因牦牛与其他牛种在形态学上的差异，认为应当将牦牛划分为1个独立的属——牦牛属（*Poephagus*）。而后又有学者提出另外一种观点，将牦牛归为牛属、牦牛亚属。李齐发等（2006）通过对牦牛与牛亚科其他属在古生物学证据、形态学特征及分子生物学特征等方面研究资料的比

---

〔1〕《说文解字·羊部》载：“羌，西戎牧羊人也，从人从羊，羊亦声。”因此，古羌人是当时中原部落对西部（陕西、甘肃、宁夏、新疆、青海、西藏、四川）地区行“逐水草而居”迁徙农牧业生活方式的族群的泛称，是现代藏族、羌族、彝族和纳西族的祖先（Wu and Wu，2004）。

较分析，发现牦牛与牛属中的普通牛（*Bos taurus*）、瘤牛（*Bos indicus*）差异较大，认为应该将牦牛划分为牛亚科牦牛属，而非牛属或牛属中的一个亚属。

尽管对于牦牛应当归为牛属，还是牦牛属，或是牛属牦牛亚属，在学术界尚没有明确统一的定论，牦牛作为极少数能适应青藏高原特殊生态环境且延续至今的特有品种，是遗传学上一个极为宝贵的基因库，同时在分类学上具有重要的地位和研究意义。

1.2.3 牦牛的生物学特性

牦牛可适应青藏高原地区极低的温度，是由其生理及生态特征决定的。牦牛的体形利于防寒保暖：其体躯紧凑，颈短耳小，皮厚、表面积小，汗腺机能极不发达，被毛长度和细度不等且随季节变化，体侧及下部裙毛密而长，因此可御寒防湿，适应寒冷气候。牦牛胸廓大，心胸肌肉发达，气管粗短，红细胞大，血红蛋白含量高，呼吸、脉搏快，可适应高原缺氧环境；嘴巴宽大、嘴唇灵活，能啃食矮草；蹄质坚实且有软垫；性情温顺，反应灵敏，建立的条件反射比较巩固，容易驯化；抗病力强、抗逆性强、合群性强、食性广、耐饥渴，可以忍受粗放的饲养管理条件。牦牛的这些生理生态特征，使它们能够很好地适应高寒气候，并充分利用高寒气候下低矮的牧草资源（张容昶，1989；Long et al., 2008）。

1.2.4 牦牛的生境与分布

牦牛的分布西起帕米尔高原，东至岷山，南自喜马拉雅山南坡，北抵阿尔泰山麓的广大高原、高山、亚高山的寒冷半湿润气候区域。牦牛生活区域的海拔一般在3000m以上，植被类型一般为高寒草甸（包括高山、亚高山草甸）、高寒沼泽及半沼泽等。分布区内年平均气温为−3～3℃；昼夜温差常大于15℃；年平均降水量为350～500mm；年平均相对湿度为50%～60%；枯草期长，一年中通常只有4～5个月适合牧草生长，呈现海拔高、气温低、牧草生长期短等特点。

中国是世界牦牛的发源地，世界90%～95%的家养牦牛生活在中国青藏高原及毗邻的6个省区，即青海、西藏、四川、甘肃、新疆和云南。据估计，中国现有家养牦牛1400多万头（国家畜禽遗传资源委员会，2011），其中青海是我国繁育牦牛最多的省，其牦牛数量约占全国牦牛总数的40%；西藏和四川分别为牦牛繁育第二和第三多的地区；甘肃、新疆和云南也有较多的牦牛分布（牛春娥等，2009）。

除了中国，与中国毗邻的一些国家也有牦牛的分布。蒙古国是世界上牦牛分布第二多的国家，约有牦牛 71 万头，约占世界牦牛总数的 5%，其余有牦牛分布的国家有吉尔吉斯斯坦、哈萨克斯坦、尼泊尔、印度、阿富汗、巴基斯坦、不丹等。此外，美国、加拿大、英国和法国等国也有引进的牦牛品种，但多在动物园和公园内进行饲养和管理（张容昶，1989；Rhode et al.，2007）。

1.2.5 野牦牛的分布及现状

野牦牛被认为是家养牦牛的最近祖先，也是我国珍贵的野生动物资源。历史上野牦牛广泛分布于青藏高原及其东部边缘地区，现存野牦牛生活在包括青海、西藏、新疆南部边缘及甘肃西部边缘海拔高于 4500m 的高山地区，而主要分布地为西藏羌塘国家级自然保护区、青海可可西里国家级自然保护区及新疆阿尔金山国家级自然保护区。野牦牛一般栖息于海拔 2500～6000m 的高山草甸地带，人迹罕至的高山大峰、山间盆地、高寒草原、高寒荒漠草原等环境中，夏季甚至可以到海拔 5000～6000m 的地方，活动于雪线下缘。

野牦牛是被载入国际濒危野生物种贸易公约（Convention on International Trade in Endangered Species of Wild Fauna and Flora，CITES，1973）及国际自然及自然资源保护联盟（International Union for Conservation of Nature and Nature Resources，IUCN）的物种，也是我国一级保护动物。20 世纪中叶，野牦牛还曾广布于青藏高原及周边的高山地区，然而随着在这一区域的人类活动愈加频繁，野牦牛的生存遭受到巨大威胁，种群数量不断减少。据估计，野牦牛现存数量约为 15 000 头或更少（Rhode et al.，2007）。

与家养牦牛相比，野牦牛具有体型高大、心肺大、气管粗短、鼻窦膨大、血红蛋白含量和红细胞数高、汗腺不发达等特征，因此可以进行短促呼吸，可以适应气压低、含氧量低的高海拔环境。野牦牛四肢强壮，全身被长毛，几可触地。雄性成年野牦牛体高可达 200cm，体长为 200～260cm，甚至可达 300cm，体重为 600～1200kg；雌性成年野牦牛体型小于雄性个体，体重仅约 300kg（Lu，2000）。

1.2.6 藏族社会与牦牛文化

牦牛是藏族社会的重要财富，牦牛生产也是藏区畜牧业的重要基础。数千年来，牦牛和藏族人民相伴相随，成就了藏族人民的衣、食、住、行、运、烧、耕，涉及了青藏高原的政、教、商、战、娱、医、用，并且深刻地影响了藏族人民的精神世界。

牦牛为藏族人民的日常生活提供牛奶及牛奶制品。牦牛肉作为食物，牦牛粪作为燃料和建筑材料（牦牛粪可以用来垒院墙），皮毛作为制作衣物及帐篷的原料，牦牛的角及头骨则被作为宗教或日常的装饰品（Wiener et al., 2003）。在一些国家，如尼泊尔，牦牛血被认为具有药物功能而被饮用（Degen et al., 2007）。此外，牧民还通过与周边农民、商人和喇嘛等用牦牛产品进行物物交换以取得本地区不能生产的生活物资，如茶叶、青稞、香料和银器等（Rhode et al., 2007）。

在很长的一段历史时期内，牦牛是藏族人民重要的运输工具，牦牛作为高原运输工具的历史，至少可以追溯到2000多年前。2000多年来，牦牛驮着牧民的家四处游牧，在古代战争中，牦牛还甚至成为战士们的坐骑（林俊华，2000）。此外，牦牛也是牧民进行农耕的重要役力。因此在藏族家庭中，牦牛不仅作为一种家畜存在，更象征着一个家庭拥有的“财富”（Miller, 2000），牧民对牦牛非常尊敬（Gyal, 2015）。

牦牛还在与藏族人民的长期相处中，逐渐融入人们的精神世界，成就了独特的牦牛文化，既包括历史文化、畜牧文化、器物文化、丧葬文化、生态文化，也包括高原藏族的文学、艺术、音乐、舞蹈等审美文化，还涉及宗教和哲学文化（林俊华，2000）。

1.2.7 我国家养牦牛的主要生态类型与地方品种分类

20世纪70年代以来，陆续有研究者开展对我国家养牦牛生态类型（Ecotype）和地方品种（Breed）的分类研究。陆仲磷（1990）对我国25个地区牦牛资源材料所提供的体尺、生产性能、毛色、角的有无，特别是对体尺指数等进行综合分析后，按产地的生态条件将牦牛分为三大类型：西南高山峡谷区类型、青藏高原区类型和祁连山区类型；而蔡立等（1992）根据牦牛的形态和毛色特征、生产性能，并结合产地的地形地貌、草地类型等，把我国牦牛分为横断高山型和青藏高原型两大生态类型。目前大多数学者更认可由蔡立等提出的分类方法。现阶段，对于我国家养牦牛的地方品种分类，不同的学者之间尚有争议，认可度最高的是《中国畜禽遗传资源志：牛志》中12个地方品种和*The Yak*一书中11个地方品种的分类方法。

据《中国畜禽遗传资源志：牛志》，我国家养牦牛的12个地方品种，分别为九龙牦牛、麦洼牦牛、木里牦牛、中甸牦牛、娘亚牦牛、帕里牦牛、斯布牦牛、西藏高山牦牛、甘南牦牛、天祝白牦牛、青海高原牦牛和巴州牦牛。各地方品种中心产区及分布状况、品种来源与变化等如下。

1. 九龙牦牛

九龙牦牛原产地为四川省甘孜藏族自治州九龙县及康定市南部的沙德区海拔3000m以上的灌丛草地和高山草甸。中心产区位于九龙县斜卡和洪坝，处于横断山以东、大雪山西南面、雅砻江东北部的高山草原区。邻近九龙县的盐源县和冕宁县，以及雅安地区的石棉县等地也均有分布。

九龙牦牛的饲养记载最早见于《史记》《汉书》等史书。19世纪60年代至20世纪初，由于疫病流行、盗匪猖獗、部落械斗等原因，九龙牦牛一度濒临灭绝。据九龙县档案馆的历史资料记载，至1937年，九龙县全境牦牛仅存3000余头，现有的九龙牦牛是在此基础上发展壮大的。

九龙牦牛属于典型的横断山型牦牛，有高大和多毛两个类型，经过长期的人工选择和自然选择形成了一个具有共同来源、体型外貌较为一致、遗传性能稳定、产肉性能良好的优良品种。

2. 麦洼牦牛

麦洼牦牛原产地为四川省阿坝藏族羌族自治州，以红原县麦洼、色地、瓦切、阿木等地为中心产区，也分布于周边的阿坝、若尔盖、松潘、壤塘等县。

麦洼牦牛来自四川省甘孜藏族自治州北部色达、德格、炉霍、新龙等县，并混有青海果洛藏族自治州和四川阿坝地区的牦牛血统。20世纪初，康北地区的麦巴部落迁移定居到红原境内的北部地区，并将此地命名为“麦洼”，逐渐形成了稳定的“麦洼牦牛”。在麦洼地区曾有野牦牛生存，配种季节混入家养牦牛牛群中，一定程度上改进了麦洼牦牛的品质。

麦洼牦牛属于肉乳兼用型牦牛，对高寒草地，特别是沼泽草地有良好的适应性，具有产奶量和乳脂含量高的优良特性。但其毛色相对较杂，选育程度低，体格小，品种整齐度差，而且由于长期缺乏系统的选育，加之近亲繁殖、过度挤奶使犊牛发育受阻等原因，麦洼牦牛的品质有所下降。主要表现为体格变小、牛群整齐度差、生长发育迟缓，生产性能有一定程度的下降。

3. 木里牦牛

木里牦牛主要分布在四川省凉山彝族自治州木里藏族自治县，以东孜、沙湾、博窝、倮波、麦日、东朗、唐央等10多个乡镇为中心产区，在冕宁、西昌、美姑、普格等县也有分布。木里牦牛是由羌人南下四川定居时所带来，经过长期自然选择与人工繁育形成。

木里牦牛属于产肉型牦牛，具有抗寒和抗病力强、耐粗饲、抓膘能力强等优良特性，但其成熟较晚，肉乳生产性能较低。

4. 中甸牦牛

中甸牦牛主要产于云南省香格里拉市海拔2900～4900m的地区，如小中甸、建塘、尼汝、东旺等地，周边的乡城、德荣、稻城及大理白族自治州剑川县老君山等，在海拔2500～2800m的中山温带区的山地也有零星分布。

中甸牦牛是当地居民长期驯化野牦牛逐渐形成的家养牦牛的地方品种，因与四川稻城、乡城及西藏昌都相邻，历史上就有相互交换种牦牛和在交界地混牧的传统，故而中甸牦牛和相邻的藏东南康巴藏区牦牛血缘关系密切。

中甸牦牛属于产肉为主型牦牛，适应高海拔自然气候环境，乳脂率和肌肉粗蛋白含量高、氨基酸含量丰富，但其性成熟较晚，繁殖力低，生长相对缓慢。

5. 娘亚牦牛

娘亚牦牛原产于西藏自治区那曲市嘉黎县，故又称嘉黎牦牛，主要分布于嘉黎县东部及东北部各乡。

根据昌都、林芝两地新石器时代文化遗址的考古学发现，以及《逸周书》《诗经》《红史》等古籍记载，至少在距今4600年以前，当地羌人已经驯化了野牦牛。1900年前，古羌人陆续大规模南迁，约1200年前，有一部分羌人融入了当地的吐蕃社会，成为现代藏族的基本成分之一。娘亚牦牛的产地嘉黎县地处“羌塘”与诸羌故地之间，融汇了藏、羌两个民族，因这里地势高峻、草场广阔、牧业发达，娘亚牦牛是在这种背景下形成的一个古老的地方品种。

娘亚牦牛属于产肉型牦牛，其分布地区海拔高，日温差大，气候寒冷，空气中含氧量少。娘亚牦牛高度适应恶劣的自然环境，形成了耐粗饲、耐寒、个体大、产奶量高、乳脂率高等特性。

6. 帕里牦牛

帕里牦牛主产于西藏自治区日喀则市的亚东县帕里镇海拔2900～4900m的高寒草甸、亚高山（林间）草场、沼泽草甸草场、山地灌丛草场和极高山风化砂砾地。

根据敦煌古典文史资料记载，远在公元6世纪后半叶，在如今日喀则东部地区，出于种植业对畜力的需求，邻近牧区盛行养殖牦牛及繁殖牦牛以提供优良耕畜，牦牛逐渐在帕里适应，并在当地居民经济生活需求与自然条件下经过长期的选育逐渐形成了帕里牦牛这一个地方品种。

帕里牦牛属于肉乳役兼用型牦牛，其特征鲜明，生产性能较高而且稳定，在当地畜牧业发展中发挥了重要作用，在2006年被列入《国家级畜禽遗传资源保护名录》。

7. 斯布牦牛

斯布牦牛是在1995年全国畜禽品种遗传资源补充调查后命名的地方品种，原产地为西藏自治区斯布地区，中心产区是距离墨竹工卡县约20km的斯布山沟，东与工布江达县毗邻。

斯布牦牛是在雅鲁藏布江中游谷底形成的一个古老的优良品种。“斯布”是地名，原是历代班禅额尔德尼的牧场，多高山峡谷、牧草繁密、草质优良。20世纪30～40年代，有野牦牛群频繁出没，斯布牦牛是在这种优良高寒草甸草场及不断渗入的野牦牛基因的背景下，经长期选育形成的地方品种。

斯布牦牛属于兼用型牦牛，是西藏牦牛的一个优良类群，生产性能较好、繁殖性能较高，但选育程度不高。

8. 西藏高山牦牛

西藏高山牦牛也是在1995年全国畜禽品种遗传资源补充调查后命名的地方品种，主产区位于西藏自治区东部高山深谷地区，西藏自治区东部和南部的山原地区海拔4000m以上的高寒湿润草原地区也有分布。

牦牛驯养的历史与藏族的发展史密切相关。在林芝、昌都发掘出的大量文物证明，早在4600年前藏族人民已定居于此，并发展了畜牧业和种植业，因此西藏被认为是驯养野牦牛成为家养牦牛最早的地区。西藏高山牦牛中心产区嘉黎县的牧民，采用本地选母、异地选公，诱使野牦牛入群配种的选育方法，以及牦牛犊牛培育的传统方法等，加速了西藏高山牦牛的生产性能，使其成为乳肉役兼用型的优良品种，具有数量多、分布广和适应性强的特点。

9. 甘南牦牛

甘南牦牛主产区位于甘肃省甘南藏族自治州，以玛曲县、碌曲县和夏河县为中心产区，在该州其他县市也有少量分布。

甘南藏族自治州自古以来繁育牦牛，是牦牛原产区之一。甘南牦牛与分布在青海省玉树藏族自治州、果洛藏族自治州的青海高原牦牛来源相同，是经过长期自然选择和人工培育形成的能适应当地高寒牧区环境的牦牛地方品种。

甘南牦牛属于产肉为主型牦牛，是青藏高原古老而原始的畜种，长期生长在高寒缺氧的环境中，经过长期的自然选择和人工培育后，具有很强的抗逆性。

10. 天祝白牦牛

天祝白牦牛中心产区在甘肃省天祝藏族自治县，以毛毛山、乌鞘岭为中心的松山、柏林等19个乡镇。

1972年在天祝藏族自治县哈溪出土的铜牦牛经考古学家考证为汉代文物，是以天祝白牦牛为原型而铸，说明早在汉代，天祝地区就已经饲养白牦牛了。清代文献记载天祝藏、蒙两族人民，以白牦牛为图腾，视其为“神牛”、吉祥之物，加之白牦牛的毛能染色，可制作古代戏剧服饰的胡须、拂尘等，具有较高的经济价值，促使当地牧民注重白牦牛的选留和繁育。中华人民共和国成立后，各级政府重视白牦牛的品种选育，成立了天祝白牦牛育种试验场，划定保护区域，专门从事白牦牛的保种选育工作。

天祝白牦牛属于肉毛兼用型牦牛，是珍稀的牦牛地方品种和宝贵的遗传资源，其品种特征明显，被毛洁白，肉毛兼用，但是生产性能较低，体型外貌及生产性能个体差异较大。

11. 青海高原牦牛

青海高原牦牛是在首次全国畜禽品种资源调查时命名的，主产于青海高寒地区，大部分分布于玉树藏族自治州西部的杂多、治多和曲麻莱三县，果洛藏族自治州玛多县西部，海西蒙古族藏族自治州格尔木市的唐古拉山镇、天峻县木里苏里乡，以及海北藏族自治州祁连县野牛沟乡等地。

青海高原牦牛的始祖是当地的野牦牛。据《史记・五帝本纪》的零星记载和青海省海西蒙古族藏族自治州都兰县诺木洪塔拉哈遗址出土的用牦牛皮毛制成的生活用品和陶牦牛等，足以证明至少在3000年前古羌族已在青海省南部和西部驯化了现今尚存于昆仑山、祁连山的野牦牛，驯养而成今日的青海高原牦牛。

青海高原牦牛属于肉用型牦牛，在我国分布广、数量多、质量好，对青海高原高寒严酷的生态条件有着很强的适应能力。

12. 巴州牦牛

巴州牦牛中心产区位于新疆维吾尔自治区巴音郭楞蒙古自治州和静县、和硕县的高山地带，以和静县的巴音布鲁克、巴仑台地区为集中产区。

巴州牦牛是20世纪20年代时，从西藏引入和静县巴音部落（今巴音布鲁克区）饲养繁育，经90多年的选育，形成了一个具有共同来源、体型外貌较为一致、遗传性能稳定、产肉性能良好、适应性强的肉乳兼用型牦牛地方品种。

除上述在《中国畜禽遗传资源志：牛志》中收录的12个地方品种外，2014年经国家畜禽遗传资源委员会审定、鉴定通过1个地方品种——四川金川牦牛（农业部公告第2184号），2018年审定、鉴定通过4个地方品种——青海雪多牦牛、青海环湖牦牛、四川昌台牦牛和西藏类乌齐牦牛（农业部公告第2637号）。至此，经国家畜禽遗传资源委员会审定、鉴定通过，中国境内共有17个牦牛地方品种，分布于青海（3个）、西藏（5个）、四川（5个）、甘肃（2个）、云南（1个）和新疆（1个）6个省区。

金川牦牛主要分布在川西北高原阿坝藏族羌族自治州西南部的金川县，在阿坝藏族羌族自治州壤塘县、甘孜藏族自治州道孚县和丹巴县等山原地带也有零星分布。公、母牦牛均有角，头部狭长，嘴宽唇薄。体型高大紧凑，胸廓深大，耆甲较高，背腰平直，肩颈结合良好，体躯呈矩形。四肢强健，四肢较长而粗壮，前肢直立，后肢弯曲有力。蹄质结实，后腿粗壮，肌肉发达。全身被毛密长，多为头、胸、尾部白色，身躯黑色，极少有纯白色的。腹部、胸前裙毛长，尾根着生较低，尾长，尾毛多，丛生帚状。公牦牛头部粗重，额宽，雄壮结实；母牦牛面部清秀，骨盆较宽，乳房丰满，性情温和。金川牦牛属于肉乳兼用型牦牛地方品种。

雪多牦牛主要分布在青海省黄南藏族自治州河南蒙古族自治县境内，中心产区为河南蒙古族自治县赛尔龙乡兰龙村，是由当地野牦牛经千百年自然选择和人工驯化而成的。雪多牦牛体型宽而长、骨粗壮、体质结实。公牛角基较粗，角粗圆且长，角间距宽，呈双弧环扣不密闭圆形，少数角尖后张，呈对称开张形。母牛角细，部分无角，无角牛颅顶隆突。蹄圆而坚实，蹄缝紧合，蹄周具有马掌形锐利角质，两悬蹄较分开。被毛粗、垂顺、亮泽，鬃毛短、裙毛界线清晰。毛色一致性高。雪多牦牛血缘来源基本相同，经长期自群繁育，具有基本一致的外貌特征、繁殖性能和生产性能，对高海拔的严酷缺氧条件具有较强的适应性，主要经济性状遗传稳定。

环湖牦牛主要分布在青海省海北藏族自治州、海南藏族自治州、海西蒙古族藏族自治州境内的半干旱草原草场和草甸草场，中心产区为海北藏族自治州的海晏县和刚察县及海南藏族自治州贵南县、共和县和同德县。环湖牦牛被毛主要为黑色，部分个体为黄褐色或带有白斑。体格较小，体型紧凑，体躯健壮。头部近似楔形、大小适中，部分无角，有角者角细尖。四肢粗短、蹄质结实。公牦牛头型短宽，肩峰较小，尻短；母牦牛头型长窄，略有肩峰，背腰微凹，后躯发育较好。环湖牦牛耐粗饲、耐高寒、合群性好，对高海拔地区缺氧及寒冷的气候条件具有很强的适应性。

昌台牦牛中心产区位于四川省甘孜藏族自治州白玉县境内的纳塔乡、阿察乡、安孜乡、辽西乡、麻邛乡及昌台种畜场。主产区分布在石渠、色达、德格、甘孜、新龙、理塘、雅江等县。昌台牦牛以被毛全黑为主，也有少量头、四肢、尾、胸、背部带白色花斑的个体和青灰色个体，前胸、体侧及尾部着生长毛，尾毛呈帚状。头大小适中，90% 有角，额宽平，颈细长，胸深，体窄，背腰略凹陷，腹稍大而下垂，胸腹线呈弧形，近似长方形。公牦牛头粗短，角根粗大，向两侧平伸而向上，角尖略向后、向内弯曲，眼大有神，髻甲高而丰满，体躯略前高后低；母牦牛面部清秀，角较细、短、尖，角型一致，颈较薄，髻甲较低而单薄，后躯发育较好，胸深，肋开张，尻部较窄略斜。体躯较长，四肢较短，蹄小，蹄质坚实。

类乌齐牦牛主要分布在西藏自治区昌都市的类乌齐县，中心产区为该县的类乌齐镇、卡玛多乡、长毛岭乡和吉多乡。类乌齐牦牛体格健壮，其头部近似楔形，嘴筒稍长，面向前凸，眼大有神。肩长，背腰稍平，前胸开阔发达，四肢粗短。身上毛绒密布，下腹坠有裙毛，尾毛丛生如帚，毛色不一，但以黑色居多。类乌齐牦牛属于肉用型牦牛地方品种。而据 *The Yak*，中国家养牦牛的 11 个地方品种为青海高原牦牛（Plateau yak of Qinghai）、青海环湖牦牛（Huanhu yak of Qinghai）、甘肃天祝白牦牛（Tianzhu white yak of Gansu）、甘肃甘南牦牛（Gannan yak of Gansu)、西藏帕里牦牛（Pali yak of Xizang)、西藏斯布牦牛（Sibu yak of Xizang)、西藏嘉黎（高山）牦牛［Jiali（Alpine）yak of Xizang］、四川九龙牦牛（Jiulong yak of Sichuan)、四川麦洼牦牛（Maiwa yak of Sichuan)、新疆巴州牦牛（Bazhou yak of Xinjiang）及云南中甸牦牛（Zhongdian yak of Yunnan)。

除上述地方品种外，我国家养牦牛的第一个培育品种，也是目前唯一的培育品种为青海大通牦牛。青海大通牦牛是由中国农业科学院兰州畜牧与兽药研究所和青海省大通种牛场培育，于2004年通过农业部（现：农业农村部）畜禽品种审定委员会审定（国家畜禽遗传资源委员会，2011)。青海大通牦牛培育的父本是捕获于昆仑山（1头）和祁连山（2头）的野牦牛，母本则为青海环湖牦牛，利用横交方法建立育种核心群，强化选择与淘汰，以生长发育速度、体重、抗逆性、繁殖力为主选性状，以肉用为培育方向，经三四个世代横交培育而成。

21世纪以来，研究者多采用基因技术手段（如染色体和蛋白质多态性分析、线粒体DNA限制性片段长度多态性分析、线粒体测序分析和基因型分析等）进行牦牛地方品种间的遗传距离和品种差异的研究（Long et al.，2008)，但尚无统一定论。

1.2.8 牦牛的发展现状

在牦牛产区，终年放牧、靠天养畜的饲养方式和极度粗放的经营管理，使牦牛始终处于“夏饱、秋肥、冬瘦、春乏”的恶性循环中。夏秋季节牧草生长旺盛，营养过剩，造成营养物质的浪费；冬春季节牧草枯萎，营养供应不足，导致牦牛营养不良。这种供需矛盾严重影响牦牛的生产效益，同时长期的营养失控，使牦牛育肥慢，饲喂周期长，周转慢，商品率低。尤其是遇到周期性的雪灾，由于没有贮备饲料，大量的牦牛死亡，造成严重的经济损失。在牦牛泌乳期，牧民们为了得到更多的牦牛奶，进行掠夺式挤奶，导致牦牛的营养经常处于匮乏状态，不利于母牦牛复壮、抓膘，同时也影响母牦牛的发情率、受胎率和产犊成活率。更重要的是，这种挤奶方式，严重阻碍了牦牛的生长发育，使其生长减慢，断奶重、日增重等指标明显偏低，这些负效应最终导致牦牛死亡率高、总增重率低、出栏率低等一系列不良后果，形成严重的恶性循环。由于鼠虫害严重破坏和对退化草地缺乏科学管理，特别是放牧强度和放牧制度不合理，而最终导致的草地退化，使草地生产力下降，优良牧草减少，毒杂草比例增加，牧草品质降低，伴随而来的是牦牛个体变小、体重下降、畜产品减少、出栏率和商品率低、能量转化效率下降等一系列问题，严重影响着牦牛业生产的发展和当地畜牧业经济效益的提高（董全民和李青云，2003；Long et al.，2008)。

1.3 草地放牧系统

草地放牧系统（grassland grazing system）在赋予系统的功能与结构协调平衡基础上的生产与生态功效的结合意义之外，更突出了系统生产的最高目的性（Barioni et al.，1999）。草地放牧系统是一个复杂的生态系统，由许多因素组成，包括牧草、家畜、土壤和气候等，这些因素之间相互作用、相互影响（董全民等，2014）。其中，牧草和家畜是草地放牧系统中的主体，牧草是草地生态系统的初级生产者，而家畜既是牧草的消费者，也是畜产品的生产者。草地为家畜提供饲草，家畜则通过采食、践踏、排泄等活动影响牧草生长，它们处于一个矛盾的统一体中（王华静等，2008）。人类是放牧系统的设计者、管理者和受益者，家畜是人类－草原的关系纽带，在人类生产活动的管理下，家畜－草原的相互作用为放牧生态系统的进化提供了最直接的动力，因此，草地放牧系统是通过"地境（土）－植被（牧草）－家畜－人居"各界面过程耦合而成的（任继周等，2000）。

草地放牧系统中，草与畜之间相互影响、相互制约。放牧强度的调控是实现草畜平衡有力的技术手段，放牧强度的研究促进了草地学和畜牧营养学的结合，发展了放牧生态学。不同放牧条件下草地植被的动态研究，一直是发展生态演替理论的有效途径。当今对生态演替的许多新认识，如状态－过渡模式（Westoby，1989）、演替多稳态理论（Laycock，1991），均出于对放牧系统中植被的研究。放牧系统草畜互作方式，如草地植被在放牧影响下的生产力变化，即家畜采食后植物的再生能力，尤其有无补偿生长和超补偿生长，以及这种生长对家畜生产的反馈作用等，仍存在很大的争议。"中度干扰理论"（Connell，1978；Sousa，1984；杨持和叶波，1995）、"生长冗余理论"（张荣等，1998）和"优化放牧假设"（McNaughton，1976，1979，1985；Hilbert et al.，1981；Dyer et al.，1986）等的提出为放牧生态学的发展奠定了理论基础，但这种草畜互作方式因所研究的草地生态系统的具体特征而异，决定于放牧系统所处的生物、物理条件及管理措施（Noy-Meir，1993），可靠的研究数据并不多见。在放牧生态系统中，家畜的种类、数量、放牧时间和放牧强度都会对草地产生影响；牧草的生产、种类及牧草不同生长阶段也影响家畜的放牧利用。大量研究表明，在草地放牧系统管理中，草畜平衡是草场管理的核心和理论基础，放牧强度是影响家畜生产力、草场恢复力和稳定性的重要因素，也是放牧管理的中心环节，而且放牧强度比放牧体系更重要（Jones Sandland，1974，1980；Wilson Macleod，1991；McNaughton et al.，

1989；王启基等，1995a；周立等，1991a，b，c，d；汪诗平等，1999；董全民等，2005）。Hodgson（1990）对放牧系统管理的理论和具体技术进行了全面的论述，对之后的放牧系统管理的研究和实践产生了深远的影响。20 世纪 90 年代至今，放牧管理的研究大多沿着组织转化和具体的管理措施进行，也就是 Hodgson 理论体系的发展和延伸，同时也体现出信息技术在该领域的推广和应用（尚占环和姚爱兴，2004）。

1.3.1 放牧对动物的影响

动物作为消费者是草地生态系统的重要组成部分，包括放牧家畜、植食性啮齿动物、食谷鸟类、肉食性动物、植食性昆虫和腐食性昆虫等。

1）放牧对家畜的影响

放牧家畜通过采食、践踏和排泄影响草地，继而对放牧家畜自身的个体大小、生产性能和牧草利用率等产生反馈效应（周华坤等，2002），而且食草动物在进化过程中的成功，以及它们作为牧养家畜的最终价值，取决于它们从食物资源中获取足够营养的能力（Hodgson，1990）。研究发现藏系绵羊体重随放牧强度的增加而减小，重、中、轻度放牧条件下，藏系绵羊个体平均增重依次为 36.77kg、41.89kg、44.38kg；5～9 月，中度放牧下增重最大［94.88g/（只・天）］，轻度放牧下增重居中［81.61g/（只・天）］，重度放牧下增重最小［70.50g/（只・天）］。不同放牧干扰压力下，藏系绵羊对牧草的消化利用率也有所不同，重度放牧条件下藏系绵羊对牧草有机物质的消化率在返青期、草盛期和枯黄期没有明显差异，而在中度放牧和轻度放牧条件下其对牧草有机物质的消化率在草盛期显著高于返青期和枯草期（赵新全等，1988）。

在青藏高原高寒草甸上，有关放牧强度对牦牛生产力影响的研究不多。陈友慷等（1994）研究发现四川省红原县亚高山草甸，放牧强度对牦牛日增重有明显影响，牦牛夏季放牧强度以 0.24 牦牛单位 /hm^2 为宜，但放牧前期，牦牛放牧强度可相应增大到 1.20 牦牛单位 /hm^2，此时虽然牦牛日增重明显下降，但草地第二性生产力却提高，据此他们认为适当增大放牧强度、采取轮牧方式是提高草地第二性生产力的重要措施。另外，Jones 等（1974）对从热带到温带的 33 种不同植被类型放牧场的大量放牧强度试验的分析，周立等（1991a，b，c，d；1995a，b，c，d）在中国科学院海北定位站矮嵩草草甸进行的藏系绵羊放牧试验，以及汪诗平等（1999）在内蒙古典型草原对绵羊的放牧试验的结果一致，他们认为放牧强度与家畜个体增重呈线性回归关系。另外，周立等（1991）指出，试验第一年无论是全年放牧、夏秋草场或冬春草场，还是年度增长，放牧强度对藏系绵羊个体增重未显示出明显影响，但在第二年，藏系绵羊的个体增重随放牧强度的减小而增加，表明放牧强度已成为影响藏系绵羊个体增重的关键因素。

2）放牧对植食性啮齿动物、昆虫和土壤动物的影响

高寒草地植食性啮齿动物主要有高原鼠兔（*Ochotona curzoniae*）、甘肃鼠兔（*Ochotona cansus*）、根田鼠（*Microtus oeconomus*）、高原鼢鼠（*Myospalax baileyi*）和喜马拉雅旱獭（*Marmota himalayana*）等，它们构成了高寒草地生态系统消费者的优势种群（周华坤等，2002）。放牧强度可改变植食性啮齿动物的栖息环境和食物资源（刘季科等，1991；刘伟等，1999），导致喜隐蔽生境的根田鼠和甘肃鼠兔种群密度下降，喜开阔生境的高原鼠兔和营地下生活、喜食植物地下轴根的高原鼢鼠数量增加，改变了啮齿动物种类的多样性和均匀度（周华坤等，2002）。边疆晖等（1994）的研究表明，放牧强度与啮齿动物群落多样性指数存在显著正相关关系，而与均匀度指数的关系则相反，符合草地小型哺乳动物群落决定于栖息地结构特征的假设。另外，吴亚和金翠霞（1982）研究发现，高寒放牧草地昆虫的多样性指数明显低于不放牧草地；刘新民等（1999）的研究表明，内蒙古典型草原大型土壤动物的密度、生物量、群落多样性、均匀度、种类丰富度与放牧强度呈负相关关系。

1.3.2 放牧对植物的影响

放牧是草地最重要和最普遍的利用方式（Asner et al.，2004），是影响草地植物功能性状（Díaz et al.，2007），维系群落结构和生态系统功能（Eldridge et al.，2016）的最重要的干扰因素。在漫长的进化过程中，放牧家畜与植物相互依存、协同进化，形成了稳定的放牧生态系统。放牧过程依赖于草地植物的形态特征等功能性状（如植物是直立还是匍匐，氮含量的多少，是否具有刺等防御性结构都会影响植物的可采食性），同时放牧过程对植物功能性状乃至植被群落结构和功能均产生深刻的影响（Day and Detling.，1990；Huntly，1991）。

1）放牧对植物功能性状的影响

植物功能性状是植物在个体水平上对外界环境长期响应与适应后呈现出来的可量度的特征（Violle et al.，2007），包括形态特征、解剖特征、生理特征和生物化学特征等。植物功能性状体现其在长期的进化过程中，与环境相互作用而形成的内在生理和外在形态的适应对策，反映在进化和群落构建过程中对环境的响应（Fernando et al.，2010）。植物功能性状的差异影响个体在特定生境中的生长、生存和繁殖，从而影响个体在特定环境中的适合度（Shipley et al.，2016）。这种

适合度影响了种群动态和种间竞争，进而决定群落的组成和结构，最终这些因素都会通过对能量和资源的捕获、损失和循环的影响对生态系统过程产生影响（Lavorel and Garnier，2010；Garnier，2012）。

植物功能性状有很大的变异范围，除了功能群（如草本植物与木本植物等）与生物群系（如草原与荒漠等）的差异外（Wright et al.，2004），在环境因素发生变化时（如光照、温度、水分等），植物功能性状也会有相应的变化（Raouda et al.，2005；Díaz et al.，2007；Poorter et al.，2010）。不同物种和功能群的功能性状对环境因素的响应不同（道日娜等，2016；张景慧等，2016；Wellstein et al.，2017）。尽管其内在机制尚不明确，但是这种物种间不同的响应，同一物种各性状的不同响应，对物种、群落乃至生态系统都有重要的影响（Poorter et al.，2010）。

与植物个体整株性状有关的指标包括植物的生活史（一年生或多年生）、功能群类型（杂类草、禾本科植物、豆科植物等）、适口性及植物个体株高等（Díaz et al.，2007）。当有放牧压力存在时，一年生植物生存优势大于多年生植物，低矮的植物优于高大的植物，匍匐型的植物优于直立型的植物，莲座状或半莲座状的植物优于丛生型的植物（Díaz et al.，2007）。Díaz 等（2001）的研究表明，在这些个体整株性状中，个体株高是反映植物对放牧响应的最佳指标，而将株高、生活史和叶片干重结合能更好地预测植物对放牧的响应。Vesk 等（2010）和 Zheng 等（2011）的研究则进一步指出植物个体株高对放牧的响应还受到水分状况的影响，如在内蒙古典型草原，降水丰沛的年份，羊草的株高仅在重度放牧下降低，而在降水稀少的年份，羊草的株高在放牧存在时即表现为降低，而且降低的程度随着放牧强度的增加而增加（Zheng et al.，2011）。

除了植物个体株高外，植物叶片功能性状与植物获取资源和抵抗环境压力的能力密切相关，多被用于植物对放牧强度的响应研究，常用的指标有：叶片干重、比叶面积（specific leaf area，SLA），比叶重（leaf mass per area，LMA）和叶片干物质含量等。放牧条件下，随着放牧强度的增加，植物逐渐形成避牧性和耐牧性的特征，表现出株高、SLA、叶碳含量和叶磷含量降低，适口性降低（避牧特征）；LMA 和生长率增加（耐牧特征）；叶片尺寸趋于减小（Díaz et al.，2001）。SLA 作为一个重要的叶片性状将植物资源投资和生长过程相联系，被广泛应用于植物对放牧响应策略方面的研究。有研究表明，在放牧强度较小时，SLA 高的物种比 SLA 低的物种种群数量减少快，因为 SLA 高的物种通常叶氮含量高、适口性好，所以在放牧强度较低时，家畜会优先采食。而在高放牧强度下，家畜采食压力加大，所有物种都会被采食，此时由于 SLA 高的物种再生速率较快而生存机会较大（Westoby，1999）。内蒙古荒漠草原的放牧试验也表明 SLA 可以作为荒漠草原植物生存对策的指示指标，随着放牧强度的增加，优势物种的 SLA 基本呈降低趋势（安慧，2012）。Poorter 等（2010）通过对不同生境中物种的综合分析发现，具有较高 SLA 及较低 LMA 的叶片更易被动物采食，加之其会有更高的光合速率和相对生长速率，意味着当群落的 LMA 较低时，该群落承载（动物）采食的能力增加（在家畜放牧的草原，即为载畜力的增加）；而在物种水平上，则有可能增加该物种在群落中的竞争力。植物功能性状在放牧压力下的变化反映了植物的可塑性（Díaz et al，2001；Vesk et al.，2010；Zheng et al.，2010）。在放牧压力下，植物的 SLA、叶氮含量、光合速率等的变化趋势受到物种及资源可利用性（光照、水分等）的影响，因此呈现出在不同草地类型上的不同物种对放牧的响应存在差异。

2）放牧对群落结构和植物生产力的影响

家畜放牧是草地生态系统中植物群落结构与特征发生变化的主要驱动因子（Nuñez et al.，2010；Stahlheber and D'antonio，2013），通过对地上生物量的消耗、选择性采食、对植物的直接践踏及压实草地土壤等过程，放牧影响物种在群落内的竞争力和物种间互作等，从而对物种多样性和群落结构产生影响。

研究表明，草地群落物种多样性对放牧及其不同强度的响应在不同的草地类型之间具有比较一致的规律：在有放牧压力存在时，群落物种多样性通常会增加，但是随着放牧强度的增加，群落的物种多样性会迅速降低，也就是在中等放牧强度或适度放牧压力下，群落的物种多样性维持在最高水平（Taddese et al.，2002）。如在内蒙古典型草原和青藏高原高寒草地的研究均发现，在中度放牧强度下，群落物种多样性达到最大值，而当放牧强度进一步增加时，物种多样性则开始降低（段敏杰等，2010）。

20 世纪以来，因过度放牧造成了中国草原及世界其他国家草原的大面积严重退化，很多研究者开展了关于放牧强度对草地生态系统影响的试验，包括对草地群落结构、生物量的影响等。持续放牧下南美洲阿根廷草地上禾本科植物的优势度降低，而杂草和外来物种的优势度增加；此外有放牧压力时，冷季型物种在群落中占优势，而没有放牧压力时，暖季型物种在群落中占优势（Facelli and Deregibus，1989）。在青藏高原高寒草地，过度放牧改变不同功能群在群落中的占比，如禾本科植物比例下降，而莎草科植物和毒杂草比例上升（董全民等，2004a；段敏杰等，2010）。在内蒙古典型草原，随着放牧强度的增加，群落种类组成和根系功能群类型趋于简单化，而且群落的建群种出现了明显的替代现象，在轻度放牧时，群落的建群种为密丛型根系的克氏针茅，在中度放牧时为疏丛型根系的糙隐子草，而在重度放牧时则为鳞茎型根系的碱韭（雒文涛等，2011）。关于放牧对植被现存量和生产力的研究表明，不同放牧强度均会减少植被的地上现存生物量（薛睿等，2010），而且使得优良牧草（禾本科和豆科植物）个体生物量降低，在群落中的比例也降低（赵彬彬等，2009）。也有研究发现在重度放牧强度下，地上现存生物量反而增加，这一般是由于杂类草地上现存生物量的大量增加。如在内蒙古小针茅草原上轻度、中度放牧强度下地上现存生物量降低，而重度放牧强度下地上现存生物量反而增加，是因为一年生杂类草猪毛菜的地上现存生物量迅速增加（王国杰和汪诗平，2005）。草地地下生物量通常与放牧强度呈负相关关系，对于多年放牧的草地，随着退化演替的进行，地下生物量变化趋势可能发生改变（袁璐等，2012）。如地下生物量会在放牧后增加，但优质牧草的根量均呈减少趋势，且放牧有促使植物的根系向土壤上层集中的趋势。然而在放牧情况下，植被净生产力不等于地上现存生物量，而是等于被家畜采食植物的生物量与地上现存生物量之和。McNaughton（1983）和 Holechek（1981）认为放牧会通过：①减少地面覆盖物积累，提高土地水分保存率、疏枝冠叶层的透光率及植物的光合再循环；②清除消耗资源的低效组织；③降低叶片衰老速度和引入生长刺激物（唾液）等机制使植物产生补偿生长。一般认为有超补偿生长、等补偿生长、欠补偿生长 3 种类型。大量研究均发现适度放牧可以促进植物超补偿生长，增加植物的净生产力，有利于草地生态系统结构和功能的稳定。

1.3.3 放牧对土壤的影响

在草地生态系统中，土壤是生产最重要的基质，是许多营养的储存库，是动植物分解和循环的场所，是牧草和家畜的载体（高英志等，2004）。因此，研究放牧和草地土壤理化性质的关系，既能阐明放牧的生态学后果，又有助于揭示过度放牧导致土壤退化的机理。放牧对草地土壤的影响主要取决于放牧强度、放牧制度、放牧季节、放牧动物行为等。

放牧主要影响表层土壤物理性状，包括土壤容重和渗透阻力（Shi et al.，2013）、风蚀和水蚀、土壤孔隙的空间分布、土壤团聚体稳定性和渗透率、土壤水分含量、土壤有机质、土壤氮含量和土壤微生物等（Greenwood et al.，1997；安慧和徐坤，2013；Ford et al.，2013；Liu et al.，2015）。随着放牧强度的增加，动物践踏作用增强，土壤孔隙分布的空间格局发生变化，土壤的总孔隙减少，土壤容重和渗透阻力增加（高英志等，2004），另外土壤团聚体稳定性和渗透率也会降低（Greenwood et al.，1997）。但在有机质含量很低的沙质土壤中，放牧强度的增加造成有机质含量降低，土壤的团粒结构减少，稳定性团聚体减少，土壤结构遭到破坏，使土壤容重反而降低（Franzluebbers et al.，2000）。

李香真和陈佐忠（1998）发现，在中度放牧强度下，0～10cm 土壤层中氮含量最高；Abbasi 和 Adams（2000）也认为长期的高强度放牧会降低土壤氮的利用率，从而导致氮从生态系统中流失；但 Shi 等（2013）的研究却发现放牧对土壤全氮含量没有影响。放牧对土壤氮含量的影响主要通过以下两方面来实现：一方面，群落中的主要优势种对动物采食存在一种补偿机制（Ritchie et al.，1998），使植物的富氮组织和器官增加（Jefferies et al.，1994），凋落物分解加速，再加上动物的排泄物，最终导致系统的周转加快，加速了氮的净矿化速率（王启兰和杨涛，1995）；另一方面，放牧通过食草动物对优质牧草的择食而增加劣质植物（较低的氮含量或含化学防御的有机化合物）的多度，引起植物群落发生变化，抑制氮的矿化和有效性。

放牧通常会改变群落物种组成、降低植物生产力，从而减少向土壤的碳输入（Bagchi and Ritchie，2010； Sun et al.，2011； Ma et al.，2016）。放牧对土壤氮循环的影响，还受土壤碳含量及组分的影响（高英志等，2004），因为碳的有效性是控制微生物矿化－固定动态循环的重要因子。此外，放牧通过改变植物地上地下物质的分配、改变枯落物的质量及微生境，从而加速土壤有机质的分解（Luo et al.，2010）。放牧还能通过改变土壤微生物的活性和多样性来改变土壤有机质的同化和分解（Ingram et al.，2008），家畜排泄会增加土壤中物质的可获得性（Olofsson，2009），从而增加土壤微生物的活性，加速土壤有机质的分解。不同放牧管理方式、草地类型、植物群落或同一植物群落不同因素的干扰，都会对土壤微生物产生不同的影响。放牧家畜通过采食、踩踏、排泄影响营养物质的转换、土壤的物理结构及微生境的变化等，进而对土壤微生物群落组成及其活性产生直接或间接的影响（Ford et al.，2013）。目前关于放牧对土壤微生物量的影响的研究结果之间存在分歧，一般来说，放牧会降低土壤微生物量，而且放牧强度越大，土壤微生物量降低得越明显（Raiesi and Asadi，2006；Shrestha and Stahl，2008；Ford et al.，2013）；还有研究表明放牧对草地土壤微生物量的影响不显著（Moussa，2007）。所以，目前来说由于草地类型、放牧年限及放牧强度不同，放牧对土壤微生物量的影响有促进、抑制和无影响 3 种结果。此外，国内外关于放牧强度对土壤微生物酶活性的影响进行了大量的研究（Keck et al.，2009），其研究结果之间也存在明显差异。

在高寒草甸放牧系统中，土壤类型主要有高山草甸土、高山灌丛草甸土和沼泽土，土壤中有机质含量高，氮、磷、钾含量丰富，但速效氮和速效磷含量低，养分的有效率较低（张金霞等，1995；周兴民，2001）。家畜放牧活动通过践踏、采食和排泄等影响草地，对草地土壤产生直接影响（侯扶江等，2004）。放牧强度过大易造成土壤结构的破坏和养分的损耗，对土壤微生物的活动和土壤呼吸等均产生影响（周华坤等，2002；Cao et al.，2003）。土壤呼吸是在土壤中进行的生物化学和生物学过程的综合指标，土壤释放出的 CO_2 主要是微生物活动及植物根系、土壤动物等呼吸作用的产物。放牧干扰改变了地表覆盖状况，影响土壤温湿度和理化性质，也就对土壤呼吸产生了影响。放牧高寒草地的土壤 CO_2 释放量低于未放牧草地，重度放牧高寒草地的土壤 CO_2 释放量低于轻度放牧草地，这有可能改变整个高寒草地的碳循环，进一步对高寒草场生态系统的碳源汇效应产生影响（张金霞等，2001；Cao et al.，2003）。高寒草甸生态系统中氮主要贮存在土壤库中（周兴民，2001），放牧强度越大，流入家畜体内的氮量越高，归还量越少，加速了整个草甸生态系统氮的流失，易引起草场生产力下降（周华坤等，2002）。高寒草甸土壤中磷含量非常丰富，全剖面（0～64cm）磷的总贮量可达 5.47kg/hm^2，经过一个生长季节，高寒草甸生态系统净损耗磷可达 1.58kg/hm^2，其中通过放牧作用以畜产品永久消耗的磷量占 36.07%（曹广民等，1991，1995，1999）。随着放牧强度增加，放牧家畜产品输出本身加速了磷向系统外的流失，同时植物地上部分的归还量降低，此外因放牧强度的增加使群落优势植物种群发生消长演替，植物地下根系对磷的固持增加，这一切加速了土壤磷的流失，无法满足牧草生长需要，导致草地退化（周华坤等，2002）。

1.4 高寒草甸－牦牛放牧生态系统研究的意义

在高寒草甸放牧系统中，牦牛和藏系绵羊是以青藏高原为起源地的特产家畜，是唯一能充分利用青藏高原牧草资源进行动物性生产的畜种。特别是牦牛，是“世界屋脊”的“景观牛种”，其在高寒草地生态系统中占有主导地位（张容昶，1989）。三江源的牦牛总数约占青海牦牛总数的 73%，因此牦牛放牧系统中草畜关系直接影响三江源草地生态系统的稳定与可持续发展。但长期以来，由于掠夺式的经营方式和粗放的管理模式，使牦牛始终处于“夏饱、秋肥、冬瘦、春乏”的恶性循环之中，牦牛的生产处在低水平的发展阶段（Dong et al.，2003；董全民等，2003）。同时，随着人口的迅速增长和牦牛数量的迅猛增加，加之不合理的放牧强度和放牧体系及虫鼠害危害等，导致草地严重退化、沙化，黑土滩退化草地面积逐渐扩大，草地生态环境日趋恶化（马玉寿等，1999），不仅严重影响牦牛畜牧业的发展和经济效益的提高，威胁高寒草地畜牧业的可持续发展和人类的生存环境，而且对长江和黄河中下游地区的经济发展提出严峻挑战（赵新全等，2005）。这种发展趋势引起了国内外专家、学者和政府有关部门的密切关注；同时，随着《中华人民共和国草原法》的实施，草场和家畜承包到户，家庭牧场生产结构的优化，经济效益、生态效益和社会效益已引起人们的极大关注（赵新全等，2000，2005；徐世晓等，2005）。

然而，尽管高寒草甸绵羊放牧系统的研究已有部分报道（刘季科等，1991；王启基等，1995a；周立等，1991a，b，c，d），但牦牛放牧系统的研究还未全面展开（陈友慷等，1994；王晋峰等，1995；董全民等，2006a，b），这种状况与青海省作为牦牛大省和“牦牛之都”的现状和发展要求极不相称。

青海省是我国主要牧区之一，草地资源丰富。高寒草甸草场是其主要的植被类型，面积达 1906.7 万 hm^2，约占全省草场面积的 49%。牦牛是组成高寒草甸生态系统的主体，因此高寒草甸 - 牦牛放牧生态系统在青海畜牧业生产中占有举足轻重的地位和作用。但是，由于对草场的不合理利用，以及近年来青海省人口的增长和家畜数量的迅猛增加，青海省果洛藏族自治州草地退化情况尤为严重，中度以上退化草地面积是可利用天然草地面积的 63%（董全民等，2017）。草地的退化又引起放牧家畜生长速度减缓，生产力下降，严重影响青海省畜牧业持续发展和经济效益的提高。

通过研究放牧强度对高寒草甸第一性生产力、植物群落、土壤养分及放牧牦牛生产力的影响，可为确定合理的放牧强度，探讨最优的放牧方案，从而获得更高的草地生产力，实现高寒草甸生态环境保护和畜牧业发展的平衡，同时为研究超载过牧引起的草地退化机理提供科学依据。

2 研究区域概况及研究方法

2.1 研究区域概况

本书第 3～8 章的所有研究均在青海省果洛藏族自治州达日县窝赛乡进行（第 9 章研究样地概况在该章节中有详细描述）。达日县位于青海省果洛藏族自治州的东南部（东经 98° 15′～100° 33′，北纬 32° 36′～34° 15′），地处四川、甘肃和青海三省交界处，西部与玛多县为界，北部与玛沁县和甘德县隔黄河相望，东部与久治县相连，东南部与班玛县相邻，南部和西部则以四川省的色达县和石渠县为界（图 2.1）。达日县面积约 1.6 万 km^2。境内绝大部分地区海拔在 4000m 以上，最高海拔 5260m，在达日县最西北的桑日麻乡；最低海拔为 3820m，在最东部的德昂乡。

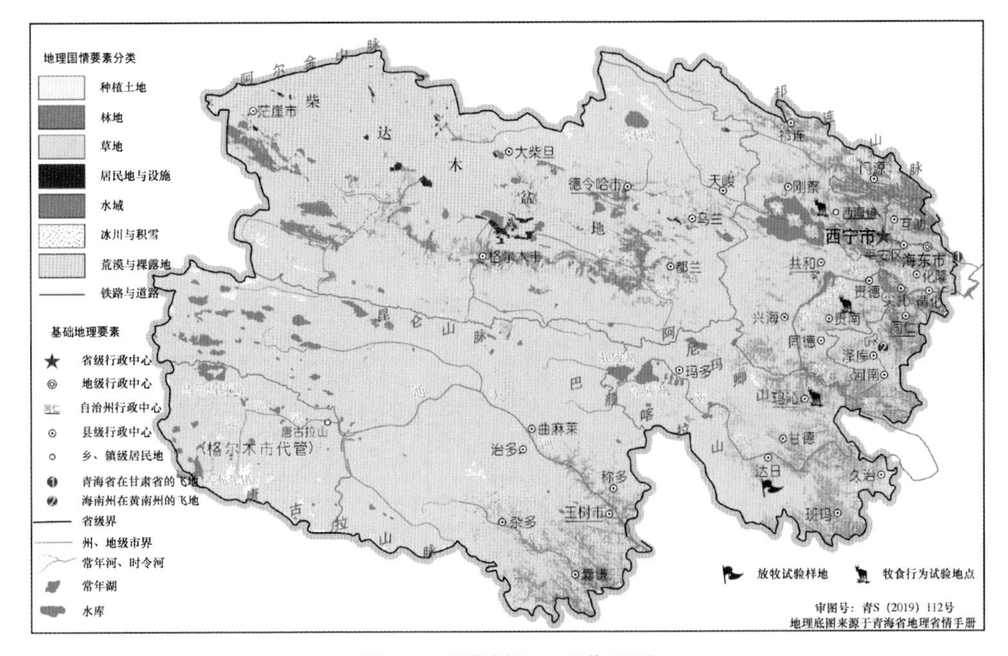

图 2.1 研究样地地理位置图

2.1.1 气候特征

达日县属于高寒半湿润半干旱性气候，气候寒冷，多年平均温度（1998～2018年）为0.15℃（图2.2）。最冷月1月的月平均温度为−15.7℃（2015年1月），最热月8月的月平均温度为11.9℃（2016年8月），≥0℃的积温为1081℃，≥5℃的积温为714.9℃，生长季为5个月左右，无绝对无霜期。1998～2018年平均降水量为576mm，年蒸发量为1119.07mm，远大于降水量，但是此地降水多集中于生长季（5～9月），雨热同季，有利于牧草生长。多年生长季平均温度（1998～2018年）为7.9℃，生长季降水量为474mm，为全年降水量的82.3%（图2.3）。

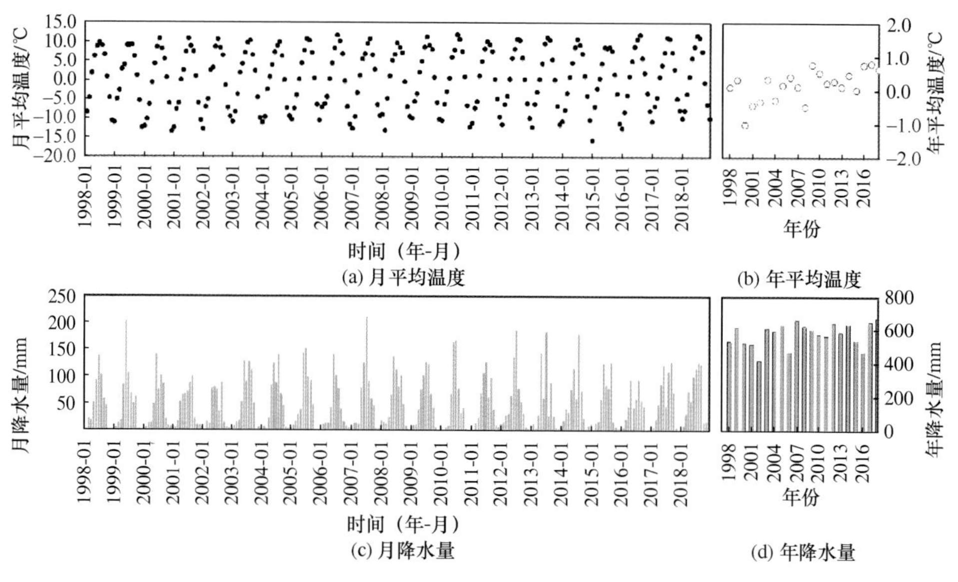

图2.2　1998～2018年达日县大气温度和降水量变化图

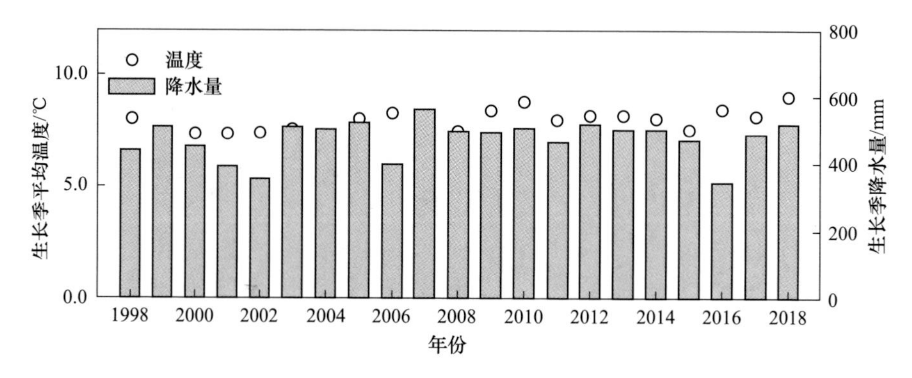

图2.3　1998～2018年生长季（5～9月）平均温度和降水量变化图

2.1.2 植被状况

达日县草地植被以高寒草甸为主，可进一步细分为高山草甸、灌丛草甸和沼泽化草甸。这些草地具有明显的垂直分布规律：海拔 4800m 以上为石山地带，生长着具被毛、具刺的耐寒植物，如水母雪兔子（*Saussurea medusa*）、红景天（*Rhodiola rosea*）等；海拔 4000～4700m 的山地阴坡和半阴坡分布着以嵩草属植物为主的高寒草甸；海拔 3820～4300m 的阴坡和半阴坡分布着以高山柳（*Salix cupularis*）和金露梅（*Potentilla fruticosa*）为主的灌丛草甸。

2.1.3 土壤类型

土壤的形成、发展与自然条件和植被的发生、演替有密切的关系，它们互为条件，相互作用，相互制约，在漫长的演化过程中形成了统一的自然综合体。达日县草地以嵩草属植物为建群种的高寒草甸为主，其土壤类型主要为高山草甸土。高山草甸土又称黑毡土、亚高山草甸土、草毡土，是在高原和高山低温中湿条件及高寒草甸植被下发育的土壤类型。成土母质为多种多样的冰积物、冰积沉淀物、冲积物、残积物和坡积残积物，因分布地域的气候寒冷且较为湿润，土壤有较长的冻结期，一般为 3～7 个月。

高山草甸土的形成和发育过程较为年轻，有强烈的生草过程（高寒草甸土的成土过程以强烈的生草过程为主导），此外由于干冷季节和温湿季节的交替变化，引起土壤内部物质发生一定程度的淋溶和淀积，使土壤呈现出因地形和坡向等局部气候影响造成的差异（周兴民，2001）。

2.2 放牧试验设计

2.2.1 试验样地概况

试验样地植物群落是由以高山嵩草、矮嵩草等莎草科植物为建群种和优势种，垂穗披碱草和高原早熟禾（*Poa alpigena*）等禾本科植物为次优势种，鹅绒委陵菜（*Potentilla anserina*）、黄帚橐吾（*Ligularia virgaurea*）及甘肃马先蒿（*Pedicularis kansuensis*）等阔叶草为伴生种组成的高寒草甸群落。本试验开始时，草地处于轻度退化状态。

2.2.2 试验设计

为了提供有实践意义的结果，遵循研究区域长期实行的两季草场轮牧制度（Dong et al.，2015），将试验样地分为暖季草场（夏季和秋季放牧）和冷季草场（冬季和春季放牧）的两季轮牧草场。

本试验分为两个阶段。第一阶段为 1998 年 6 月～2000 年 5 月，主要研究放牧强度对两季轮牧草场高寒草甸生态系统中“土－草－畜”3 个界面的影响，从理论上探讨高山嵩草草甸牦牛的最优放牧方案，为高山嵩草草甸的合理利用和科学管理提供基础数据。暖季草场的放牧时间为每年 6 月 1 日～10 月 31 日，历时 5 个月，其后放牧家畜转入冷季草场，冷季草场的放牧时间为每年 11 月 1 日～翌年 5 月 31 日，历时 7 个月，牧场轮换，周而复始。第二阶段为 2000 年 6 月～2018 年 8 月，主要研究中度放牧强度下，放牧后续效应对高山嵩草草甸植被和土壤的影响，以探讨三江源退化草地的恢复管理措施。

第一阶段，分别于暖季草场和冷季草场上各设 4 个试验处理，分别为轻度放牧（牧草利用率为 30%，light grazing，LG）、中度放牧（牧草利用率为 50%，moderate grazing，MG）、重度放牧（牧草利用率为 70%，heavy grazing，HG）和对照（牧草利用率为 0，CK）。每个处理均有 4 头 2.5 岁、体重为（100±5）kg 阉割过的公牦牛进行试验，所有牦牛在试验前投药驱虫。放牧强度根据草地地上生物量、冬季牧草营养损伤率、试验牦牛体重及牦牛理论采食量和草场面积确定（表 2.1）。

表 2.1　放牧强度试验设计

放牧处理	试验用牛 / 头	草地面积 /hm^2		放牧强度 /（头 / hm^2）	
		暖季	冷季	暖季	冷季
轻度放牧	4	4.50	5.19	0.89	0.77
中度放牧	4	2.75	3.09	1.45	1.29
重度放牧	4	1.92	2.21	2.08	1.81
对照	0	1.00	1.00	0	0

第二阶段，为 2000 年 6 月～2018 年 8 月。由于经过两个完整放牧季的梯度放牧试验，各放牧处理特别是重度放牧的群落相似性与对照相比已发生了明显变化，草地初级生产力衰退，呈现退化趋势；中度放牧强度下群落的丰富度指数和多样性指数较对照有所提高，群落比较稳定。因此，本研究将 4 个试验处理的放牧强度全部调整为中度放牧（牧草利用率为 50%），研究消除

过度放牧利用后适度（中度）放牧条件下高山嵩草草甸植被特征和土壤理化性质的变化，探讨适度放牧条件对不同退化程度高寒草甸恢复力及稳定性的影响。

2.2.3 主要研究内容

放牧试验的目的在于为放牧生态系统管理实践提供理论指导，并为放牧生态学理论的发展提供基础信息。基于此，本试验的主要研究内容可归纳为以下几方面。

（1）放牧强度对高山嵩草草甸土壤养分含量的影响，包括对土壤有机质（soil organic matter，SOM）、有机碳（soil organic carbon，SOC）、全氮（soil total nitrogen，STN）、全磷（soil total phosphorus，SOP）、速效氮（available nitrogen，AN）、速效磷（available phosphorus，AP）和 C/N 的影响。

（2）放牧强度对高山嵩草草甸植物群落结构的影响，包括对盖度及生物量组成的影响；对植物群落物种组成和物种多样性的影响。

（3）不同放牧强度下高山嵩草草甸主要植物种群的生态位和生态位重叠的研究，探讨放牧强度对主要植物种群的优势度和生态位分化规律的影响。

（4）放牧强度对高山嵩草草甸第一性生产力的影响，包括对不同功能群植物地上生物量的季节变化和年度变化的影响、对地下生物量的影响、对不同植物经济类群的生长率变化及再生能力（补偿生长）的影响。

（5）放牧家畜（牦牛）-植物互作关系的研究，探讨放牧强度与地上、地下生物量的关系；探讨放牧强度与植物物种多样性之间的关系；探讨放牧强度与各土壤养分之间的关系。

（6）放牧强度对高山嵩草草甸第二性生产力的影响，包括对牦牛个体增重、单位面积增重的影响。

（7）放牧优化的研究，通过对高山嵩草草甸 - 牦牛放牧系统的研究，拟确定该类草甸的最适放牧强度（生态放牧强度）、两季草场的最佳配置、植被不退化放牧强度、最大经济效益下的放牧强度及该类草甸的放牧演替规律。

2.2.4 指标的测定

1）植物群落的划分

根据植物群落的经济类群，可将其划分为禾本科牧草、莎草科牧草、可食杂草和毒杂草 4 个类型；根据生活型功能群，可划分为多年生禾本科牧草、莎草科牧草和阔叶草 3 个类型；根据牧草质量，可划分为优良牧草和毒杂草 2 个类型。

2）植物群落结构特征和地上生物量的测定

在每个处理的围栏内按对角线选定 3 个具有代表性的固定样点，生长季的每月下旬在每个固定样点上设置 5 个取样样方（0.5m×0.5m），测定群落的地上生物量，并按禾本科牧草、莎草科牧草、可食杂草和毒杂草分类，称其鲜重后在 80℃下烘干至恒重；每年 8 月下旬在每个固定样点上各设 5 个取样样方（0.5m×0.5m），并将其分成 4 个小样方（0.25m×0.25m），测定植物群落的种类组成及其特征值（盖度、高度、频度和生物量）。

3）植物群落地下生物量的测定

每年 8 月下旬，在收获了植物地上部分的样方内，用根钻，以 0～5cm、5～10cm、10～20cm 的土壤层，每层 3 钻，取得土柱。将每个取样样方内同一层次的 3 个土柱混合后装于网袋，用水将植物根系冲洗干净，于 80℃烘干至恒重，称量后用以计算单位面积内的地下生物量。

2.2.5 土壤理化性质的测定

土壤有机质用重铬酸钾法测定；土壤全氮用重铬酸钾－硫酸消化法测定；土壤速效氮用蒸馏法测定；土壤全磷用 H_2SO_4-$HClO_4$ 消煮－钼锑抗比色测定；土壤速效磷用 $NaHCO_3$ 法测定。

2.2.6 计算公式的选用

1）物种多样性分析

物种丰富度（species richness）：用物种数和 Margalef 指数（*Ma*）表示。其计算公式为

$$Ma=\frac{S-1}{\ln N} \tag{2.1}$$

重要值（important value：*IV*）的计算公式为

$$IV=\frac{\text{相对盖度}+\text{相对频度}+\text{相对高度}+\text{相对生物量}}{4} \tag{2.2}$$

物种多样性（species diversity）：用 Simpson 指数（*D*）和 Shannon-Wiener 指数（*H'*）表示。其计算公式为

$$D=1-\sum P_i^2 \tag{2.3}$$

$$H'=-\sum P_i \ln P_{\mathrm{i}} \tag{2.4}$$

物种均匀度（species eveness）：用 Pielou 指数（J'）表示。其计算公式为

$$J'=\frac{H'}{\ln S} \tag{2.5}$$

物种优势度（species dominance）：采用 Berger-Parker 优势度指数（I）表示。其计算公式为

$$I=\frac{N_{\max}}{N} \tag{2.6}$$

上述公式中 S 为样方中的物种数；P_i 为样方中第 i 种的重要值；$N_{\max}$ 为群落中优势种的个体数；N 为群落中所有物种的总个体数。

2）群落相似性系数

相似性系数（similarity coefficient）：用 Greg-Smith（1983）的公式表示为

$$S_M=\frac{2\sum\min\left(U_i^{(m)},\ V_i\right)}{\sum\left(U_i^{(m)}+V_i\right)} \tag{2.7}$$

式中，S_M 为相似性系数；$U_i^{(m)}$ 为放牧处理间植物丰富度；V_i 为对照区植物丰富度；i 为在放牧下植物类群（$i=1, 2, 3, 4$），取其在 m 放牧区的生物量 $U_i^{(m)}$（作为丰富度指标）与对照区生物量 V_i 的最小值，对类群求和并除以两区植物总生物量，从而获得相似性系数 S_M。可以看出，$U_i^{(m)}$ 与 V_i 的最小值和两组植物群落的丰富度 $\left(\sum U_i^{(m)},\ \sum V_i\right)$ 决定了 S_M 的大小。显然，$0\leqslant S_M\leqslant 1$。当 m 放牧区的植物群落与对照相同时，$S_M=1$，即没有变化。若 $S_M=0$，则表明该组植物群落与对照相比，在组成和丰富度方面完全改变。因此，S_M 值下降表示群落相对变化增大，反之，相对变化则减小。

3）生态位宽度及生态位重叠的计算

采用 Shannon-Wiener 生态位宽度公式及 Pianka 生态位重叠公式计算种群生态位宽度及种间生态位重叠。其计算公式为

$$NB=\frac{-\ln\sum N_{ij}-\left[1\Big/\sum N_{ij}\cdot\left(\sum N_{ij}\ln N_{ij}\right)\right]}{\ln r} \tag{2.8}$$

$$NO=\frac{\sum N_{ij}\cdot N_{kj}}{\left(\sum N_{ij}^2\cdot\sum N_{kj}^2\right)^{1/2}} \tag{2.9}$$

式中，NB 为生态位宽度；NO 为种群 i 和种群 k 的生态位重叠；j 为放牧梯度；N_{ij} 和 N_{kj} 分别为种群 i 和种群 k 在第 j 级资源位上的优势度；r 为放牧率等级数。优势度采用式（2.6）计算。

4）草场质量指数

草场质量指数（grassland quality index，GQI）：用杜国祯等（1995）的方法计算。

把不同的植物类群按适口性划分为优良、较好、低、劣、有毒 5 类，并分别用数字表示适口性，即－1 为有毒，0 为劣，1 为低，2 为较好，3 为优良，数字越大表示牧草适口性越高。其计算公式为

$$GQI=\sum P_i \times C_i \tag{2.10}$$

式中，P_i 为第 i 类群的适口性；C_i 为第 i 类群的分盖度。

2.2.7 数据分析

所有数据在分析前进行正态性和方差齐性检验，对于不符合正态分布的数据进行对数转化。各试验指标在各处理之间的差异性检验，根据具体的试验设计及分析目的采用 T 检验或者方差分析（ANOVA）方法进行检验；所测指标之间的关系用相关分析或者回归分析进行检验；放牧后续效应对物种重要值的影响使用 PCA 排序。以 $P<0.05$ 作为统计分析差异性显著的阈值。本文中所有的统计分析均在 SPSS 16.0（SPSS Inc., Chicago, IL, USA）或者 R 3.5.0（R development Core Team，2018）中进行。

3

放牧对高山嵩草草甸土壤的影响

“土壤 - 植物 - 动物”，三位一体构成一个相互作用、相互制约、协调发展的草地生态系统。草地放牧强度的变化会引起植被和土壤的变化，土壤的变化也会引起植被的变化，反之植被的演替同样会引起土壤性状的改变。土壤最本质的特征是具有肥力，而土壤养分是影响肥力的重要因素之一；同时，土壤养分的形式、分布及其相对含量等特征是决定生态系统功能能否正常发挥的基础。研究植物营养元素的供应、吸收、分配及在植物新陈代谢过程中的功能，对植物的生长发育、生物产量的形成，植物与环境资源、消费者与生产者之间的营养平衡都有重要的意义。

在全球尺度上，土壤碳库（~3150Pg）的大小超过了植被碳库（~650Pg）和大气碳库（~750Pg）的总和（Luo and Zhou，2006），是陆地生物圈最大的有机碳库，土壤碳库的微小变化就可能引起大气 CO_2 浓度的显著改变（Davidson and Janssens，2006； Schipper et al.，2007）。土壤碳库是碳输入（植被净初级生产力）和碳输出（土壤生物分解等过程）之间的平衡，因此，土壤碳库的大小及其变化，除受植物生产力大小的影响外，还受微生物维持其自身碳 / 养分（主要为氮、磷）平衡需要的制约。这表明，土壤中碳的积累速率和存储能力是与限制植物生长和微生物活动（土壤）氮、磷的供应紧密相关的。

放牧活动是青藏高原高寒草甸重要的生产生态过程，也是管理草地资源的重要手段。放牧活动不仅通过影响草地植被生长和微生物活动等影响土壤中碳及养分的积累，也通过影响凋落物质量、排泄物归还、践踏等影响土壤中养分的变化。20 世纪以来，长期超载过牧所造成的青藏高原严重的草原退化问题，加剧了高寒草甸生态系统的脆弱性，造成畜牧业生产力较低、抗灾能力弱（董世魁等，2015）。高寒牧区草地资源的保护和合理利用，以及畜牧业可持续发展的重要性是毋庸赘述的，了解草地土壤碳和养分对放牧的响应，是理解草地生态系统功能对放牧过程响应的基础，有助于正确理解高寒草甸生态系统的质量与草地畜牧业生产的关系，为青藏高原高寒高山嵩草草甸退化草场的利用、保护和治理提供科学依据（王根绪和陈国栋，2001；侯扶江等，2004）。

3.1 放牧强度对暖季草场土壤养分和含水量的影响

3.1.1 放牧强度对不同土壤层养分因子含量的影响

放牧两年后，相同处理各土壤养分因子的含量随土壤深度的增加而呈下降趋势，这与放牧强度无关，是土壤各养分因子自然分布的结果（表 3.1）。相同土壤层，随放牧强度的增加，有机质、有机碳、全氮和全磷含量呈明显降低趋势；速效氮的变化出现了“高—低—高”的变化趋势，而且随着放牧强度的增加，以有机质和有机碳变化最明显，全氮和速效氮次之，全磷最不明显。土壤养分因子含量随放牧强度增加而发生明显变化的层次依次为 0～5cm、5～10cm、10～20cm。

表 3.1 放牧强度对暖季草场不同土壤层内土壤养分含量的影响

土壤养分因子	放牧强度	土壤深度 /cm		
		0～5	5～10	10～20
有机质 /（g/kg）	对照	156.8 ± 49.7^{Aa}	97.7 ± 30.0^{Ab}	72.9 ± 25.0^{Ab}
	轻度放牧	130.7 ± 32.7^{ABa}	90.9 ± 22.0^{Ab}	59.8 ± 8.7^{Bc}
	中度放牧	118.9 ± 30.1^{ABa}	85.3 ± 22.2^{ABb}	55.1 ± 21.1^{Bc}
	重度放牧	103.4 ± 39.0^{Ba}	78.1 ± 26.3^{Bb}	45.8 ± 21.2^{Bc}
有机碳 /（g/kg）	对照	90.6 ± 28.8^{Aa}	56.2 ± 9.9^{Ab}	42.3 ± 9.8^{Ab}
	轻度放牧	75.8 ± 18.9^{Ba}	52.7 ± 12.8^{Ab}	34.5 ± 5.1^{ABc}
	中度放牧	68.9 ± 17.5^{Ba}	49.5 ± 1.1^{ABb}	31.9 ± 9.9^{Bb}
	重度放牧	59.9 ± 22.6^{Ba}	45.3 ± 15.2^{Bab}	26.6 ± 9.1^{Bb}
全氮 /（g/kg）	对照	7.0 ± 2.6^{Aa}	5.1 ± 0.1^{Ab}	3.6 ± 1.3^{Ac}
	轻度放牧	6.2 ± 2.1^{Aa}	4.4 ± 1.9^{Ab}	3.2 ± 1.2^{Ab}
	中度放牧	5.9 ± 1.6^{ABa}	3.9 ± 1.7^{Bb}	3.0 ± 1.2^{Ab}
	重度放牧	5.4 ± 2.0^{Ba}	4.2 ± 1.1^{ABab}	2.6 ± 1.8^{Bb}
全磷 /（g/kg）	对照	2.5 ± 1.0^{Aa}	2.4 ± 1.12^{Aa}	2.2 ± 0.8^{Aa}
	轻度放牧	2.5 ± 0.9^{Aa}	2.4 ± 0.9^{Aa}	2.0 ± 0.2^{Ab}
	中度放牧	2.5 ± 1.0^{Aa}	2.2 ± 0.02^{Aab}	1.8 ± 1.0^{Ab}
	重度放牧	1.9 ± 1.0^{Ba}	2.1 ± 1.1^{Ba}	1.6 ± 1.0^{Bb}
速效氮 /（mg/100g）	对照	3.9 ± 1.3^{Aa}	2.8 ± 1.10^{Ab}	1.7 ± 0.9^{ABc}
	轻度放牧	2.8 ± 1.5^{Ba}	2.3 ± 1.0^{Bab}	1.8 ± 0.6^{ABb}

续表

土壤养分因子	放牧强度	土壤深度 /cm		
		0～5	5～10	10～20
速效氮 /（mg/100g）	中度放牧	3.4 ± 1.1^{Aa}	2.5 ± 1.2^{Aab}	1.6 ± 0.9^{Bb}
	重度放牧	3.7 ± 1.6^{Aa}	2.6 ± 1.1^{Aab}	2.1 ± 0.9^{Ab}
速效磷 /（mg/kg）	对照	<0.1	<0.1	<0.1
	轻度放牧	<0.1	<0.1	<0.1
	中度放牧	<0.1	<0.1	<0.1
	重度放牧	<0.1	<0.1	<0.1
C/N	对照	12.9 ± 3.9^{Aa}	11.7 ± 2.9^{Aa}	11.1 ± 2.8^{Aa}
	轻度放牧	12.2 ± 2.6^{Aa}	12.0 ± 3.0^{Aa}	10.8 ± 2.5^{Aa}
	中度放牧	12.7 ± 2.7^{Aa}	12.5 ± 2.6^{Aa}	10.4 ± 3.2^{Aa}
	重度放牧	11.1 ± 1.9^{Aa}	10.9 ± 1.9^{Aa}	10.2 ± 2.1^{Aa}

注：对于同一指标，不同大写字母表示同一列内（同一土壤层内不同放牧强度）差异显著，不同小写字母表示同一行内（同一放牧强度下不同土壤层）差异显著。

在各土壤层中，对照处理中有机质的含量高于其他放牧处理。在 0～5cm 和 5～10cm 土壤层中，仅重度放牧处理的有机质含量显著低于对照处理，而在 10～20cm 土壤层中各放牧处理的有机质含量均显著低于对照处理。各放牧处理的有机碳含量均低于对照处理，但仅在 0～5cm 土壤层中各放牧处理的有机碳含量显著降低。在 0～5cm 和 10～20cm 土壤层中，重度放牧处理的土壤全氮含量显著降低，而在 5～10cm 土壤层中，中度放牧处理的土壤全氮含量显著降低。各土壤层的全磷含量均在重度放牧处理下最低（$P<0.05$）。在各土壤层中，速效氮的含量随着放牧强度的增加呈现先降低后增加的趋势。在相同放牧强度下，除速效磷外，土壤各养分含量均自土壤表层至深层呈现逐渐降低的趋势，但下降程度不同，如在对照处理中，5～10cm 和 10～20cm 土壤层有机质含量显著低于 0～5cm 土壤层，在轻度放牧和中度放牧处理中，10～20cm 土壤层有机质含量显著低于 0～5cm 和 10～20cm 土壤层，而在重度放牧处理中，0～5cm 土壤层有机质含量显著高于 5～10cm 土壤层，5～10cm 土壤层有机质含量显著高于 10～20cm 土壤层。在不同放牧处理和土壤层中，速效磷的含量均很少（低于 0.1mg/kg，表 3.1）。

土壤 C/N 的变化范围：0～5cm 土壤层为 11.1～12.9，5～10cm 土壤层为 10.9～12.5，10～20cm 土壤层为 10.2～11.1，C/N 也随土壤深度的增大而减小。在 0～5cm 和 5～10cm 土壤层中，重度放牧处理的速效氮含量低于对照处理，但高于轻度和中度放牧处理；在 10～20cm 土壤层上，重度放牧处理的速效氮含量高于其他处理。

在同一土壤层中，对照处理中土壤有机质和有机碳的含量高于轻度、中度和重度放牧处理，这与在内蒙古羊草草原上用绵羊做的试验结果一致（关世英等，1997；李永宏等，1997；李香真和陈佐忠，1998），而除了 5～10cm 土壤层轻度放牧处理显著高于重度放牧处理外，各土壤层3个放牧强度下土壤有机质和有机碳之间的差异不显著。试验区气候寒冷，土壤有机磷的净矿化作用、土壤磷素的微生物和非生物固定作用都比较弱，导致土壤磷素，特别是速效磷的含量比较低。随着放牧强度的增加，牦牛对植物的采食更加频繁，而植物在高强度胁迫下具有快速再生、补偿和超补偿能力，并在采食后进行营养繁殖或有性繁殖，同时可食牧草对毒杂草的抑制作用也相对减弱，使毒杂草表现出更高的适应性而竞争更多的土壤营养，因此表现为土壤磷素对放牧强度反应较为敏感（鲍新奎等，1991；马玉寿等，2002）。另外，随着放牧强度的增加，土壤有机质和有机碳的含量呈现下降趋势，且对照处理的土壤有机质和有机碳的含量高于轻度、中度和重度放牧处理，这可能是对照处理中C/N较高，土壤有机质的分解和植物有机体的加入过程均比较强烈，植物的吸收量又相对较少，而其他3个处理组中C/N较低，土壤有机质的分解和植物有机体的加入过程均比较弱，植物的吸收量又相对多的原因（张金霞等，1995；曹广民等，1999）。从表3.2可知，在同一土壤层，放牧强度对土壤有机质、有机碳的影响显著（$P<0.05$），对全磷、全氮和速效氮含量的影响极显著（$P<0.01$）；在相同放牧强度下，土壤有机质和有机碳的含量在不同土壤层间差异极显著（$P<0.01$），全氮和速效氮的含量差异不显著（$P>0.05$），全磷的含量差异显著（$P<0.05$），但放牧强度和土壤层深度的交互作用对全氮含量的影响显著（$P<0.05$），而对其他土壤养分因子含量的影响极显著（$P<0.01$）。

表3.2 放牧强度和土壤深度对暖季草场各土壤养分含量的影响

土壤养分因子	处理	平方和	*df*	*F*	显著性检验
有机质	土壤深度	11 033.8	2	40.8	**
	放牧强度	3 012.5	3	7.4	*
	土壤深度 × 放牧强度	2 810.6	6	23.7	**
有机碳	土壤深度	3 214.6	2	48.4	**
	放牧强度	614.6	3	6.2	*
	土壤深度 × 放牧强度	2 199.8	6	15.1	**
全氮	土壤深度	1.3	2	1.9	ns
	放牧强度	18.4	3	40.8	**
	土壤深度 × 放牧强度	9.4	6	13.9	*
全磷	土壤深度	0.4	2	6.8	*
	放牧强度	0.4	3	10.0	**
	土壤深度 × 放牧强度	0.7	6	21.1	**
速效氮	土壤深度	0.3	2	0.7	ns
	放牧强度	5.5	3	22.7	**
	土壤深度 × 放牧强度	4.7	6	19.0	**

** 表示$P<0.01$，差异极显著；* 表示$P<0.05$，差异显著；ns表示差异不显著。

3.1.2 放牧强度对土壤养分因子平均含量的影响

随着放牧强度的增加，土壤有机质、有机碳、全磷和全氮的平均含量呈明显降低的趋势，而速效氮含量的变化均出现了“高—低—高”的变化趋势，对照处理和重度放牧处理速效氮的含量高于轻度和中度放牧处理（表 3.3）。

表 3.3 放牧强度对暖季草场 0～20cm 土壤养分因子含量的影响

土壤养分因子	对照	轻度放牧	中度放牧	重度放牧
有机质 /（g/kg）	115.81±9.12	93.83±7.53	89.77±8.26	79.12±6.28
有机碳 /（g/kg）	67.63±6.08	54.36±5.17	52.05±6.28	45.80±4.12
全氮 /（g/kg）	5.23±0.37	4.61±0.39	4.36±0.33	3.99±0.31
全磷 /（g/kg）	2.37±0.10	2.22±0.08	2.11±0.07	1.74±0.08
速效氮 /（mg/100g）	2.83±0.06	2.38±0.05	2.41±0.07	2.82±0.11
C/N	11.90±0.12	11.63±0.23	11.87±0.71	10.72±0.53

3.1.3 放牧强度与各土壤层养分因子含量之间的关系

土壤养分因子含量与放牧强度之间的关系可用回归方程表示为

$$Y=ax^2+bx+c \tag{3.1}$$

式中，Y 为土壤各养分因子的含量；x 为放牧强度；a（$a\geqslant 0$）、b、c 为常数，反映草地的土壤营养状况，它们的值越大，草地的土壤营养状况越好。

1）放牧强度与土壤养分因子含量之间的关系

土壤层有机质、有机碳、全氮、全磷的含量与放牧强度之间的回归方程表明，a 为零，即其回归方程为一次方程，呈简单线性关系，只有速效氮与放牧强度之间的回归方程为二次方程，呈二次曲线关系（表 3.4）。随着放牧强度的逐渐增加，不同土壤深度速效氮含量也逐渐减小，当放牧强度分别达到 1.08 头 /hm^2、1.22 头 /hm^2 和 1.22 头 /hm^2 时，0～5cm、5～10cm 和 10～20cm 土壤层速效氮含量分别达到最小；若放牧强度继续增加，各土壤层速效氮的含量均开始增加。一方面，是因为土壤速效养分主要来源于有机质的矿化，其含量受有机质本身的 C/N、温度、湿度等诸多因素的影响，易变性强；另一方面，也可能是因为随着放牧强度的逐渐增加，土壤层速效氮的含量减小，而草地出现进一步退化时，植物、土壤动物、土壤微生物等分别通过光合作用、豆科牧草的固氮作用、分解动植物残体和牲畜粪便的过程，自我调节对逆境的“胁迫反应”（资源亏损胁迫），使速效氮含量增加（张荣和杜国祯，1998），其他可能的原因有待进一步研究。

表 3.4 暖季草场不同土壤层内土壤养分因子含量与放牧强度之间的回归方程

土壤养分因子	土壤深度 /cm	回归方程（$Y=ax^2+bx+c$）			R^2	显著性检验
		a	b	c		
有机质	0～5	0	−19.23	188.50	0.822	*
	5～10	0	−60.43	104.09	0.998	**
	10～20	0	−8.51	79.49	0.953	**
有机碳	0～5	0	−7.54	95.57	0.889	*
	5～10	0	−4.14	61.75	0.992	*
	10～20	0	−4.98	46.27	0.964	**
全氮	0～5	0	−0.52	7.43	0.969	**
	5～10	0	−0.22	4.95	0.343	ns
	10～20	0	−0.32	3.91	0.948	**
全磷	0～5	0	−0.18	2.92	0.648	ns
	5～10	0	−0.12	2.49	0.852	*
	10～20	0	−0.18	2.35	0.996	**
速效氮	0～5	0.77	−1.67	3.39	0.789	*
	5～10	0.32	−0.78	2.86	0.823	*
	10～20	0.18	−0.44	1.74	0.682	ns

** 表示 $P<0.01$，差异极显著；* 表示 $P<0.05$，差异显著；ns 表示差异不显著。

2）放牧强度与土壤养分因子平均含量之间的关系

放牧强度与土壤养分因子平均含量之间的回归关系和放牧强度与土壤养分因子含量之间的关系一致，只是 a（$a\geq 0$）、b、c 的值不同而已（表 3.5）。随着放牧强度的逐渐增加，土壤速效氮平均含量也逐渐减小，当放牧强度达到 1.08 头 /hm^2 时，土壤速效氮含量达到最小；若放牧强度继续增加，土壤速效氮的含量则开始增加。土壤速效氮含量达到最小的放牧强度位于轻度放牧（0.89 头 /hm^2）和中度放牧（1.45 头 /hm^2）之间，因此中轻度放牧是青藏高原高山嵩草草甸的适宜放牧强度（董全民等，2002a，b；2003a，b）。

表 3.5 暖季草场 0～20cm 土壤养分因子平均含量与放牧强度的回归方程

土壤养分因子	回归方程（$Y=ax^2+bx+c$）			R^2	显著性检验
	a	b	c		
有机质	0	−11.61	124.17	0.946	**
有机碳	0	−6.75	71.87	0.906	*

续表

土壤养分因子	回归方程（$Y=ax^2+bx+c$）			R^2	显著性检验
	a	b	c		
全氮	0	−0.40	5.54	0.966	**
全磷	0	−0.17	2.56	0.963	**
速效氮	0.42	−0.91	3.69	0.997	**

** 表示 $P<0.01$，差异极显著；* 表示 $P<0.05$，差异显著。

3.1.4　放牧强度对土壤含水量的影响

由图 3.1 可以看出，随着放牧强度的增加，5～10cm 和 10～20cm 土壤层含水量的变化呈现出“低—高—低”的变化趋势，且轻度放牧处理高于其他处理；0～5cm 土壤层则出现“S”形变化，中度放牧处理高于其他处理。方差分析表明，放牧强度对同一土壤层含水量的影响显著（$P<0.05$），但不同年度间土壤含水量不存在显著差异（$P>0.05$；表 3.6）。这是因为在土壤表面（0～5cm），随着放牧强度的增加（从零放牧到轻度放牧），土壤容重和坚实度都相对增大，导致毛管持水量下降，土壤总孔隙度减小，从而使土壤含水量也略有下降。随着放牧强度的继续增加，地上植被盖度降低、生物量减少，蒸发时水分向上传导的通道减少、速度减慢，因此蒸发量减小，从而使留存在土壤中的水分增加；但当放牧强度进一步增加，土壤容重和坚实度进一步增大，导致毛管持水量下降，土壤总孔隙度继续减小，虽然此时蒸发量依然相对减少，但是不足以抵消毛管持水量的降低，使土壤含水量呈下降趋势。5～10cm 和 10～20cm 土壤层含水量的变化同样是土壤毛管持水量变化与土壤水分蒸发量变化之间的平衡，从零牧到轻度放牧，对这两层土壤容重增加而毛管持水量影响不大，而蒸发量减少，因此土壤含水量呈升高趋势；随着放牧强度的继续增加，土壤容重增加而毛管持水量下降，土壤总孔隙度减小，而且由于表层水分的蒸发与蒸腾，土壤势值增高，下层水分不断向上补充，导致下层含水量下降（贾树海等，1999；红梅等，2001；Ge et al.，2003）。

表 3.6　暖季草场不同放牧强度下各土壤层含水量的方差分析

土壤深度 /cm	处理	平方和	df	F	显著性检验
0～5	放牧强度	18.60	3	11.19	*
	时间	1.83	1	3.33	ns
5～10	放牧强度	194.69	3	10.66	*
	时间	5.05	1	0.84	ns
10～20	放牧强度	16.11	3	3.70	*
	时间	0.63	1	0.43	ns

* 表示 $P<0.05$，差异显著；ns 表示差异不显著。

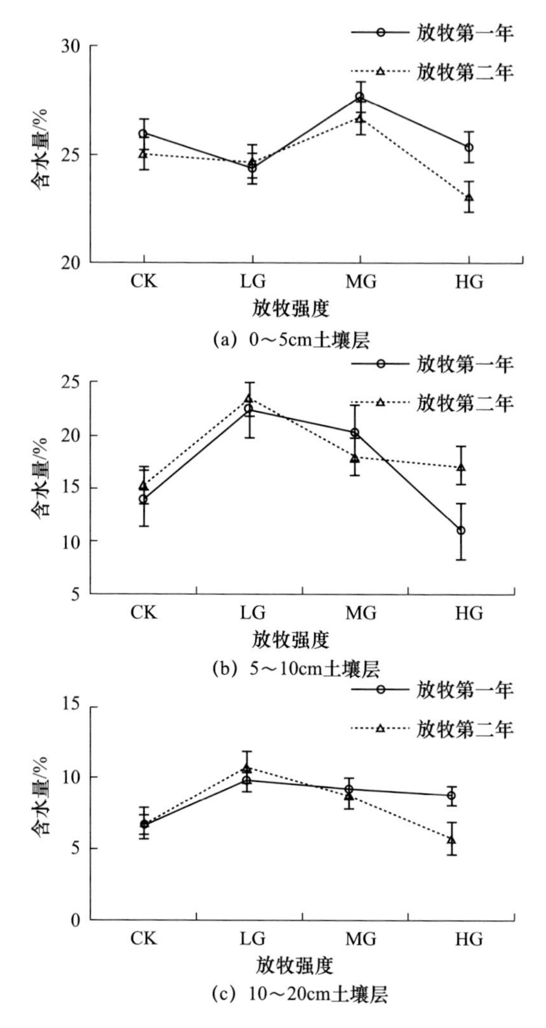

图 3.1 放牧强度对暖季草场各层土壤含水量的影响

CK：对照；LG：轻度放牧；MG：中度放牧；HG：重度放牧

3.1.5 小结

（1）在各土壤层中，有机质、有机碳、全氮和全磷的含量随着放牧强度的增加而呈明显降低的趋势，且它们的含量与放牧强度呈负相关关系；速效氮出现了“高—低—高”的变化趋势，与放牧强度呈二次曲线关系；各土壤养分因子平均含量的变化与各土壤层的变化相似。

（2）当放牧强度相同时，有机质和有机碳的含量在各土壤层之间差异极显著（$P<0.01$），全磷的含量在各土壤层之间差异显著（$P<0.05$），全氮和速效氮

的含量在各土壤层之间差异不显著（$P>0.05$）；放牧强度和土壤深度的交互作用对土壤全氮含量的影响显著（$P<0.05$），对土壤其他营养因子含量的影响极显著（$P<0.01$）。

（3）放牧强度对各土壤层的含水量有显著影响（$P<0.05$），不同年度间同一土壤层含水量的差异不显著（$P>0.05$）。

3.2 放牧强度对冷季草场土壤养分和含水量的影响

3.2.1 放牧强度对不同土壤层养分因子含量的影响

放牧两年后，不同土壤层有机质、有机碳、全氮的含量和 C/N 随放牧强度的增加而减小，全磷和速效氮的含量则无此趋势（表 3.7）。方差分析表明，土壤深度对各养分因子含量的影响极显著（$P<0.01$），这是土壤营养分布的固有特征；放牧强度对各土壤层全氮含量的影响显著（$P<0.05$），对其他养分因子含量的影响极显著（$P<0.01$），而且放牧强度和土壤深度的交互作用对各土壤层养分因子含量的影响极显著（$P<0.01$；表 3.8）。在相同放牧强度下，除速效磷外，土壤各养分含量均自土壤表层至深层呈现逐渐降低的趋势，但下降程度不同，如在对照处理中，5～10cm 和 10～20cm 土壤层有机质含量显著低于 0～5cm 土壤层，轻度放牧和中度放牧处理中，10～20cm 土壤层有机质含量显著低于 0～5cm 土壤层，而在重度处理中，10～20cm 土壤层有机质含量显著低于 0～5cm 和 5～10cm 土壤层。在各土壤层中，对照处理土壤有机质的含量高于其他各放牧处理，但在 0～5cm 土壤层中，中度放牧和重度放牧处理的土壤有机质含量显著降低，而在 5～10cm 和 10～20cm 土壤层中，仅重度放牧处理的土壤有机质含量显著降低。在 0～5cm 和 5～10cm 土壤层中，中度放牧和重度放牧处理的土壤有机碳含量显著降低，而 10～20cm 土壤层中，各处理之间土壤有机碳含量差异不显著。在 0～5cm 土壤层，重度放牧处理的土壤全氮含量显著降低，在 5～10cm 土壤层，中度放牧和重度放牧处理的土壤全氮含量显著降低，而在 10～20cm 土壤层，各处理之间土壤全氮含量差异不显著。在各土壤层中，重度放牧处理的全磷含量均显著降低。在各土壤层中，速效氮含量在不同放牧处理间差异不显著。另外，在不同放牧处理和土壤层中，速效磷的含量均很少，这与其他学者的研究结论有所不同（关世英等，1997；李香贞和陈佐忠，1998；王启基等，2008）。

表 3.7　放牧强度对冷季草场不同土壤层养分含量的影响

土壤养分因子	放牧强度	土壤深度 /cm		
		0～5	5～10	10～20
有机质 /（g/kg）	对照	173.12±78.09^{Aa}	117.98±38.99^{Ab}	80.36±29.12^{Ab}
	轻度放牧	162.20±67.12^{Aa}	111.33±29.98^{Aab}	75.03±23.46^{Ab}
	中度放牧	149.77±56.12^{Ba}	90.23±33.01^{ABab}	60.16±30.10^{ABb}
	重度放牧	143.96±41.67^{Ba}	86.12±29.61^{Bb}	54.8±19.99^{Bc}
有机碳 /（g/kg）	对照	111.03±23.67^{Aa}	68.92±22.21^{Ab}	42.91±21.01^{Ab}
	轻度放牧	105.19±33.17^{Aa}	60.79±29.71^{Ab}	37.97±13.92^{Ac}
	中度放牧	90.99±35.87^{Ba}	46.09±15.20^{Bb}	37.15±17.89^{Ab}
	重度放牧	86.98±33.71^{Ba}	42.23±14.10^{Bb}	30.49±13.71^{Ab}
全氮 /（g/kg）	对照	11.56±3.90^{Aa}	8.81±2.01^{Aa}	4.11±2.01^{Ab}
	轻度放牧	10.22±2.91^{Aa}	7.98±3.12^{Aa}	3.67±1.97^{Ab}
	中度放牧	8.47±2.07^{ABa}	6.33±2.09^{Ba}	3.33±1.52^{Ab}
	重度放牧	8.03±1.98^{Ba}	5.99±2.51^{Ba}	3.38±1.17^{Ab}
全磷（g/kg）	对照	2.70±1.01^{Aa}	2.23±1.00^{Ba}	2.01±0.99^{Aa}
	轻度放牧	1.97±1.10^{ABa}	1.67±0.71^{Ba}	1.04±0.51^{Bb}
	中度放牧	2.30±0.91^{Aa}	2.01±1.13^{Aa}	1.45±0.71^{ABb}
	重度放牧	1.71±1.01^{Ba}	1.63±0.19^{Ba}	1.01±0.19^{Bb}
速效氮 /（mg/kg）	对照	3.19±1.67^{Aa}	2.39±1.07^{Aa}	1.70±0.73^{Ab}
	轻度放牧	3.73±2.00^{Aa}	3.04±1.11^{Aa}	1.91±0.76^{Ab}
	中度放牧	3.53±1.56^{Aa}	2.77±0.91^{Aa}	1.71±0.83^{Ab}
	重度放牧	3.09±1.49^{Aa}	2.33±1.08^{Aa}	1.56±0.81^{Ab}
速效磷 /（mg/kg）	对照	<0.1	<0.1	<0.1
	轻度放牧	<0.1	<0.1	<0.1
	中度放牧	<0.1	<0.1	<0.1
	重度放牧	<0.1	<0.1	<0.1
C/N	对照	13.91±2.83^{Aa}	12.82±2.90^{Aab}	11.08±2.48^{Ab}
	轻度放牧	13.67±1.37^{Aa}	11.98±1.58^{Ab}	10.87±1.08^{Ac}
	中度放牧	12.01±1.57^{ABa}	11.05±1.98^{Bab}	10.17±1.65^{Ab}
	重度放牧	11.69±2.01^{Ba}	10.99±1.85^{Ba}	10.22±1.74^{Ab}

注：对于同一指标，不同大写字母表示同一列内（同一土壤层内不同放牧强度）差异显著，不同小写字母表示同一行内（同一放牧强度下不同土壤层）差异显著。

C/N 随放牧强度和土壤深度的增加而减小（表 3.8）。因为冷季草场在夏秋季节不放牧，而只在冬春季节放牧，8 月份所测土壤营养和植被特征的差异只能间接反应冬春季节牦牛对草地的利用情况。随着放牧强度的增加，牦牛对牧草的利用率增加，草地的地上现存生物量减少，即返还放牧生态系统中的物质和能量减少；同时土壤容重、硬度、孔隙度、毛管持水量等与土壤压实作用有关的物理指标均下降（李永宏等，1997；红梅等，2001），这将影响土壤氮磷钾的矿化速度和植物有机体对营养物质的吸收效率、土壤通气及营养状况、土壤微生物量；土壤微生物量越少，它们对土壤腐殖质和动植物残体的分解效率就越低；地上现存生物量越少，土壤微生物分解返还土壤的营养物质就越少，土壤营养状况就越差，因此 C/N 越小（鲍新奎等，1991；杜伊光等，1995；张金霞等，1995；贾树海等，1999）。

表 3.8 放牧强度和土壤深度对冷季草场各土壤养分含量的影响

土壤养分因子	处理	平方和	*df*	*F*	显著性检验
有机质	放牧强度	1 644.62	3	98.83	**
	土壤深度	16 406.46	2	1 478.81	**
	放牧强度×土壤深度	1 121.99	6	43.65	**
有机碳	放牧强度	813.68	3	13.11	**
	土壤深度	8 018.14	2	193.73	**
	放牧强度×土壤深度	214.88	6	17.09	**
全氮	放牧强度	10.98	3	7.94	*
	土壤深度	71.98	2	78.08	**
	放牧强度×土壤深度	7.81	6	10.01	**
全磷	放牧强度	1.37	3	35.68	**
	土壤深度	1.29	2	50.26	**
	放牧强度×土壤深度	0.29	6	11.09	**
速效氮	放牧强度	0.58	3	14.42	**
	土壤深度	5.56	2	206.79	**
	放牧强度×土壤深度	2.23	6	29.70	**
C/N	放牧强度	5.90	3	14.12	**
	土壤深度	9.99	2	35.87	**
	放牧强度×土壤深度	2.02	6	17.00	**

** 表示 $P<0.01$，差异极显著；* 表示 $P<0.05$，差异显著。

3.2.2 放牧强度对土壤养分因子平均含量的影响

随着放牧强度的增加，土壤各养分因子的平均含量随放牧强度的变化趋势与各土壤层养分因子含量的变化相似（表 3.9）。依据土壤养分因子含量与放牧强度的回归关系（表 3.10）可知，随着放牧强度的增加，土壤有机质、有机碳和全氮的平均含量与放牧强度呈显著的负相关关系；土壤全磷和速效氮的平均含量与放牧强度呈显著的二次回归关系。当放牧强度分别达到 1.06 头 /hm^2 和 1.08 头 /hm^2，土壤全磷和速效氮的平均含量分别达到最大，当放牧强度继续增加，它们的平均含量则减小。此外，土壤全磷和速效氮平均含量达到最大值时的理论放牧强度接近中度放牧强度（1.29 头 /hm^2）。

表 3.9　放牧强度对冷季草场 0～20cm 土壤养分因子含量的影响

土壤养分因子	对照	轻度放牧	中度放牧	重度放牧
有机质 /（g/kg）	123.82±14.86	116.19±13.75	100.95±11.14	94.96±10.92
有机碳 /（g/kg）	74.29±7.13	67.98±6.02	58.08±7.34	53.23±5.97
全氮 /（g/kg）	8.16±1.23	7.29±1.14	6.04±0.91	5.80±0.73
全磷 /（g/kg）	2.31±0.35	1.92±0.27	1.56±0.21	1.45±0.19
速效氮 /（mg/100g）	2.89±0.41	2.67±0.39	2.43±0.38	2.33±0.31
C/N	12.60±1.32	12.17±1.15	11.08±1.21	10.97±1.03

表 3.10　冷季草场 0～20cm 土壤养分因子含量与放牧强度之间的回归方程

土壤养分因子	回归方程（$Y=ax^2+bx+c$）			R^2	显著性检验
	a	b	c		
有机质	0	−17.03	125.24	0.947	**
有机碳	0	−12.14	75.14	0.972	**
全氮	0	−1.40	8.18	0.954	**
全磷	−0.57	1.20	1.58	0.717	**
速效氮	−0.36	0.78	2.43	0.997	**

** 表示 $P<0.01$，差异极显著。

3.2.3　放牧强度与土壤养分因子之间的关系

表 3.11 的回归方程表明，不同土壤层有机质、有机碳和全氮的含量与放牧强度呈显著的负相关关系，全磷和速效氮的含量与放牧强度呈显著的二次回归关系。随着放牧强度的逐渐增加，不同土壤层全磷和速效氮的含量逐渐增加，当 $x=-b/2a$ 时，即当放牧强度分别达到 0.81 头 /hm^2 和 0.85 头 /hm^2、1.03 头 /hm^2 和 1.02 头 /hm^2、1.36 头 /hm^2 和 1.25 头 /hm^2 时，0～5cm、5～10cm、10～20cm 土壤层全磷和速效氮的含量分别依次达到最大；若放牧强度继续增加，各土壤层全磷和速效氮的含量开始减少，而且 10～20cm 土壤层全磷和速效氮的含量开始减小的放牧强度均接近中度放牧（1.29 头 /hm^2），因此结果支持了“中度干扰理论”（Ditommaso and Aarssen，1989），即中度放牧干扰能维持高的土壤速效氮的含量。这是因为随着放牧强度逐渐接近中度放牧时，植物、土壤动物、土壤微生物等分别通过光合作用、豆科牧草的固氮作用、分解动植物残体和牲畜粪便的过程，通过自我调节对逆境的“胁迫反应”（资源亏损胁迫）（张荣和杜国祯，1998），土壤速效氮的含量达到最大；但随着放牧强度继续增加，植物的补偿和超补偿生长作用增强（张荣和杜国祯，1998；赵钢，1999），以补偿冬季牦牛对牧草的过度采食，土壤营养被大量消耗（特别是土壤的有效成分），导致土壤速效氮的含量下降。

表 3.11 冷季草场不同土壤深度土壤养分因子含量与放牧强度之间的回归方程

土壤养分因子	土壤深度 /cm	回归方程（$Y=ax^2+bx+c$）			R^2	显著性检验
		a	*b*	*c*		
有机质	0～5	0	19.49	190.24	0.990	**
	5～10	0	−13.67	125.59	0.877	*
	10～20	0	−13.36	92.80	0.989	**
有机碳	0～5	0	−14.64	120.14	0.900	**
	5～10	0	−9.08	74.20	0.895	*
	10～20	0	−7.41	49.65	0.994	**
全氮	0～5	0	−1.73	13.16	0.965	**
	5～10	0	−1.31	9.81	0.933	**
	10～20	0	−0.55	4.76	0.944	**
全磷	0～5	−0.95	1.54	1.99	0.865	*
	5～10	−0.56	1.15	1.68	0.871	*
	10～20	−0.4	1.09	1.26	0.707	ns
速效氮	0～5	−0.69	1.17	3.20	0.888	*
	5～10	−0.65	1.33	2.40	0.767	*
	10～20	−0.16	0.40	1.71	0.684	ns

** 表示 $P<0.01$，差异极显著；* 表示 $P<0.05$，差异显著；ns 表示差异不显著。

土壤中的全磷属于土壤中较为稳定的养分，其含量主要取决于土壤母质的类型及质地，但也与土壤有机磷的净矿化作用、土壤磷素的微生物和非生物固定作用有关。在适宜的水热条件下（35℃，相对持水量为 70%），可发生土壤有机磷的净矿化作用，而且其净矿化作用因土壤类型而异，且表层大于下层（李永宏等，1997）。微生物是土壤磷素转化的主要因素，在自然条件下，磷的固定和磷的释放过程在土壤内同时存在，但在不同的土壤条件下，两种变化过程的相对速率不同，结果出现在微生物磷素的净固定或净释放过程中，其速率也有相应的变化（曹广民等，1991）。土壤磷素的非生物与微生物固定作用和净矿化作用也是同时存在的，其固定的数量、强度和速率与土壤性质、成分和环境条件有关（鲍新奎等，1991；曹广民等，1991）。当放牧强度逐渐接近中度放牧时，植物和微生物通过自我调节（张荣等，1998），使磷的净矿化作用、微生物和非生物固定作用增强，土壤全磷的含量也逐渐增加直至最大，但随着放牧强度的继续增加，这种调节作用减弱，植物补偿和超补偿生长作用增强（张荣和杜国祯，1998；赵钢，1999），植物对有效磷的消耗增加，进而使土壤全磷的含量下降。

3.2.4 放牧强度对土壤含水量的影响

随着放牧强度的增加，各土壤层含水量的变化呈下降趋势（图 3.2，表 3.12）。

方差分析表明，同一年度，放牧强度对不同土壤层含水量的影响极显著（$P<0.01$）；0～5cm 土壤层年度间含水量的差异极显著（$P<0.01$），5～10cm 土壤层年度间含水量的差异显著（$P<0.05$），10～20cm 土壤层年度间含水量的差异不显著（$P>0.05$）。在 0～5cm 和 5～10cm 土壤层中，放牧强度和放牧时间的交互作用对土壤含水量影响极显著（$P<0.01$），在 10～20cm 土壤层中，放牧强度和放牧时间的交互作用对土壤含水量的影响显著（$P<0.05$），而在两个放牧年度，放牧强度和土壤深度的交互作用对含水量的影响也极显著（$P<0.01$；表 3.12）。这

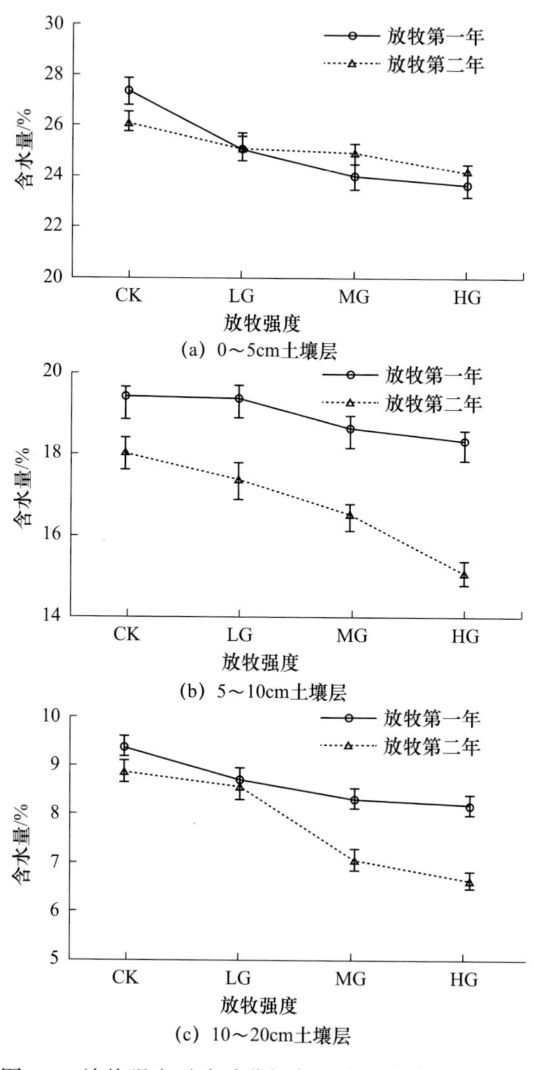

图 3.2 放牧强度对冷季草场各土壤层含水量的影响

CK：对照；LG：轻度放牧；MG：中度放牧；HG：重度放牧

是因为在土壤表面（0～5cm），随着放牧强度逐渐增加，土壤容重和坚实度增大，导致毛管持水量下降，土壤总孔隙度减小，从而使含水量明显下降（贾树海等，1999；红梅等，2001；Ge et al.，2003）；但随着放牧继续增加，土壤容重和坚实度进一步增大，毛管持水量下降，土壤总孔隙度继续减小，蒸发量相对增加，含水量继续下降。在10～20cm土壤层，放牧强度对土壤容重和毛管持水量影响不大，土壤含水量减少缓慢。

表3.12　冷季草场不同放牧强度下各土壤层含水量的方差分析

土壤深度		处理	平方和	*df*	*F*	显著性检验
0～5cm		放牧强度	3.52	3	37.95	**
		时间	2.75	1	88.95	**
		放牧强度 × 时间	7.14	3	74.67	**
5～10cm		放牧强度	4.78	3	5.34	ns
		时间	9.31	1	31.22	*
		放牧强度 × 时间	2.13	3	10.00	**
10～20cm		放牧强度	6.42	3	38.70	**
		时间	0.51	1	9.13	ns
		放牧强度 × 时间	2.43	3	7.00	*
时间	放牧第一年	放牧强度	4.65	3	12.56	**
		土壤深度	651.94	2	2641.50	**
		放牧强度 × 土壤深度	25.44	6	25.87	**
	放牧第二年	放牧强度	9.73	3	26.05	**
		土壤深度	597.82	2	2399.96	**
		放牧强度 × 土壤深度	24.25	6	13.76	**

** 表示 $P<0.01$，差异极显著；* 表示 $P<0.05$，差异显著；ns 表示差异不显著。

3.2.5　小结

（1）在各土壤层中，有机质、有机碳、全氮的含量和C/N随放牧强度的增加而减少，且它们的含量与放牧强度呈显著的线性回归关系；速效氮和全磷的含量与放牧强度呈二次回归关系；而且各土壤层养分因子平均含量的变化与各层的变化相似。

（2）放牧强度对各土壤层有机质、有机碳、全氮的含量和C/N的影响极显著（$P<0.01$），对全氮的影响显著（$P<0.05$），而且放牧强度和土壤深度的交互作用对土壤各养分因子含量影响极显著（$P<0.01$）。

（3）在0～5cm和5～10cm土壤层中，放牧强度和放牧时间的交互作用对土壤含水量影响极显著（$P<0.01$），在10～20cm土壤层中，放牧强度和放牧时间的交互作用对土壤含水量的影响显著（$P<0.05$），而在两个放牧年度，放牧强度和土壤深度的交互作用对含水量的影响也极显著（$P<0.01$）。

3.3 讨论与结论

青藏高原是我国重要的生态屏障，也是我国西北地区重要的优良牧场（任继周，2012；董世魁等 2015），然而由于高原地区特有的极端生境：生长季温度较低、紫外辐射强、土壤有效养分因子缺乏等，使高寒草地被认为较其他生态系统对环境变化和外界干扰更敏感也更脆弱（Cui et al.，2009a；Gao et al.，2009b），加之长期的超载过牧，青藏高原高寒生态系统中土壤碳和养分含量及其对放牧的响应是当前的研究重点和热点。很多研究表明，放牧活动会使土壤中碳含量减少，如在青海海北藏族自治州的高寒草地（Dong et al.，2012； Chen et al.，2016）、青藏高原东缘的高寒草甸（Sun et al.，2011； Ma et al.，2016）和西藏那曲等地（Xiong et al.，2014； Zhang et al.，2015）放牧草地的土壤碳含量均低于未放牧草地的土壤碳含量。放牧造成土壤有机质或土壤碳含量减少的原因可能有：①放牧改变了群落物种组成，降低了植物生产力，从而减少了向土壤的碳输入（Sun et al.，2011； Ma et al.，2016）；②放牧促进土壤呼吸，使更多的土壤碳经微生物的分解作用释放到大气中（Chen et al.，2016）；③放牧动物通过踩踏降低了土壤中细土颗粒的含量，从而增加了碳的流失（Ma et al.，2016）。然而也有少量研究报道，放牧对土壤中碳的积累没有或有正效应，如在青藏高原东缘的放牧梯度试验中，重度放牧下土壤有机质和有机碳的含量要显著高于中度放牧和轻度放牧，这可能是重度放牧使植物分配更多的生产力到地下，因而有利于土壤中碳的积累（Gao et al.，2009b）。西藏北部地区的禁牧研究也发现，禁牧时间达到 9 年后，土壤碳含量虽然没有显著变化，但略低于放牧草地的土壤碳含量（Zhang et al.，2015）。

铵态氮和硝态氮是土壤中可利用无机氮的主要形式，因此很多研究者通过放牧对土壤氮矿化速率及铵态氮和硝态氮含量的影响，说明放牧对土壤氮含量的影响。放牧对土壤中净氮矿化速率的影响因草地类型和放牧强度等条件而不同，如很多研究者均发现放牧可促进土壤中净氮矿化速率：对北美北部大平原的放牧研究的综合分析显示，因放牧促进凋落物分解，氮矿化速率增加，土壤中可利用氮含量增加（Wang et al.，2016）；另外，在中国内蒙古呼伦贝尔草甸草原、东非坦桑尼亚的塞伦盖蒂草原等的研究（Seagle and Ruess，1992； Feng et al.，2015； Yan et al.，2016）表明，在放牧条件下土壤中可利用氮含量均有增加；室内培养取自西藏那曲的草地土壤结果也显示放牧可促进氮矿化速率（Cheng et al.，2016）。不同的放牧强度是造成氮矿化速率差异的因素之一，如 Biondini 等（1998）发现轻度放牧可促进土壤氮矿化速率，重度放牧则抑制氮矿化速率，而放牧能促进氮矿化速率，主要是通过放牧动物的粪便归还养分（Cheng et al., 2016），促进微生物对其分解（Xu et al., 2007； Wang et al., 2016）。就土壤总氮含量而言，放牧的作用也因草地类型、放牧历史和环境条件而异，如在南非干旱草原上，长期放牧（75 年）使土壤中总氮含量下降，而在中国内蒙古四子王旗的沙漠草原，土壤总氮含量则没有变化。Bai 等（2012）发现放牧降低了草甸草原土壤总氮含量，对典型草原和沙漠草原土壤总氮含量则没有显著影响。

放牧对土壤磷含量影响的研究较土壤碳含量和土壤氮含量的研究要少，而其作用也是因草地类型和物种组成等条件不同而不同，如在美国布鲁克斯维尔亚热带农业研究中心放牧对草地土壤的可提取磷含量没有显著作用（Sigua et al., 2014），在中国内蒙古四子王旗的荒漠草原放牧也对土壤全磷含量没有影响（Li et al., 2008），而在加拿大亚伯达省的羊草草原，放牧虽对表层土壤（0～15cm）的全磷含量没有影响，却降低了深层土壤（15～30cm）的全磷含量（Li et al., 2012）。在内蒙古半干旱草原长期放牧后进行禁牧，发现禁牧增加了典型草原土壤磷含量而降低了草甸草原的土壤磷含量（Guo et al., 2016）。

本章中全氮和速效氮的变化规律与一些学者的结论不一致（关世英等，1997；李永宏等，1997；李香真和陈佐忠，1998）。李香真等（1998）对内蒙古草原的研究结果表明，氮素是限制植物和微生物生长的重要因素。高寒草甸土壤的氨化作用和反硝化作用很强，引起氮素损失，限制了土壤肥力的提高（王启兰和杨涛，1995；张金霞等，1995）。本章中相同土壤层养分因子对放牧强度的响应敏感，但不同土壤层全氮和速效氮的含量对放牧强度的响应不是很敏感。这可能是因为试验时间不够长，放牧强度的变化在短期内不足以引起其营养成分的变化，因此尚需进一步研究和探讨，以探明土壤各养分因子随放牧强度变化而变化的机理及其规律。

随着放牧强度的增加，牧草的利用率增加，地上现存生物量减少，第二年牧草返青后，由于牧草的自我调节，牧草快速生长，补偿和超补偿能力增强，并进行营养繁殖或有性繁殖（资源胁迫）（张荣和杜国祯，1998），土壤营养物质被逐步消耗，C/N 降低。此外，放牧强度越低，地上现存生物量越多，牧草生长季土壤有机质的分解和植物有机体的加入过程均比较强烈，植物的吸收量又相对较少；放牧强度越高，地上现存生物量越少，土壤有机质的分解和植物有机体的加入过程均比较弱，植物的吸收量又相对较多，有机碳、全氮的含量，以及 C/N 下降（曹广民等，1999）；当下降到一定程度时，微生物固持的氮会重新释放出来，如果这些氮不能被牧草大量吸收，就会残存于土壤中，如遇上适宜的条件（pH 高、降水多、嫌气的土壤环境等），就会发生氨挥发、硝化 - 反硝化及淋溶损失，导致土壤氮素进一步减少（鲁彩艳和陈欣，2003；李菊梅等，2003）。但是，土壤性质的变化相较于植物的变化滞后，研究放牧强度对氮素的影响应从短期和长期效应两方面来评价。在短期内，适度放牧可加速氮循环，草地生态系统中总氮量变化不大（张金霞等，1995；杜伊光等，1995；王启兰和杨涛，1995），但随着放牧强度的增加和放牧时间的持续，草地植被群落发生变化，全氮和速效氮的含量也会发生变化（李香真等，1997）。

由于土壤中的磷主要源于原生矿物的风化作用，土壤全磷含量主要取决于土壤母质的类型及质地，而土壤中有机磷的净矿化和固持过程及非生物固定过程影响土壤全磷含量的变化（曹广民等，1991，1995，1999）。土壤有机磷净矿化作用受土壤温度和土壤水分及土壤类型的影响，而且磷的净矿化作用在土壤表层高于土壤下层（李永宏等，1997）。在自然条件下，土壤微生物对磷素的固持作用和矿化作用是同时存在的，但是这两种变化过程的相对速率在不同环境下是不同的，从而呈现微生物对磷素的净固定或净释放，同时净固定或净释放的速率也随环境因子而发生相应的变化（鲍新奎等 1991）。在微生物对土壤磷素固持和矿化的同时，还存在土壤磷素的非生物固定过程，其固定的数量、强度和速率与土壤性质、成分和环境条件有关（曹广民等，1991；鲍新奎等，1991）。

土壤速效性养分主要来源于有机质的矿化，其含量受有机质本身 C/N、温度、湿度等诸多因素的影响，易变性强；也可能随着放牧强度的逐渐增加，植物有机体、土壤动物、土壤微生物等分别通过光合作用、豆科牧草的固氮作用、分解动植物残体和牲畜粪便的过程，通过自我调节对逆境的“胁迫反应”（关世英等，1997；鲍新奎等，1991；张金霞等，1995；张荣和杜国祯，1998）。

土壤性质的变化较植物的变化滞后，由于土壤库容量大，且受到的影响是间接的，因此在短时间内并不能研究清楚各土壤养分因子与放牧强度之间的确切变化关系。李香真和陈佐忠（1998）对内蒙古草原的研究结果表明，氮素是限制植物和微生物生长的重要因素。高寒草甸土壤的氨化作用和反硝化作用很强，引起氮素损失，限制了土壤肥力的提高（王启兰和杨涛，1995；张金霞等，1995）。磷的净矿化作用、微生物和非生物固定作用会影响土壤的供磷能力和植物的营养状况（鲍新奎等，1991；曹广民等，1991，1995）。同时，由于试验区域气候寒冷，土壤内有机磷的净矿化作用、土壤磷素的微生物和非生物固定作用都比较弱，导致土壤磷素，特别是速效磷的含量比较低。本章中全磷和速效氮的变化是因为高寒高山嵩草草甸磷素和氮素缺乏所致，同时试验时间不够长，它们的含量对放牧强度的响应未能反映其真实变化规律，尚需进一步研究和探讨，以探明土壤各养分因子含量随放牧强度变化的机理及其规律。特别是在草地生态系统中，放牧强度对各土壤养分因子含量的影响与植物的根系、土壤动物和微生物之间的效应关系，尚需系统、深入的研究和探讨（贾树海等，1999；Martin and Chambers，2002；Cao et al.，2004；岳东霞等，2004）。

在暖季草场，随着放牧强度的增加，各土壤层有机质、有机碳、全氮和全磷的含量呈下降趋势，它们的含量与放牧强度呈显著的线性回归关系，速效氮的含量与放牧强度呈二次回归关系，各土壤养分因子平均含量与放牧强度也有类似的关系。而且当放牧强度分别达到 1.08 头 /hm^2、1.22 头 /hm^2 和 1.22 头 /hm^2 时，0～5cm、5～10cm、10～20cm 土壤层速效氮含量依次达到最小，若放牧强度继续增加，各土壤层速效氮的含量依次开始增加，而速效氮的平均含量达到最小的放牧强度是 1.08 头 /hm^2。在相同放牧强度下，有机质和有机碳的含量在各土壤层之间差异极显著（$P<0.01$），全磷含量在各土壤层之间差异显著（$P<0.05$），全氮和速效氮含量在各土壤层之间差异不显著（$P>0.05$），而且放牧强度和土壤深度的交互作用对土壤全氮含量的影响显著（$P<0.05$），对土壤各养分因子含量的影响极显著（$P<0.01$）。放牧强度对各土壤层的含水量有显著的影响（$P<0.05$），不同年度间同一土壤层含水量的差异不显著（$P>0.05$）。

在冷季草场，随着放牧强度的增加，不同土壤层有机质、有机碳、全氮的含量和 C/N 下降，它们的含量与放牧强度呈显著的线性回归关系，全磷和速效氮的含量与放牧强度呈显著的二次回归关系，各土壤层养分因子平均含量与放牧强度也有类似的关系；当放牧强度分别达到 0.81 头 /hm^2 和 0.85 头 /hm^2，1.03 头 /hm^2 和 1.02 头 /hm^2，1.36 头 /hm^2 和 1.25 头 /hm^2 时，0～5cm、5～10cm、10～20cm 土壤层全磷和速效氮的含量分别依次达到最大，若放牧强度继续增加，它们的含量依次减小；而且 0～20cm 土壤层全磷和速效氮的平均含量达到最大的放牧强度分别是 1.03 头 /hm^2 和 1.06 头 /hm^2。放牧强度和土壤深度的交互作用对土壤各养分因子含量的影响极显著（$P<0.01$）；在 0～5cm 和 5～10cm 土壤层中，放牧强度和放牧时间的交互作用对土壤含水量影响极显著（$P<0.01$），在 10～20cm 土壤层中，放牧强度和放牧时间的交互作用对土壤含水量的影响显著（$P<0.05$），而在两个放牧年度，放牧强度和土壤深度的交互作用对含水量的影响也极显著（$P<0.01$）。

由于外界干扰对土壤性质的影响是一个间接的、综合的过程，而且相对于植物而言，土壤性质对环境因子的响应通常是滞后的，加之土壤库容量大，放牧强度对土壤养分因子在较短时间尺度上的影响尚不能代表土壤养分因子与放牧强度之间的确切变化关系。因此，在放牧生态系统中，土壤各养分因子含量随放牧强度变化的机理及其规律，尚需系统、深入的研究和探讨。

4

放牧对高山嵩草草甸群落结构的影响

放牧对草地植物群落结构的影响是多方面的，不同放牧生态系统中放牧过程对系统植被群落的组成、丰富度、物理结构和演替都会造成显著影响（Bakker et al., 2006； Beguin et al., 2011）。但是，放牧过程对于生态系统植被群落结构的影响还受到其他因素的影响（Vesk and Mark, 2001），如放牧管理方式和气候因子（Zhang et al., 2018）。在放牧管理方式中，对植被群落结构影响最主要的因素是放牧强度（Deng et al., 2014）。放牧强度能够改变植物功能群结构，进而影响生态系统植被群落结构。大量研究表明，在放牧条件下，草地植物群落结构特征与放牧强度紧密相关（周兴民等，1987；张堰青，1990；李永宏，1987，1992；王德利等，1996；董全民等，2004a，d，2005a，b；Derner and Hart，2007； Derner et al.，2008；Lauenroth and Burke，2008）。在气候条件基本一致的区域内，放牧强度对植物群落的影响可以超越不同地段其他环境因子的影响，成为影响植物群落特征的主导因子（李永宏，1987）。另外，国内众多学者对不同草地类型在放牧条件下的植被组成及其演替规律进行了研究，均发现随放牧强度的增加，群落中主要植物物种的优势地位发生了明显的替代变化，这与其生态学特性和放牧动物的采食行为密切相关（王启基等，1995a；李永宏，1992；汪诗平等，2003；董全民等，2004a，d，2005a，b）。本章主要从不同放牧强度下草地植物的盖度、地上现存生物量的百分比组成、植物物种组成及其重要值、群落相似性系数的变化等方面进行探讨。

4.1 放牧强度对不同植物类群盖度及地上现存生物量的影响

4.1.1 放牧强度对不同植物类群盖度的影响

1）放牧强度对暖季草场不同植物类群盖度的影响

在暖季草场，放牧两年后轻度放牧、中度放牧、重度放牧和对照样地优良牧草的盖度较上一年的变化分别为1.9%、1.1%、−2.4%和6.5%，杂类草盖度较上一年的变化则分别为−2.7%、7.7%、15.2%和−2.1%（表4.1）。优良牧草的盖度在不同处理之间差异极显著（$P<0.001$），但在年度之间差异不显著（$P>0.05$）；杂类草的盖度在年度和处理之间差异均不显著（$P>0.05$）。随着放牧强度的增加，优良牧草的盖度降低，杂类草的盖度增加。这是因为在暖季草场，牦牛放牧时正处于牧草生长期，轻度放牧样地牧草充足，牦牛对杂类草基本不采食，同时杂类草受优良牧草的抑制而生长缓慢；而重度放牧样地，牦牛对适口性较好的牧草采食比较完全，杂类草受优良牧草的抑制作用也相对减弱，组分冗余更加突出，不仅表现为杂草类的盖度增加，也表现为冗余植物（杂类草）绝对产量的增加，它们进一步竞争到更多的阳光和土壤养分，使优良牧草的生长受到更为严重的胁迫，草地出现退化迹象（王启基等，1995a；张荣和杜国祯，1998），最终导致植物群落结构和组成发生变化。

表4.1　暖季草场不同植物类群盖度的年际变化

处理	群落/%		优良牧草/%		杂类草/%	
	放牧第一年	放牧第二年	放牧第一年	放牧第二年	放牧第一年	放牧第二年
对照	93.6	94.5	62.4	68.9	27.7	25.6
轻度放牧	94.2	96.2	62.5	64.4	33.7	31.0
中度放牧	87.1	94.9	51.9	53.0	35.3	43.0
重度放牧	73.1	88.5	42.7	40.3	37.5	52.7

2）放牧强度对冷季草场不同植物类群盖度的影响

在冷季草场，放牧两年后对照、轻度放牧、中度放牧和重度放牧样地的群落盖度较上一年的变化分别为3.0%、2.8%、15.5%和3.7%，优良牧草的盖度变化为7.9%、4.2%、3.6%和2.4%，杂类草的盖度变化为−10.6%、−2.9%、−0.1%和2.9%（表4.2）。随着放牧强度的增加，优良牧草盖度呈降低趋势，杂类草的盖度则有增加趋势。不同植物类群盖度的变化之所以不同，一方面，由于牧草自身的生理特性不同，在不同放牧强度下，不同植物类群的再生能力及补偿生长和超补偿生长能力也不同，使它们在相互竞争中处于非平等状态，尤其在重度放牧情况下，杂类草的比例就会上升，形成组分冗余（张荣等，1998；董全民等，2004a，d）；另一方面，家畜优先选择适口性较好的牧草，这对牧草的生长和盖度也有一定的影响。

表 4.2　冷季草场不同植物类群盖度的年际变化

处理	群落 /%		优良牧草 /%		杂类草 /%	
	放牧第一年	放牧第二年	放牧第一年	放牧第二年	放牧第一年	放牧第二年
对照	95.0	98.0	63.6	71.5	43.2	32.6
轻度放牧	90.7	93.5	62.3	66.5	35.4	32.5
中度放牧	76.6	92.1	59.4	63.0	34.7	34.6
重度放牧	86.8	90.5	58.1	60.5	34.6	37.5

4.1.2　放牧强度对不同植物类群地上现存生物量的影响

随着放牧强度的增加，暖季草场和冷季草场优良牧草地上现存生物量在群落总生物量中的比例均减小，杂类草的比例则增加（图 4.1 和图 4.2）。放牧强度的增加抑制了优良牧草特别是禾本科牧草的生长和种子更新，导致禾本科牧草数量减少。另外，构成内禀冗余的植物（杂类草）虽不被牦牛所喜食，但一些植物可被其他动物所利用，这对草地群落的生物多样性和均匀度有重要作用。由于内禀冗余的存在，优良牧草的植物群落随放牧强度的增加，补偿和超补偿作用加强，进而增加种群数量和生物量，补偿放牧强度过高下群落功能的降低；同时，放牧强度的增加，优良牧草被采食的概率也增加，为杂类草的入侵和一些喜光的双子叶植物的生长创造了条件，成为草场退化的诱因（王启基等，1995a；董全民等，2004a, d，2005a）。

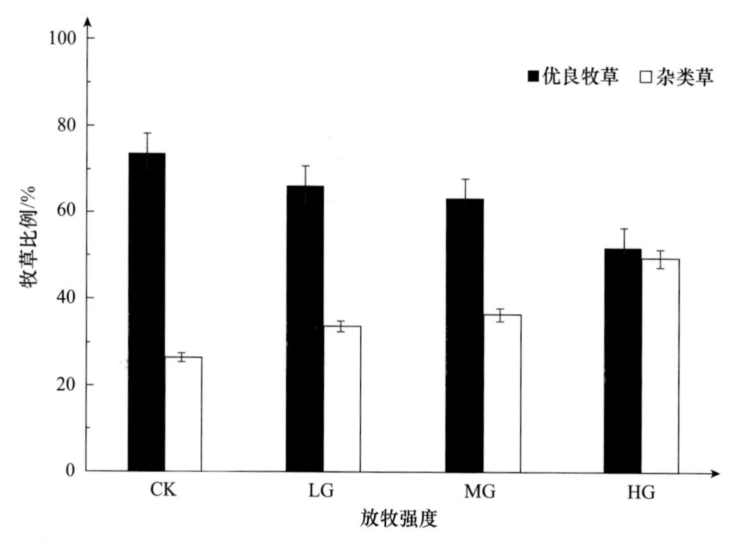

图 4.1　不同放牧强度下暖季草场优良牧草和杂类草在群落中的比例

CK：对照；LG：轻度放牧；MG：中度放牧；HG：重度放牧

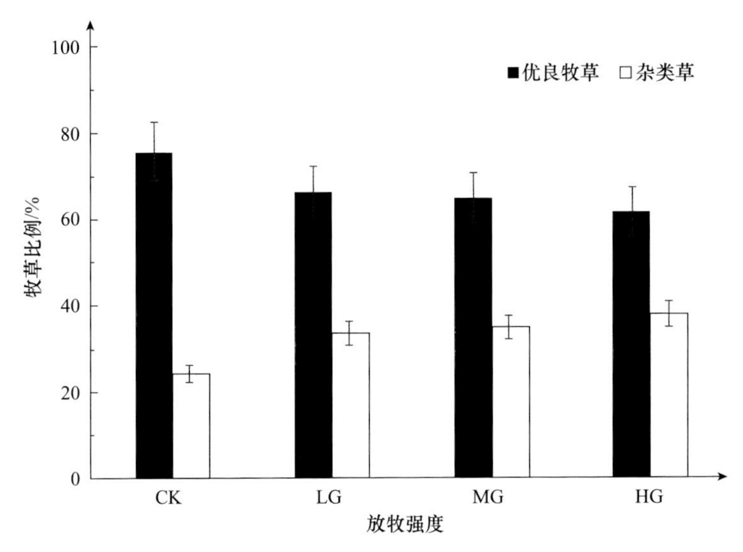

图 4.2　不同放牧强度下冷季草场优良牧草和杂类草在群落中的比例
CK：对照；LG：轻度放牧；MG：中度放牧；HG：重度放牧

4.1.3　放牧强度与不同植物类群地上现存生物量和盖度的关系

1）暖季草场上放牧强度与不同植物类群地上现存生物量和盖度的关系

暖季草场各植物类群盖度和地上现存生物量与放牧强度之间呈极显著的线性回归关系。随着放牧强度的增加，优良牧草的盖度和地上现存生物量下降（图 4.3），杂类草的盖度和地上现存生物量呈上升趋势（图 4.4）。因为暖季草场正处于牧草生长期，轻度放牧条件下，由于牧草生长过程中的自我抑制作用，草地植物群落中优良牧草的生长与再生量比较低，此时光合作用的产物虽然可能较多，但同时呼吸消耗也较大，净光合产物的增长速率仍然较低，优良牧草的盖度和地上现存生物量也受到影响。但随着放牧强度的增加，牦牛的采食行为造成优良牧草快速生长，以补偿优良牧草的损失，但当优良牧草盖度达到一定水平时，这种功能补偿又往往产生牧草的生长冗余，因此中度放牧下优良牧草的盖度和地上现存生物量降低比较缓慢。随着放牧强度进一步增加（重度放牧情况下），虽然杂类草的加速生长可以补偿优良牧草盖度和地上现存生物量降低的损失，但多为牦牛不喜食或不可采食的种类，因此它是一种功能上的组分冗余，表现为杂类草和毒杂草的盖度增加，使禾本科牧草和莎草科牧草的生长受到了更为严重的胁迫，草地出现退化迹象。

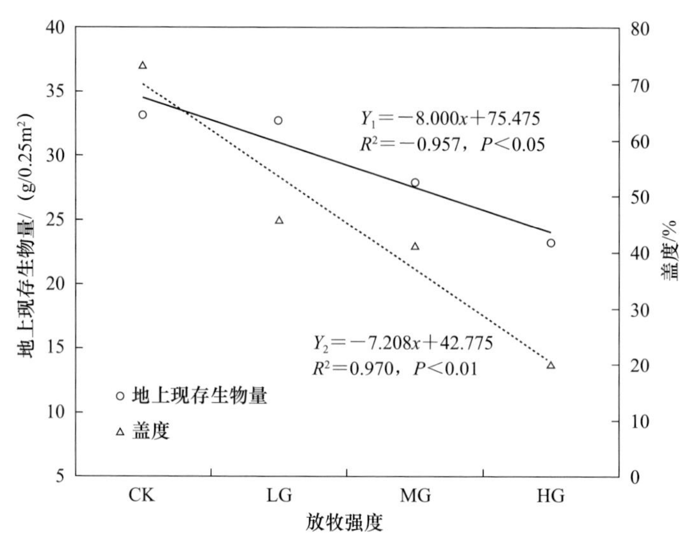

图 4.3　暖季草场上放牧强度与优良牧草地上现存生物量和盖度之间的关系

CK：对照；LG：轻度放牧；MG：中度放牧；HG：重度放牧

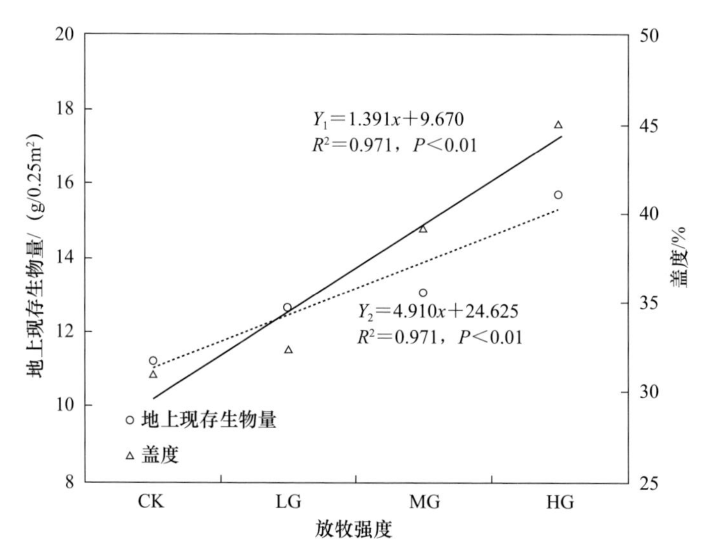

图 4.4　暖季草场上放牧强度与杂类草地上现存生物量和盖度之间的关系

CK：对照；LG：轻度放牧；MG：中度放牧；HG：重度放牧

2）冷季草场上放牧强度与不同植物类群地上现存生物量和盖度的关系

冷季草场优良牧草的盖度和地上现存生物量与放牧强度之间呈极显著的线性回归关系（图 4.5），而与杂类草的盖度和地上现存生物量之间呈显著的二次回归关系（图 4.6）。随着放牧强度的增加，优良牧草的盖度和地上现存生物量

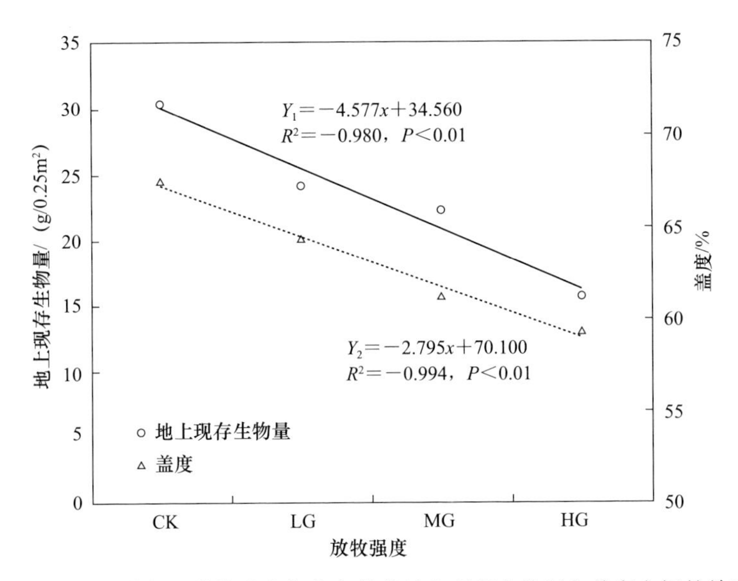

图 4.5 冷季草场上放牧强度与优良牧草地上现存生物量和盖度之间的关系

CK：对照；LG：轻度放牧；MG：中度放牧；HG：重度放牧

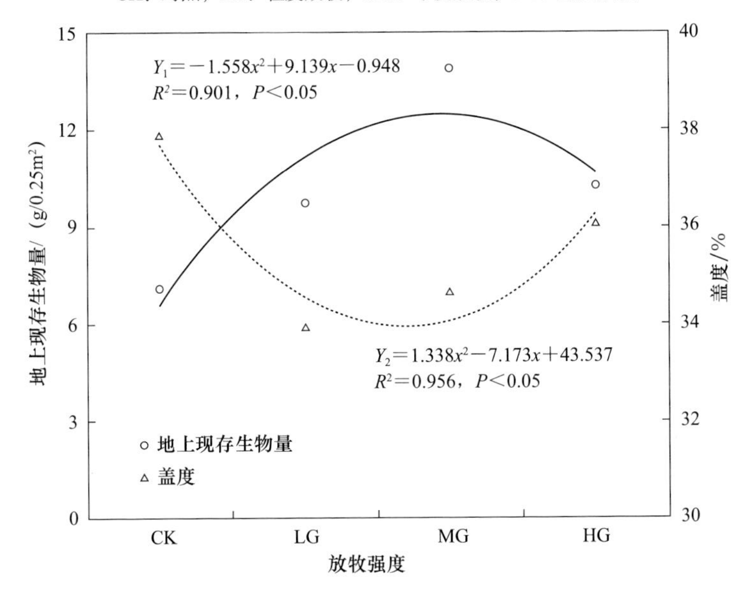

图 4.6 冷季草场上放牧强度与杂类草地上现存生物量和盖度之间的关系

CK：对照；LG：轻度放牧；MG：中度放牧；HG：重度放牧

下降，而杂类草的盖度在放牧强度增加到 2.5 头 /hm^2 时达到最小，放牧强度继续增加，其盖度又开始增加；若放牧强度再继续增加至 2.9 头 /hm^2 时，杂类草的地上现存生物量也达到最大。这说明当放牧强度达 2.5 头 /hm^2 时，牦牛对优良牧草的采食已经达到极限，优良牧草的抑制作用开始下降，组分冗余更加突出，不仅表现为杂类草的盖度增加，也表现为冗余植物（杂类草和毒杂草）绝对产量的增加，对光照和土壤养分的竞争能力增加，使优良牧草的生产受到更为严重的胁迫。此时冷季草场的功能为杂类草的生产，杂类草入侵并大量生长，这也是冷季草场植物群落对于过度放牧的一种功能补偿（张荣和杜国祯，1998）。

4.1.4 小结

（1）随着放牧强度的增加，两季草场各放牧处理中优良牧草的盖度和地上现存生物量下降，杂类草的盖度和地上现存生物量则升高。

（2）在暖季草场，放牧强度与各植物类群盖度和地上现存生物量之间呈极显著的线性回归关系。在冷季草场，放牧强度与优良牧草的盖度和地上现存生物量之间呈极显著的线性回归关系，而与杂类草的盖度和地上现存生物量之间呈显著的二次回归关系。

4.2 放牧强度对群落物种组成及其重要值的影响

4.2.1 放牧强度对暖季草场物种组成及其重要值的影响

放牧两年后，放牧强度对高寒草甸群落的物种组成和结构有显著的影响（表 4.3 和图 4.7）。在不同放牧强度下，处于相对优势地位的植物差异比较大，反映出不同植物生活型功能群对放牧强度适应的差异性。

表 4.3　不同放牧强度下暖季草场群落物种组成和重要值

物种序号	种名	重要值 /%			
		对照	轻度放牧	中度放牧	重度放牧
1	高山嵩草 *Kobresia pygmaea*	31.01	28.05	21.12	17.19
2	矮嵩草 *Kobresia humilis*	3.31	6.12	9.10	10.98
3	藏嵩草 *Kobresia tibetica*	—	1.79	1.90	2.01
4	禾叶嵩草 *Kobresia graminifolia*	7.21	3.96	1.01	1.53
5	线叶嵩草 *Kobresia capillifolia*	1.92	2.20	3.17	3.20
6	青海薹草 *Carex ivanoviae*	1.12	1.01	1.00	1.43
7	黑褐薹草 *Carex atrofusca*	1.89	1.04	1.00	1.00

续表

物种序号	种名	重要值 /%			
		对照	轻度放牧	中度放牧	重度放牧
8	冷地早熟禾 *Poa crymophila*	—	—	1.99	2.05
9	山地早熟禾 *Poa orinosa*	—	—	—	1.00
10	高原早熟禾 *Poa alpigena*	—	2.95	2.76	3.20
11	垂穗披碱草 *Elymus nutans*	19.98	16.98	11.05	4.01
12	溚草 *Koeleria cristata*	2.01	1.56	1.00	3.03
13	紫羊茅 *Festuca rubra*	1.98	1.01	1.19	1.09
14	针茅 *Stipa capillata*	1.75	1.00	1.75	1.00
15	异针茅 *Stipa aliena*	1.76	1.00	1.00	1.00
16	双柱头藨草 *Scirpus distigmaticus*	1.50	<1.00	1.00	1.00
17	野青茅 *Deyeuxia arundinacea*	6.21	1.20	1.68	1.79
18	双叉细柄茅 *Ptilagrostis dichotoma*	1.56	1.00	1.79	1.89
19	长叶毛茛 *Ranunculus lingua*	1.50	1.00	1.27	1.01
20	雅毛茛 *Ranunculus pulchellus*	1.00	1.00	1.00	1.99
21	兰石草 *Lancea tibetica*	1.00	1.00	1.00	1.91
22	紫花地丁 *Viola philippica*	1.00	1.00	1.00	1.51
23	麻花艽 *Gentiana straminea*	1.80	1.00	1.00	2.06
24	多枝黄芪 *Astragalus polycladus*	<1.00	—	1.00	1.98
25	珠芽蓼 *Polygonum viviparum*	1.00	—	1.00	3.91
26	黄帚橐吾 *Ligularia virgaurea*	1.00	2.00	3.00	11.01
27	矮火绒草 *Leontopodium nanum*	1.00	1.00	1.00	1.00
28	星状雪兔子 *Saussurea stella*	1.00	1.00	1.00	1.21
29	美丽风毛菊 *Saussurea pulchra*	1.20	—	1.00	—
30	乳白香青 *Anaphalis lactea*	1.00	1.00	—	1.00
31	异叶米口袋 *Tibetia himalaica*	1.00	<1.00	1.00	—
32	小米草 *Euphrasia pectinata*	—	<1.00	—	—
33	蒲公英 *Taraxacum* sp.	1.00	1.00	1.00	1.59
34	蒙古蒲公英 *Taraxacum mongolicum*	1.00	1.00	1.00	1.91
35	海乳草 *Glaux maritima*	1.00	<1.00	<1.00	—
36	甘肃马先蒿 *Pedicularis kansuensis*	—	1.00	4.23	11.01
37	阿拉善马先蒿 *Pedicularis alaschanica*	—	1.00	2.21	20.09
38	雪白委陵菜 *Potentilla bifurca*	1.00	1.30	1.00	1.03

续表

物种序号	种名	重要值 /%			
		对照	轻度放牧	中度放牧	重度放牧
39	鹅绒委陵菜 *Potentilla anserina*	3.20	5.10	10.21	23.01
40	线叶龙胆 *Gentiana farreri*	1.00	＜1.00	＜1.00	＜1.00
41	磷叶龙胆 *Gentiana squarrosa*	1.00	＜1.00	—	—
42	匙叶龙胆 *Gentiana spathulifolia*	1.00	＜1.00	1.00	＜1.00
43	华丽龙胆 *Gentiana sino-ornata*	—	＜1.00	1.00	—
44	高山紫菀 *Aster alpinus*	—	＜1.00	1.00	＜1.00
45	柔软紫菀 *Aster flaccidus*	—	＜1.00	1.00	—
46	獐牙菜 *Swertia bimaculata*	—	＜1.00	＜1.00	—
47	婆婆纳 *Veronica didyma*	—	＜1.00	＜1.00	1.00
48	甘肃棘豆 *Oxytropis kansuensis*	—	0.13	1.00	1.00
49	黄花棘豆 *Oxytropis ochrocephala*	—	—	1.00	1.00
50	细叶亚菊 *Ajania tenuifolia*	—	1.00	＜1.00	1.91
51	独一味 *Lamiophlomis rotata*	—	—	＜1.00	1.00
52	白苞筋骨草 *Ajuga lupulina*	—	—	＜1.00	＜1.00
53	铁棒锤 *Aconitum pendulum*	—	—	—	2.91
54	露蕊乌头 *Aconitum gymnandrum*	—	—	—	2.09
55	西伯利亚蓼 *Polygonum sibiricum*	—	—	—	1.00
56	湿生扁蕾 *Gentianopsis paludosa*	—	—	＜1.00	—
57	高山唐松草 *Thalictrum alpinum*	—	—	＜1.00	—
58	微孔草 *Microula sikkimensis*	—	—	＜1.00	—
59	车前 *Plantago asiatica*	—	—	＜1.00	—
60	西藏点地梅 *Androsace mariae*	—	—	＜1.00	—
	物种数	**35**	**44**	**54**	**47**

在对照处理中，由于没有牦牛的采食干扰，丛型较高的植物和疏丛型禾本科牧草、密丛型莎草科牧草生长旺盛，在群落中属于竞争优势者，抑制了其他植物的生长，从而导致群落物种数较少（35 种），形成了以高山嵩草和垂穗披碱草为优势种的群落（重要值分别为 31.01 和 19.98），禾本科牧草和莎草科牧草的平均高度分别为 32.8cm 和 10.3cm，盖度则为 41.09% 和 45.12%。随着放牧强度增加，牦牛对禾本科牧草和莎草科牧草采食频率增加，各处理的禾本科牧草和莎草科牧草的盖度减小，杂类草和毒杂草的盖度增加。轻度放牧下禾本科牧草、莎草科牧草、杂类草和毒杂草的盖度分别为 37.40%、42.00%、14.01% 和 9.10%，平

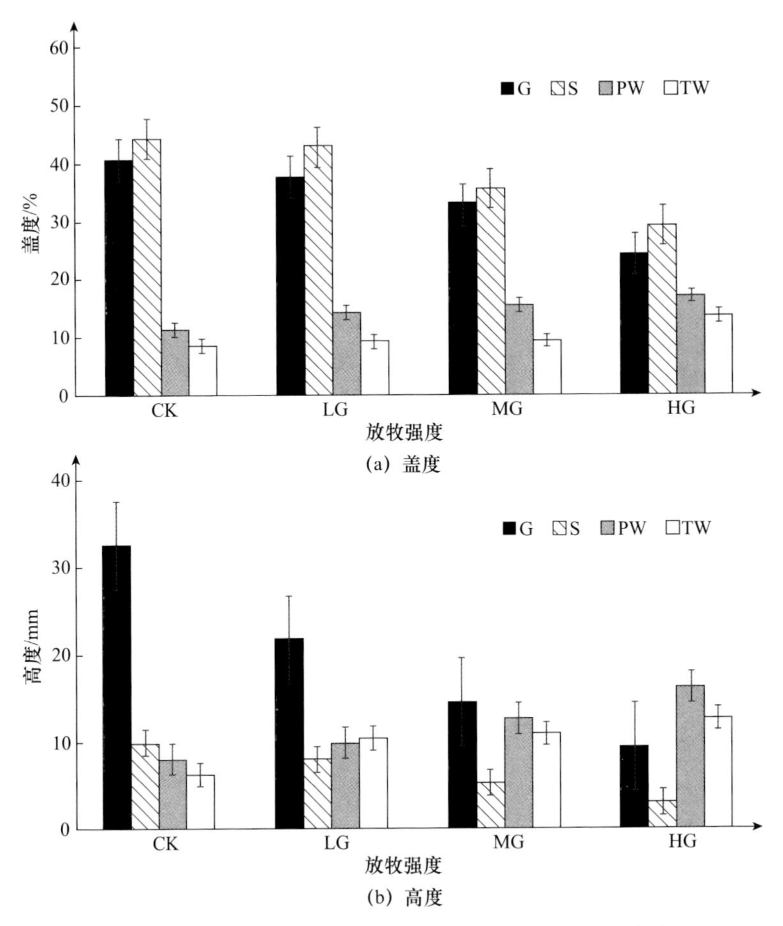

图 4.7 不同放牧强度草地群落各经济类群的盖度和高度

CK：对照；LG：轻度放牧；MG：中度放牧；HG：重度放牧；G：禾本科牧草；S：莎草科牧草；PW：杂类草；TW：毒杂草

均高度分别为 21.9cm、7.9cm、10.5cm 和 10.8cm；中度放牧下禾本科牧草、莎草科牧草、杂类草和毒杂草的盖度分别为 32.30%、35.70%、14.90% 和 9.30%，平均高度分别为 14.4cm、5.4cm、12.9cm 和 11.3cm；重度放牧下禾本科牧草、莎草科牧草、杂类草和毒杂草的盖度分别为 23.00%、29.60%、17.30% 和 13.10%，平均高度分别为 9.9cm、2.8cm、16.9cm 和 13.1cm。另外，随着放牧强度的增加，群落中不耐牧型植物的重要值下降，如在重度放牧下，垂穗披碱草的重要值仅为 4.01，而耐牧型植物的数量和比例都有所增加。群落物种数由对照处理的 35 种增加到轻度放牧 44 种、中度放牧 54 种、重度放牧 47 种。对照、轻度放牧和中度放牧 3 个处理的优势种均为高山嵩草和垂穗披碱草，重度放牧处理的优势种为鹅绒委陵菜和阿拉善马先蒿。对照处理的主要伴生种为鹅绒委陵菜、溚草和紫羊茅等，轻度放牧处理的主要伴生种为高原早熟禾、线叶嵩草和黄帚橐吾等，中度放牧处理的主要伴生种为线叶嵩草、黄帚橐吾和高原早熟禾等，重度放牧处理的主要伴生种为矮嵩草、垂穗披碱草和珠芽蓼等。

4.2.2 放牧强度对冷季草场物种组成及其重要值的影响

放牧第一年，在轻度放牧条件下，鹅绒委陵菜为主要优势种，次优势种为藏嵩草、溚草、垂穗披碱草和线叶嵩草等；在中度放牧条件下，溚草为主要优势种，鹅绒委陵菜、垂穗披碱草、高原早熟禾和线叶嵩草等为次优势种；在重度放牧条件下，鹅绒委陵菜为主要优势种，线叶嵩草、藏嵩草、高原早熟禾和垂穗披碱草等为次优势种；对照处理的主要优势种则为藏嵩草，次优势种为线叶嵩草、鹅绒委陵菜、溚草、垂穗披碱草等。到放牧第二年，各试验处理植物群落发生了变化，轻度放牧和重度放牧条件下的优势种没有变化，中度放牧条件下溚草和鹅绒委陵菜的比例增加。另外，随着放牧强度的增加，群落中不耐牧型植物的重要值下降，而耐牧型植物的数量和比例都有所增加，群落物种数由对照处理的37种，增加到轻度放牧处理的44种、中度放牧处理的54种、重度放牧处理的47种。优良牧草所占比例为对照（36.04%）＞轻度放牧（35.23%）＞中度放牧（32.29%）＞重度放牧（20.17%）。从优势种与次优势种植物来看，优良牧草与杂类草的分布比例也与暖季草场相似。表4.4中列出了优势度排在前10位的植物。

表4.4 不同放牧强度下冷季草场植物优势度的变化

物种	放牧第一年				放牧第二年			
	对照	轻度放牧	中度放牧	重度放牧	对照	轻度放牧	中度放牧	重度放牧
垂穗披碱草	0.378	0.442	0.454	0.427	0.550	0.508	0.433	0.372
溚草	0.476	0.510	0.554	0.424	0.286	0.503	0.536	0.338
藏嵩草	0.525	0.519	0.184	0.497	0.424	0.519	0.186	0.439
鹅绒委陵菜	0.506	0.527	0.505	0.533	0.505	0.543	0.555	0.501
高山嵩草	0.201	0.192	0.210	0.181	0.297	0.316	0.181	0.183
高山唐松草	0.344	0.310	0.220	0.302	0.466	0.221	0.214	0.328
高原早熟禾	0.170	0.376	0.432	0.467	0.216	0.303	0.421	0.103
青海风毛菊	—	0.184	0.085	—	—	—	0.668	—
线叶嵩草	0.523	0.405	0.343	0.503	0.451	0.496	0.349	0.433
黄花棘豆	0.115	0.306	0.132	0.330	0.051	0.047	0.135	0.092
物种数	**39**	**41**	**53**	**45**	**37**	**44**	**54**	**47**

4.2.3 小结

暖季草场经过两个放牧季，对照处理和轻度放牧处理的优势度没有显著变化，而中度放牧处理和重度放牧处理中鹅绒委陵菜比例增加；冷季草场经过一个放牧季，各放牧处理植物群落发生了变化，轻度放牧处理和重度放牧处理的优势种没有变化，中度放牧处理的优势种发生了变化。另外，随着放牧强度的增加，群落中不耐牧型植物的重要值下降，而耐牧型植物的数量和比例都有所增加。

4.3 不同放牧强度下植物群落相似性系数的变化

4.3.1 暖季草场植物群落相似性系数的变化

在暖季草场，放牧第一年不同放牧处理组与对照处理的植物群落相似性系数高于放牧第二年（表 4.5），说明随着时间的延续，各放牧处理下植物类群差异增大。放牧两年内，各放牧处理与对照的相似性系数为：轻度放牧＞中度放牧＞重度放牧，表明轻度放牧处理与对照处理植物群落差异较小，而与重度放牧处理差异最大。各放牧处理间相似性系数的变化为：轻度放牧与中度放牧＞中度放牧与重度放牧＞轻度放牧与重度放牧。其植物群落间差异大小与此相反，即放牧强度之间的差异越大，群落之间的相似性越低，说明放牧强度是引起群落差异的主要原因，是群落结构演替的主导因子（李永宏，1988；周立等，1995d）。

表 4.5 不同放牧强度下暖季草场植物群落相似性系数的变化

放牧处理	时间	轻度放牧	中度放牧	重度放牧	对照
轻度放牧	放牧第一年	1			
	放牧第二年	1			
中度放牧	放牧第一年	0.909	1		
	放牧第二年	0.905	1		
重度放牧	放牧第一年	0.791	0.856	1	
	放牧第二年	0.730	0.861	1	
对照	放牧第一年	0.880	0.800	0.750	1
	放牧第二年	0.865	0.760	0.611	1

4.3.2 冷季草场植物群落相似性系数的变化

在冷季草场，放牧第一年不同放牧处理组与对照处理之间的植物群落相似性系数高于放牧第二年（表 4.6），这与暖季草场的变化相似。但放牧处理组之间的变化与暖季草场有所不同，它们之间的相似性系数的变化为：轻度放牧与中度放牧＞轻度放牧与重度放牧＞中度放牧与重度放牧，即轻度放牧与中度放牧之间的植物群落差异最小，轻度放牧与重度放牧之间的植物群落差异居中，而中度放牧与重度放牧之间的植物群落差异最大。这是因为冷季草场放牧牦牛时牧草处于枯黄期，牦牛采食对植物群落的影响没有暖季草场直接，因而冷季放牧对植物群落的影响更体现出放牧的“滞后效应”。要观察冷季草场植物群落对放牧强度的响应，则需要更长时间的观察和研究（王启基，1995a；董全民等，2004a，d，2005a）。

表 4.6 不同放牧强度下冷季草场植物群落相似性系数的变化

放牧处理	时间	轻度放牧	中度放牧	重度放牧	对照
轻度放牧	放牧第一年	1			
	放牧第二年	1			
中度放牧	放牧第一年	0.926	1		
	放牧第二年	0.903	1		
重度放牧	放牧第一年	0.860	0.859	1	
	放牧第二年	0.868	0.723	1	
对照	放牧第一年	0.901	0.870	0.780	1
	放牧第二年	0.900	0.850	0.702	1

4.3.3 放牧强度与植物群落相似性系数的关系

植物群落除受放牧强度影响之外，还受气候变化的影响。对照处理植物群落的年度变化体现了年度气候变化的影响。因此，以对照处理植物群落为基准的相似性系数的年度变化，消除了年度气候变化的影响，观测到的变化主要是放牧的结果。所以，相似性系数的年度变化可以说明放牧强度对植物群落年度变化的影响。

从表 4.5 和表 4.6 可以看出，放牧第一年两季草场各放牧处理与对照处理之间的植物群落相似性系数均高于放牧第二年，除轻度放牧处理外，中度放牧和重度放牧处理均有不同程度的下降，而且重度放牧处理的下降幅度最大，大于中度放牧处理。这说明放牧两年后，除轻度放牧处理外，中度放牧和重度放牧处理植物群落均朝着远离对照处理植物群落的方向变化（变化增大）。

放牧强度和各放牧处理与对照处理植物群落之间的相似性系数呈显著的线性负相关关系（图 4.8 和图 4.9）。随着放牧强度的增加，放牧处理植物群落与对照处理植物群落之间的相似性系数降低，放牧处理植物群落与对照处理植物群落之间的差异增大。这说明放牧强度是引起植物群落差异的主要原因，是植物群落结构演替的主导因子（李永宏，1987；王启基等，1995a）。

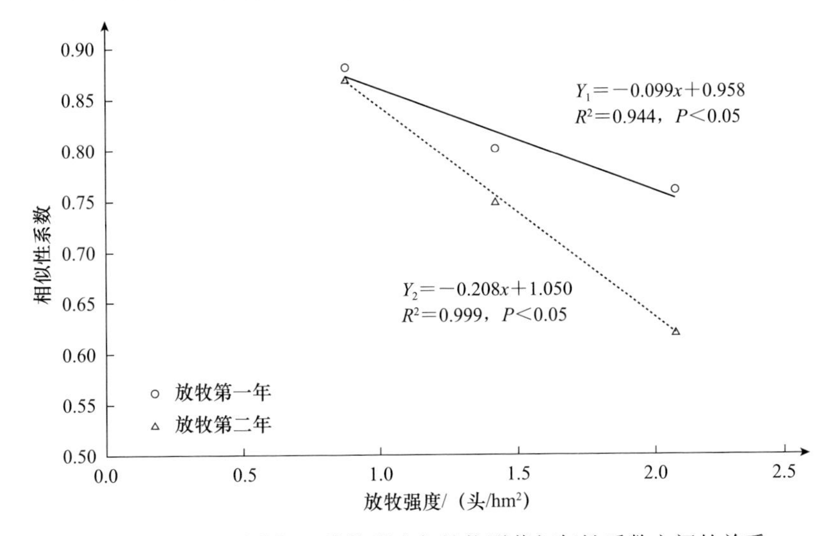

图 4.8　暖季草场上放牧强度与植物群落相似性系数之间的关系

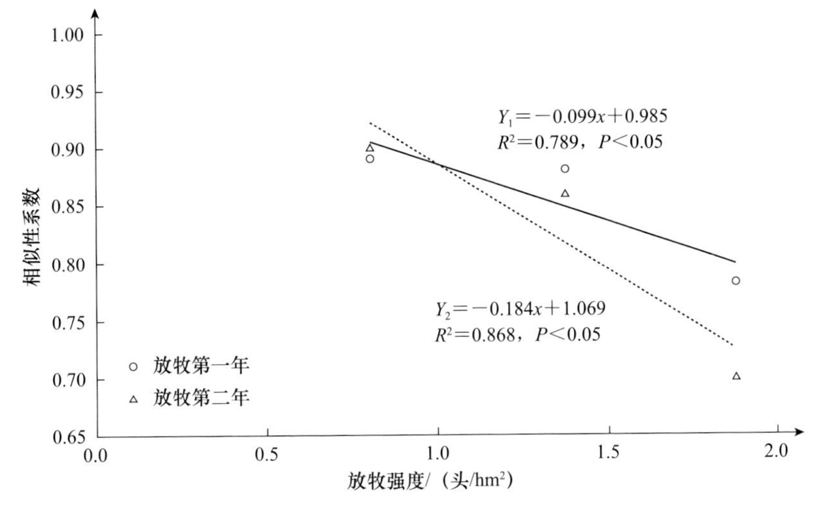

图 4.9　冷季草场上放牧强度与植物群落相似性系数之间的关系

4.3.4 小结

在两季草场上，放牧第一年各放牧处理与对照处理植物群落之间的相似性系数均高于放牧第二年，各放牧处理与对照处理植物群落之间的相似性系数排序为：在暖季草场，轻度放牧与中度放牧＞中度放牧与重度放牧＞轻度放牧与重度放牧，而在冷季草场，则为轻度放牧与中度放牧＞轻度放牧与重度放牧＞中度放牧与重度放牧。随着放牧强度的增加，放牧处理与对照处理植物群落之间的相似性系数降低。相关分析表明，放牧强度和各放牧处理与对照处理植物群落之间的相似性系数呈显著的线性负相关关系，说明放牧强度是引起植物群落差异的主要原因，是植物群落结构演替的主导因子。

4.4 放牧强度对植物群落物种多样性的影响

近年来，生物多样性的保护已受到全世界的关注，成为当今生态学研究的三大热点之一。放牧是草地群落最重要的人为干扰因子之一，有关草地群落植物多样性及其与放牧之间的关系，国外已有大量的研究（Collins，1987，1998；Milchunas et al.，1988；Noy-meir，1989；West，1993；Jorge et al.，2003；Karen et al.，2004；Krzic et al.，2005），国内也有系统的研究，但多数是选择基本同质的群落类型并按照放牧干扰梯度的空间序列变化来替代时间序列上的变化，以研究不同放牧强度对草地植物多样性的影响（李永宏，1993，1995，杨持和叶波，1995；王仁忠，1997；杨利民等，1999，2001），在时间序列上定量的放牧试验研究较少，特别是对青藏高原高寒草甸上不同放牧强度和放牧方式下植物多样性变化规律的研究更少（董全民等，2005b）。

4.4.1 暖季草场植物群落物种多样性的变化

群落的物种丰富度及多样性是群落的重要特征，放牧及其他干扰对群落结构影响的研究都离不开物种多样性问题（汪诗平等，2001；王正文等，2002）。α 多样性是对一个群落内物种分布的数量和均匀程度的测量指标，常用的有 Simpson 指数和 Shannon-Wiener 指数，是生物群落在组成、结构、功能和动态方面表现出的差异，反映了各物种对环境的适应能力和对资源的利用能力（汪诗平等，2001；杨利民等，2001；董全民等，2005b）。从图 4.10 可以看出，不同放牧强度下 α 多样性指数差异显著。物种数及丰富度指数表明群落中物种的多少。

经过两年的放牧，不同放牧强度下草地的物种数及丰富度指数排序为：对照＜轻度放牧＜重度放牧＜中度放牧［图 4.10（a）、（b）］。均匀度反映各群落中物种分布的均匀程度。在不同放牧强度下，对照处理草地的均匀度最低（0.710），中度放牧处理草地的均匀度则最高［0.869，图 4.10（c）］。优势度反映的趋势与多样性指数和均匀度指数相反。对照处理草地的优势度最大（0.789），其排序为：对照＞轻度放牧＞中度放牧＞重度放牧［图 4.10（d）］。多样性指数（Shannon-Wiener 指数和 Simpson 指数）是物种水平上多样性和异质性程度的度量，能综合反映群落物种丰富度和均匀度的总和（汪诗平等，2001；江小蕾等，2003；岳东霞等，2004），因此必然与物种丰富度和均匀度的度量结果有一定程度的差异，但本章中它们总的变化趋势是一致的［图 4.10（e）、（f）］。

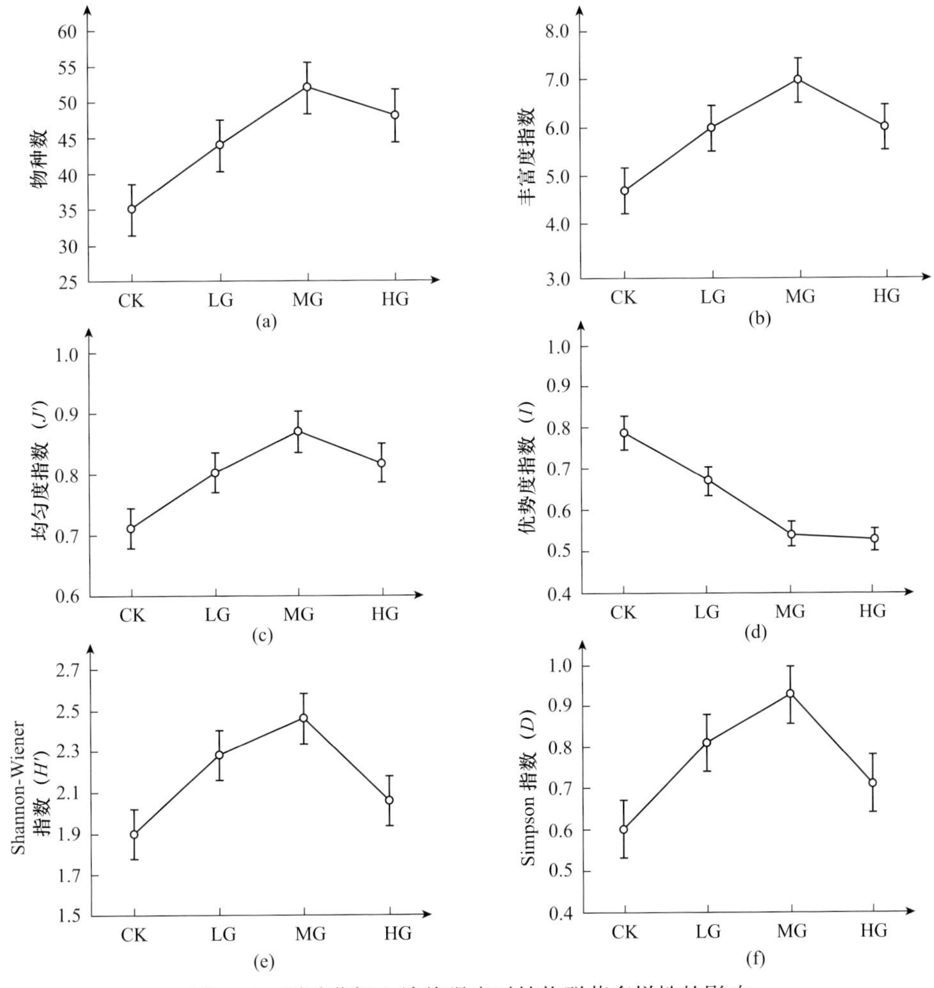

图 4.10　暖季草场上放牧强度对植物群落多样性的影响

CK：对照；LG：轻度放牧；MG：中度放牧；HG：重度放牧

4.4.2 冷季草场植物群落物种多样性的变化

不同放牧强度下，冷季草场群落的多样性指数和均匀度指数的变化见表 4.7。植物群落的多样性指数在各年度的变化趋势一致，总体表现为：中度放牧＞轻度放牧＞重度放牧＞对照。放牧第一年，中度放牧处理植物群落均匀度最高，重度放牧处理最低，而放牧第二年，中度放牧处理植物群落均匀度最高，对照处理植物群落均匀度最低，轻度放牧和重度放牧处于二者中间。放牧第一年，组成群落的物种数在轻度放牧处理最多，对照处理最少；而放牧第二年组成群落的物种数在中度放牧处理最多，对照处理最少。优势度反映的趋势与多样性指数和均匀度指数相反。对照处理的优势度最大（0.866），其排序为：对照＞轻度放牧＞中度放牧＞重度放牧。

表 4.7 不同放牧强度下冷季草场植物群落多样性指数和均匀度指数的变化

放牧处理	时间	物种数	多样性指数	均匀度指数	优势度指数
轻度放牧	放牧第一年	54	5.153	1.348	0.762
	放牧第二年	48	5.290	1.366	0.750
中度放牧	放牧第一年	49	5.166	1.513	0.624
	放牧第二年	60	6.342	1.549	0.601
重度放牧	放牧第一年	46	4.780	1.253	0.422
	放牧第二年	57	5.270	1.303	0.402
对照	放牧第一年	28	4.410	1.307	0.854
	放牧第二年	46	4.910	1.282	0.866

4.4.3 小结

在暖季草场，经过两年的放牧，对照处理草地丰富度最低，中度放牧处理草地丰富度最高。不同放牧强度下草地的物种丰富度指数排序为：对照＜轻度放牧＜重度放牧＜中度放牧。对照处理草地的均匀度最低，中度放牧处理草地的均匀度最高。优势度反映的趋势与多样性指数和均匀度指数相反。对照草地的优势度最大，其排序为：对照＞轻度放牧＞中度放牧＞重度放牧。在冷季草场，植物群落的多样性指数在各年度的变化为：中度放牧＞轻度放牧＞重度放牧＞对照，而植物群落优势度的排序为：对照＞轻度放牧＞中度放牧＞重度放牧。

4.5 放牧强度与植物物种多样性之间的关系

经回归分析，在暖季草场，放牧强度与组成群落的物种数、均匀度指数呈极显著的正相关关系（R^2=0.866，P<0.01；R^2=0.999，P<0.01，表 4.8），放牧强度与植物群落多样性指数呈显著的负相关关系（R^2=0.984，P<0.001）。这一结果与刘季科等（1991）在暖季草场的试验结论不完全相同，他们认为放牧强度与植物群落多样性指数、均匀度指数和植物群落组成种的物种数之间均存在显著的正相关关系（安渊等，2002）。在冷季草场，放牧强度与植物群落多样性指数、均匀度指数和植物群落组成种的物种数均呈显著的二次回归关系，这一结论可以用张荣和杜国祯（1998）的“内禀冗余”的原理来解释。因为构成内禀冗余的植物（毒杂草）虽不能被牦牛采食，但其他草食动物会利用其中的一些植物，从而对维持草地群落的生物多样性和均匀度有重要作用。在草地群落存在“内禀冗余”作用，且放牧强度增加的情况下，可食植物的补偿和超补偿作用加强，增加了种群的数量和生物量，从而补偿放牧强度过高时群落功能的降低。但当放牧强度分别为 2.3 头 /hm^2、2.4 头 /hm^2 和 2.5 头 /hm^2 时，植物群落组成种的物种数、植物群落多样性指数和均匀度指数依次达到最大，然后开始减小，这说明“内禀冗余”是有条件的。在冷季草场，当放牧强度增加到一定程度时，“内禀冗余”对草地植物群落多样性指数、均匀度指数和植物群落组成种的物种数的维持和调节作用减弱，组分冗余作用加强，植物群落的结构发生变化，稳定性下降。另外，相关分析表明，不同放牧强度下群落多样性指数与丰富度指数呈极显著的正相关关系（P<0.01），与优势度指数呈极显著的负相关关系（P<0.01），与均匀度指数呈显著的正相关关系（P<0.05）。

表 4.8 放牧强度与植物物种多样性之间的关系

试验样地	指数	回归方程	R^2	P
暖季草场	物种数	$Y=0.175x+4.863$	0.866	<0.05
	多样性指数	$Y=-0.454x+46.67$	0.984	<0.001
	均匀度指数	$Y=0.035x+0.898$	0.999	<0.001
冷季草场	物种数	$Y=-12.25x^2+57.55x-8.75$	0.984	<0.001
	多样性指数	$Y=-0.316x^2+1.742x+3.176$	0.888	<0.05
	均匀度指数	$Y=-0.017x^2+0.087x+0.808$	0.908	<0.05

4.6 讨论与结论

相似性系数与多样性指数是反映植物群落组成的两个重要参数。相似性系数的大小可以说明植物群落组成的差异水平，是评价生态系统结构和功能复杂性及生态异质性的重要参数。放牧是一种高度复杂的干扰方式，它对植物群落既有积极作用，也有消极影响（Mclntyre et al.，1999）。不同的放牧强度和家畜对牧草的选择性采食导致群落内功能群的再生能力及补偿生长和超补偿生长能力不同（Ditommaso and Aarssen，1989；赵钢，1999；汪诗平等，2001），使它们在相互竞争中处于非平等状态，禾本科牧草和莎草科牧草功能群的盖度、地上生物量及其组成比例随放牧强度的增加而降低，不可食牧草和毒杂草功能群（尤其在重度放牧情况下）的盖度、地上生物量及其组成比例随放牧强度的增加而增加，形成组分冗余（Noy-Meir，1993；Willms et al，1985；Jeffries and Jeffries.，1987；张荣和杜国祯，1998）。因为暖季草场正处于牧草生长期，在轻度放牧下，由于牧草生长过程中的自我抑制作用，草地植物群落的优良牧草的生长与再生量比较低，此时光合作用的产物可能较多，但同时其呼吸消耗也较大，净光合产物的增长速率仍然较低（董世魁等，2004）。在中度放牧下，放牧牦牛的采食行为刺激禾本科牧草和莎草科牧草快速生长，以补偿禾本科牧草和莎草科牧草的损失，但当盖度达到一定水平时，这种功能补偿又往往产生牧草的生长冗余，因此中度放牧下优良牧草盖度降低比较缓慢（张荣和杜国祯，1998）。在重度放牧下，牦牛对适口性比较好的牧草采食更加频繁，可食杂草和毒杂草受优良牧草的抑制作用也进一步减弱，组分冗余更加突出，不仅表现为可食杂草和毒杂草的盖度增加，也表现为冗余植物（可食杂草和毒杂草）绝对产量的增加，可以获得更多的光照和土壤养分（张荣和杜国祯，1998；董全民等，2004a，d）。虽然这种功能补偿形式可以实现在该利用率下优良牧草盖度降低的损失，但多为牦牛不喜食或不可采食的杂类草，因此它是一种功能上的组分冗余，表现为可食杂草和毒杂草的盖度增加，优良牧草的生产受到了更为严重的胁迫。随着放牧强度的增加，群落中不耐牧型植物的重要值下降，而耐牧型植物的数量和比例都有所增加，导致植物群落之间的相似程度降低。

两年的放牧试验表明，随着放牧强度的增加，优良牧草的盖度和比例降低，杂类草的盖度和比例增加。经过两年的放牧，各放牧处理植物群落发生了变化，轻度放牧和中度放牧处理的优势种没有变化，重度放牧处理的优势种发生了变化。在冷季草场，放牧强度与优良牧草的盖度和地上现存生物量之间呈极显著的线性回归关系，而杂类草的盖度和地上现存生物量之间呈显著的二次回归关系；在暖季草场，放牧强度与各植物类群盖度和地上现存生物量之间呈极显著的线性回归关系。放牧第一年两季草场各放牧处理植物群落与对照处理植物群落之间的相似性系数均高于放牧第二年，由于对照处理植物群落的年度变化体现了年度气候变化的影响。因此，以对照处理植物群落为基准的相似性系数的年度变化，消除了年度气候变化的影响，观测到的变化主要是放牧的结果。随着放牧强度增加，放牧处理植物群落与对照处理群落之间的相似性系数减小。从相似性系数的年度变化来看，经过两年的放牧，中度放牧和重度放牧处理植物群落都朝着偏离对照处理植物群落的方向变化（变化增大）。所以，相似性系数的年度变化可以说明放牧强度对植物群落年度变化的影响。

由于放牧对草地植物群落结构的影响是多方面的，而植物群落结构的不同指标参数对放牧的响应也是不同步的，有些参数对放牧强度比较敏感，而有些参数的变化比较滞后。更重要的是，尽管以对照处理植物群落为基准的相似性系数的年度变化，消除了年度气候变化的影响，但由放牧家畜的选择性采食及排泄物的斑块分布而导致的养分斑块化或空间异质化，也会导致植物群落的空间异质性分布，进而影响植物的群落结构。另外，放牧也影响牧草有性繁殖及其土壤种子库的大小、分布等特性，这也在很大程度上影响植被的更新。因此，放牧对植物群落结构、植物群落相似性及空间异质性分布等的影响有待于进一步研究，尤其关于高寒草甸放牧系统植物群落结构对放牧强度的响应，更需要系统、深入的研究。

群落的物种丰富度及多样性是群落的重要特征，放牧及其他干扰对群落结构影响的研究都离不开物种多样性问题（李永宏，1993；汪诗平等，2001；王正文等，2002；董全民等，2005b）。α 多样性是对一个群落内物种分布的数量和均匀程度的测量指标，是生物群落在组成、结构、功能和动态方面表现出的差异，反映各物种对环境的适应能力和对资源的利用能力（马克平，1994；汪诗平等，2001；杨利民等，2001；江小蕾等，2003）。放牧造成草地植物群落多样性发生变化，但不同放牧强度对植物多样性的影响程度不同。大量研究表明（汪诗平等，2001；王正文等，2002；董世魁等，2004；董全民等，2005b），适度放牧对草地群落物种多样性的影响符合“中度干扰理论”（Foster et al.，1998），即中度放牧能维持高的物种多样性；刘伟等（1999）的研究结果表明，植物物种的多样性随放牧强度的增加而增大。本试验的结果支持“中度干扰理论”。中度放牧草地的物种丰富度指数、均匀度指数和多样性指数均最高，适度放牧时，牦牛对禾本科牧草和莎草科牧草的选择性采食抑制了优势种高山嵩草和垂穗披碱草的生长，降低了它们的竞争优势，使一些较耐牧的物种（矮嵩草、禾叶嵩草、高原早熟禾、冷地早熟禾和甘肃马先蒿）的数量增加，同时一些牦牛不喜食的杂草类和不可食的毒杂草类（鹅绒委陵菜、黄帚橐吾和阿拉善马先蒿）的数量也增加，提高了资源的利用效率，增加了群落结构的复杂性（杨利民等，2001；江小蕾等，2003）。在重度放牧时，由于牦牛采食过于频繁，减少了有机质向土壤中的输入，土壤营养过度消耗，改变了植物的竞争能力，导致植物物种的优势度和多样性减少。在轻度放牧时，牦牛选择采食的空间比较大，因而对植物群落的干扰较小，群落的物种丰富度指数、均匀度指数和多样性指数均不高。对照处理草地由于没有牦牛的采食干扰，群落由少数优势种植物所统治，其多样性和均匀度最小。

在暖季草场，不同放牧强度草地群落的物种数、丰富度指数、均匀度指数的排序为：对照＜轻度放牧＜重度放牧＜中度放牧，多样性指数的排序为：对照＜重度放牧＜轻度放牧＜中度放牧，优势度指数的变化趋势则为对照＞轻度放牧＞中度放牧＞重度放牧。在暖季草场，放牧强度与植物群落多样性指数、均匀度指数和植物群落组成种的物种数呈显著的线性回归关系；在冷季草场，放牧强度与植物群落多样性指数、均匀度指数和植物群落组成种的物种数均呈显著的二次回归关系。

在高寒草甸放牧生态系统中，对不同放牧强度不同生活型功能群的盖度、地上生物量及其组成，以及均匀度、多样性和群落的物种丰富度、物种组成及多样性分布格局等方面的响应，表现出不同的外貌特征和多样性变化。由于高寒草甸生态系统的复杂性、特殊性及其组成物种的多样性，放牧对它的影响，尚需在作用机理上进行更加全面、深入的研究，特别是高寒草甸－牦牛放牧生态系统的研究工作尚未全面展开，更需将各种干扰有机地结合起来，对高寒草甸－牦牛放牧生态系统进行优化管理和 AHP 决策（层次分析法），为我国青藏高原生态环境的保护和治理提供科学依据。

5 放牧对高山嵩草草甸主要植物生态位的影响

生态位（niche）及其理论的研究是近代生态学研究的重要领域，也是群落生态学研究中非常活跃的一个领域。20 世纪初期，Grinnell（1919）首次提出生态位的概念，并将其定义为："一个种或亚种在生境中的最后分布单位（ultimate distributional unit）"以来，吸引了国外众多学者的兴趣和关注（Elton，1927；Pielou，1972；Leibold，1995；Shugart et al.，1998；Thompson et al.，1999）。国内对生态位理论的研究始于 20 世纪 80 年代（王刚等，1984；尚玉昌，1988），20 世纪 90 年代以来这一概念在生态学界受到前所未有的关注（王刚，1990；黄英姿，1994；张光明和谢寿昌，1997；朱春全，1997；林开敏和郭玉硕，2001；李契等，2003）。在植物生态学研究中，生态位的研究实际上是对植物种群或群落与所处环境之间及种间关系进行的综合分析，或者说从生物的资源利用谱（resource utilization spectrum）上反映物种的存在、竞争与适合度。生态位理论主要包括两个方面：生态位宽度（niche breadth or niche width）和生态位重叠（niche overlap）。尽管对于生态位定量研究的具体公式还存有争议，但通过测算植物种群的生态位宽度及生态位重叠来反映环境梯度变化对于生态位分化的作用仍不失为一种有效的手段。

5.1 暖季草场主要植物的生态位及其生态位重叠

5.1.1 暖季草场主要植物种群优势度的变化

优势种植物的变化是衡量草地状况的有效方法，表现为优势种和次优势种植物的替代及伴生种的不同。放牧两年后，放牧强度影响了暖季草场 20 种主要植物的优势度（表 5.1）。在对照处理、轻度放牧和中度放牧下，高山嵩草和垂穗披碱草为优势种，在重度放牧下，鹅绒委陵菜和阿拉善马先蒿（*Pedicularis alaschanica*）为主要优势种。对照处理的次优势种（按优势度大小排序）依次为青海野青茅（*Deyeuxia kokonorica*）、矮嵩草和鹅绒委陵菜，轻度放牧下依次为矮嵩草、鹅绒委陵菜和溚草（*Koeleria cristata*），中度放牧下依次为鹅绒委陵菜、矮嵩草和甘肃马先蒿，重度放牧下依次为高山嵩草、黄帚橐吾和甘肃马先蒿。另外，对照处理的主要伴生种（按优势度大小排序）依次为溚草、紫羊茅（*Festuca rubra*）、线叶嵩草（*Kobresia capillifolia*）、黑褐薹草（*Carex atrofusca*）和麻花艽，轻度放牧下依次为线叶嵩草、黄帚橐吾、藏嵩草、紫羊茅和双叉细柄茅（*Ptilagrostis dichotoma*），中度放牧下依次为线叶嵩草、黄帚橐吾、溚草、阿拉善马先蒿和藏嵩草，重度放牧下依次为矮嵩草、垂穗披碱草、线叶嵩草、溚草和紫羊茅。经过两年的放牧，各放牧处理的植物群落发生了变化，对照处理、轻度放牧和中度放牧的优势种没有变化，重度放牧的优势种发生了变化，而且各处理的次优势种均有矮嵩草，且除了重度放牧，鹅绒委陵菜也为其他处理所共有。这说明矮嵩草为高寒高山嵩草草甸过牧危害下的过渡植物，如果持续过度放牧，矮嵩草进一步被鹅绒委陵菜等匍匐茎杂类草所代替，这些杂类草无性繁殖能力很强，侵占了大面积生境，而禾本科牧草和莎草科牧草只是偶尔出现，使草场出现严重退化（周华坤等，2002）。

表 5.1　放牧强度对高山嵩草草甸暖季草场主要植物优势度的变化

物种序号	种名	优势度			
		对照	轻度放牧	中度放牧	重度放牧
1	高山嵩草 *Kobresia pygmaea*	31.01	28.05	21.12	17.19
2	矮嵩草 *Kobresia humilis*	3.31	6.12	9.10	10.98
3	藏嵩草 *Kobresia tibetica*	—	1.79	1.90	2.01
4	线叶嵩草 *Kobresia capillifolia*	1.92	2.20	3.17	3.20
5	青海薹草 *Carex ivanoviae*	1.12	1.01	1.00	1.43
6	黑褐薹草 *Carex atrofusca*	1.89	1.04	1.00	1.0
7	垂穗披碱草 *Elymus nutans*	19.98	16.98	11.05	4.01
8	溚草 *Koeleria cristata*	2.01	2.95	2.76	3.20
9	紫羊茅 *Festuca rubra*	1.98	1.56	1.00	3.03
10	针茅 *Stipa capillata*	1.75	1.01	1.19	1.09
11	异针茅 *Stipa aliena*	1.76	1.00	1.75	1.00
12	双柱头藨草 *Scirpus distigmaticus*	1.50	1.00	1.00	1.00

续表

物种序号	种名	优势度			
		对照	轻度放牧	中度放牧	重度放牧
13	青海野青茅 *Deyeuxia kokonorica*	6.21	0.98	1.00	1.00
14	双叉细柄茅 *Ptilagrostis dichotoma*	1.56	1.20	1.68	1.79
15	长叶毛茛 *Ranunculus lingua*	1.50	1.00	1.79	1.89
16	麻花艽 *Gentiana straminea*	1.80	1.00	1.00	2.06
17	黄帚橐吾 *Ligularia virgaurea*	1.00	2.00	3.00	11.01
18	甘肃马先蒿 *Pedicularis kansuensis*	—	1.00	4.23	11.01
19	阿拉善马先蒿 *Pedicularis alaschanica*	—	1.00	2.21	20.09
20	鹅绒委陵菜 *Potentilla anserina*	3.20	5.10	10.21	23.01

5.1.2 暖季草场主要植物种群的生态位宽度

植物物种种群生态位宽度是植物利用资源多样性的一个指标，它可以反映某一种群对环境的适应性及利用环境资源的广泛性。以高山嵩草为优势种的群落主要分布在山地阳坡和排水良好的滩地，放牧两年后该群落中 20 种植物在放牧强度梯度上的生态位宽度见表 5.2。

表 5.2 不同放牧强度下高山嵩草草甸暖季草场主要植物种群的生态位宽度

物种序号	种名	生态位宽度
1	高山嵩草 *Kobresia pygmaea*	0.938
2	矮嵩草 *Kobresia humilis*	0.824
3	藏嵩草 *Kobresia tibetica*	0.773
4	线叶嵩草 *Kobresia capillifolia*	0.815
5	青海薹草 *Carex ivanoviae*	0.803
6	黑褐薹草 *Carex atrofusca*	0.782
7	垂穗披碱草 *Elymus nutans*	0.805
8	溚草 *Koeleria cristata*	0.733
9	紫羊茅 *Festuca rubra*	0.608
10	针茅 *Stipa capillata*	0.445

续表

物种序号	种名	生态位宽度
11	异针茅 *Stipa aliena*	0.448
12	双柱头藨草 *Scirpus distigmaticus*	0.402
13	青海野青茅 *Deyeuxia kokonorica*	0.226
14	双叉细柄茅 *Ptilagrostis dichotoma*	0.605
15	长叶毛茛 *Ranunculus lingua*	0.398
16	麻花艽 *Gentiana straminea*	0.725
17	黄帚橐吾 *Ligularia virgaurea*	0.777
18	甘肃马先蒿 *Pedicularis kansuensis*	0.734
19	阿拉善马先蒿 *Pedicularis alaschanica*	0.706
20	鹅绒委陵菜 *Potentilla anserina*	0.748

尽管高山嵩草的适口性较好而被优先采食，但因其具有耐牧、耐旱等特点，因此生态位宽度最大（0.938），说明在放牧干扰下高山嵩草种群表现出最大利用资源的能力。垂穗披碱草适口性相对较差，同时耐牧性和耐旱性也较差，因此生态位宽度比高山嵩草小（0.805）。青海野青茅对放牧及由放牧引起的环境变化反应最敏感，重度放牧后几乎完全消失，其生态位宽度最小（0.226）。黑褐薹草、异针茅、针茅和双柱头藨草的生态位宽度较小（0.782、0.448、0.445 和 0.402），它们对放牧条件下变化的环境资源的利用状况也较差。经过两年的放牧，具有较强适应环境变化的匍匐茎杂类草（鹅绒委陵菜）及新增加种（甘肃马先蒿和阿拉善马先蒿）成为重度放牧下的主要优势种和次优势种，生态位宽度较大（0.748、0.734 和 0.706）；黄帚橐吾、麻花艽、溚草、紫羊茅和双叉细柄茅的生态位宽度与鹅绒委陵菜、甘肃马先蒿和阿拉善马先蒿相似，生态位宽度分别为 0.777、0.725、0.733、0.608 和 0.605；矮嵩草、藏嵩草、线叶嵩草和青海薹草的优势度随放牧强度的增加而增大，其生态位宽度分别为 0.824、0.773、0.815 和 0.803，表明它们具有一定的耐牧性和耐践踏性。但总体上，垂穗披碱草生态位宽度比高山嵩草小，而且青海野青茅、异针茅、针茅、紫羊茅和双叉细柄茅等禾本科植物的生态位宽度在各放牧强度梯度下均较小，说明放牧抑制了高大禾本科植物层片的发育，为植株矮小的莎草科植物的生长创造了条件，同时也说明垂穗披碱草等其他禾本科植物是中轻度放牧植物，但不同植物适宜放牧的对策有所不同（李永宏等，1997）。

5.1.3 暖季草场主要植物种群的生态位重叠

在放牧强度梯度演替系列上，每一种植物都分布在一定的空间地段上，但这些地段并不是间断的，而是相互交错重叠的，种群间生态位重叠度既能反映这种交错重叠，又能体现种群间对共同资源的利用状况（王仁忠，1997）。两个种群的生态位重叠度越大，其利用资源种类与方式的相似程度越高（韩苑鸿等，1999）。表 5.3 是高寒高山嵩草草甸暖季草场主要植物种群间在放牧强度梯度上的生态位重叠状况。高山嵩草、矮嵩草、藏嵩草和线叶嵩草均属低矮耐牧耐旱植物，对空间、水肥条件的要求较为接近，其生态位宽度都很大，它们与其他植物种群之间的生态位重叠度均较大（除了长叶毛茛、青海野青茅和双柱头藨草外），但它们之间的生态位重叠度较小。这是因为在群落内部同属物种之间由于生物-生态学特征更为相似，在一定程度上它们对环境资源的需求分化，导致生态位重叠度降低，以便使它们共同生存于同一小生境中，具有长期生存适应的生态学意义（陈波和周兴民，1995）。因此，异针茅和针茅之间、甘肃马先蒿和阿拉善马先蒿之间生态位重叠度的降低，也是种间对资源利用分化的结果，这是了解群落结构和种间关系的关键。另外，由于青海野青茅、长叶毛茛和双柱头藨草的生态位很小，它们与其他种群之间的生态位重叠度不大，其中最大的是它们与垂穗披碱草的重叠度（分别为 0.691、0.495 和 0.806），这主要是由于垂穗披碱草株高较大，对空间的要求较为一致，因而对资源的利用能力强，与其他种群的分布地段重叠多。麻花艽、黄帚橐吾和溚草等，具有较强的抗旱或耐旱特点，多分布于较干旱的重度放牧和过牧地段（陈波等，1995）。由生态位重叠可以看出，生态位宽度较大的物种与其他种群间也有较多的生态位重叠，分布于放牧演替系列两个极端的种群间生态位重叠较少，说明物种的分布是既间断又连续的（王仁忠，1997）。

5.1.4 小结

（1）经过两年的放牧，仅重度放牧处理的优势种发生了变化，而且各处理的次优势种中均有矮嵩草，且除重度放牧处理外，其他处理均有鹅绒委陵菜，表明矮嵩草为高山嵩草草甸过牧危害下的过渡植物，在过度放牧持续的情况下，矮嵩草被鹅绒委陵菜等无性繁殖能力很强的匍匐茎杂类草所代替，草场进一步严重退化。

（2）尽管高山嵩草的适口性较好而被优先采食，但由于它具有耐牧、耐旱等

表 5.3　不同放牧强度下高山嵩草草甸暖季草场主要植物种群的生态位重叠*

序号	1	2	3	4	5	6	7	8	9	10	11	12	13	14	15	16	17	18	19	20
1	1	0.573	0.519	0.431	0.813	0.798	0.701	0.712	0.766	0.721	0.772	0.792	0.513	0.699	0.429	0.627	0.712	0.690	0.500	0.871
2		1	0.512	0.507	0.837	0.791	0.801	0.699	0.594	0.701	0.712	0.882	0.571	0.590	0.469	0.807	0.798	0.601	0.592	0.880
3			1	0.599	0.902	0.798	0.921	0.819	0.712	0.600	0.503	0.302	0.599	0.432	0.499	0.698	0.608	0.599	0.468	0.719
4				1	0.912	0.889	0.908	0.871	0.718	0.791	0.699	0.803	0.501	0.612	0.419	0.788	0.812	0.310	0.469	0.709
5					1	0.468	0.708	0.612	0.508	0.419	0.461	0.777	0.458	0.509	0.477	0.819	0.809	0.299	0.501	0.218
6						1	0.606	0.605	0.397	0.402	0.799	0.701	0.531	0.319	0.392	0.792	0.712	0.408	0.611	0.317
7							1	0.910	0.878	0.828	0.788	0.806	0.691	0.798	0.495	0.581	0.598	0.791	0.730	0.501
8								1	0.812	0.809	0.899	0.792	0.469	0.788	0.425	0.697	0.628	0.690	0.612	0.629
9									1	0.969	0.940	0.503	0.505	0.902	0.498	0.590	0.300	0.608	0.518	0.307
10										1	0.572	0.809	0.500	0.902	0.399	0.590	0.300	0.505	0.516	0.308
11											1	0.499	0.572	0.810	0.400	0.492	0.500	0.511	0.499	0.221
12												1	0.512	0.591	0.414	0.415	0.506	0.411	0.713	0.422
13													1	0.870	0.402	0.490	0.550	0.494	0.580	0.390
14														1	0.422	0.499	0.503	0.429	0.507	0.299
15															1	0.600	0.501	0.521	0.517	0.792
16																1	0.862	0.522	0.617	0.519
17																	1	0.612	0.797	0.601
18																		1	0.500	0.502
19																			1	0.413
20																				1

* 表中第一列和第一行的数字与表 5.1 和表 5.2 中对应的植物名称相同。

特点，生态位宽度仍然最大。垂穗披碱草由于适口性相对较差，同时耐牧性和耐旱性也较差，生态位宽度比高山嵩草小，且青海野青茅、异针茅、针茅、紫羊茅和双叉细柄茅等禾本科植物的生态位宽度在放牧强度梯度上均较小，说明放牧抑制了高大禾本科植物层片的发育，为植株矮小的莎草科植物（高山嵩草、矮嵩草、线叶嵩草和青海薹草等）的生长创造了条件。

（3）异针茅和针茅之间、甘肃马先蒿和阿拉善马先蒿之间生态位重叠较少，这是种间对资源利用上分化的结果，且生态位宽度较大的物种与其他种群间也有较多的生态位重叠，分布于放牧演替系列两个极端的种群间生态位重叠较少，说明物种的分布是既间断又连续的。

5.2 冷季草场主要植物的生态位及其生态位重叠

5.2.1 冷季草场主要植物种群优势度的变化

放牧两年后，放牧强度影响了冷季草场 21 种主要植物的优势度（表 5.4）。在对照处理、轻度放牧和中度放牧下，高山嵩草和垂穗披碱草为主要优势种，在重度放牧下，高山嵩草和鹅绒委陵菜为主要优势种。对照处理的次优势种依次（按优势度大小排序）为高原早熟禾、紫羊茅和青海野青茅，在轻度放牧下依次为高原早熟禾、紫羊茅和溚草，在中度放牧下依次为高原早熟禾、鹅绒委陵菜和溚草，在重度放牧下依次为垂穗披碱草、高原早熟禾和柔软紫菀。另外，对照处理的主要伴生种依次（按优势度大小排序）为溚草、青海薹草、矮嵩草、藏嵩草和双柱头藨草，在轻度放牧下依次为溚草、鹅绒委陵菜、青海薹草、青海野青茅和藏嵩草，在中度放牧下依次为紫羊茅、青海薹草、双柱头藨草、雪白委陵菜和藏嵩草，在重度放牧下依次为藏嵩草、雪白委陵菜、紫羊茅、溚草和雅毛茛。经过两年的放牧，各放牧处理下的植物群落发生了变化，对照处理、轻度放牧和中度放牧的主要优势种没有变化，重度放牧的优势种发生了变化，鹅绒委陵菜替代了垂穗披碱草，各处理的次优势种均有高原早熟禾，轻度放牧和中度放牧下，溚草都为次优势种。这说明垂穗披碱草、高原早熟禾和溚草为高山嵩草草甸冷季草场过牧危害下的过渡植物，如果持续过度放牧，垂穗披碱草进一步被鹅绒委陵菜等匍匐茎杂类草和高原早熟禾、溚草等禾本科植物所代替，群落中大面积的生境被这些植物侵占，使草场严重退化（周华坤等，2002）。

表 5.4 不同放牧强度下高山嵩草草甸冷季草场主要植物种群的优势度变化

物种序号	种名	对照	轻度放牧	中度放牧	重度放牧
1	高山嵩草 *Kobresia pygmaea*	10.19	9.29	8.94	8.83
2	矮嵩草 *Kobresia humilis*	2.91	2.61	2.52	2.22
3	藏嵩草 *Kobresia tibetica*	2.82	2.84	2.74	4.14
4	线叶嵩草 *Kobresia capillifolia*	2.31	2.01	2.31	1.93
5	青海薹草 *Carex ivanoviae*	3.32	3.32	4.23	2.14
6	黑褐薹草 *Carex atrofusca*	2.31	2.29	2.29	1.92
7	双柱头藨草 *Scirpus distigmaticus*	2.42	2.71	3.23	3.02
8	溚草 *Koeleria cristata*	4.63	4.02	4.81	3.54
9	高原早熟禾 *Poa alpigena*	8.24	7.70	7.92	6.01
10	垂穗披碱草 *Elymus nutans*	8.73	8.31	8.31	6.63
11	紫羊茅 *Festuca rubra*	6.11	5.51	4.61	3.62
12	青海野青茅 *Deyeuxia kokonorica*	5.42	3.23	0.91	—
13	高山唐松草 *Thalictrum alpinum*	2.13	2.03	2.53	2.82
14	鹅绒委陵菜 *Potentilla anserina*	2.10	3.51	4.91	7.13
15	雪白委陵菜 *Potentilla bifurca*	1.82	2.18	2.94	4.14
16	钝叶银莲花 *Anemone obtusiloba*	1.71	2.04	2.51	3.24
17	矮火绒草 *Leontopodium nanum*	1.69	2.14	2.44	3.34
18	高山紫菀 *Aster alpinus*	1.64	2.32	2.63	3.41
19	柔软紫菀 *Aster flaccidus*	—	—	2.22	4.22
20	黄花棘豆 *Oxytropis ochrocephala*	1.03	1.43	2.04	2.93
21	雅毛茛 *Ranunculus pulchellus*	—	1.92	2.63	3.54

5.2.2 冷季草场主要植物种群的生态位宽度

高山嵩草草甸冷季草场 21 种主要物种种群在放牧强度梯度上的生态位宽度见表 5.5。

表 5.5　不同放牧强度下高山嵩草草甸冷季草场主要植物种群的生态位宽度

物种序号	种名	生态位宽度
1	高山嵩草 *Kobresia pygmaea*	0.948
2	矮嵩草 *Kobresia humilis*	0.734
3	藏嵩草 *Kobresia tibetica*	0.724
4	线叶嵩草 *Kobresia capillifolia*	0.725
5	青海薹草 *Carex ivanoviae*	0.603
6	黑褐薹草 *Carex atrofusca*	0.582
7	双柱头藨草 *Scirpus distigmaticus*	0.505
8	溚草 *Koeleria cristata*	0.733
9	高原早熟禾 *Poa alpigena*	0.901
10	垂穗披碱草 *Elymus nutans*	0.815
11	紫羊茅 *Festuca rubra*	0.416
12	青海野青茅 *Deyeuxia kokonorica*	0.302
13	高山唐松草 *Thalictrum alpinum*	0.311
14	鹅绒委陵菜 *Potentilla anserina*	0.705
15	雪白委陵菜 *Potentilla bifurca*	0.691
16	钝叶银莲花 *Anemone obtusiloba*	0.369
17	矮火绒草 *Leontopodium nanum*	0.302
18	高山紫菀 *Aster alpinus*	0.419
19	柔软紫菀 *Aster flaccidus*	0.618
20	黄花棘豆 *Oxytropis ochrocephala*	0.421
21	雅毛茛 *Ranunculus pulchellus*	0.599

尽管在枯草期高山嵩草和高原早熟禾因适口性较好而被优先采食（董全民等，2005a，b），但由于它们特有的耐牧、耐践踏等特点，冷季放牧对它们的返青及生长的影响没有暖季放牧明显（董全民等，2004d），因而生态位宽度仍然很大（0.948 和 0.901），说明在枯草期放牧干扰下，高山嵩草和高原早熟禾种群表现出最大利用资源的能力。垂穗披碱草尽管适口性和耐践踏性相对较差，但其具有株高优势，生态位宽度依然较大（0.815）。青海野青茅和紫羊茅在枯草期由于

适口性较好而耐践踏性相对较差，对放牧及由放牧引起的环境变化反应最敏感，其生态位宽度很小（0.302 和 0.416），而线叶嵩草、青海薹草、黑褐薹草和双柱头藨草的生态位宽度较小（0.725、0.603、0.582 和 0.505），它们对放牧条件下变化的环境资源的利用能力也较差。经过两年的放牧，具有较强适应变化环境的匍匐茎杂类草（鹅绒委陵菜）及增加种（柔软紫菀和雅毛茛）成为重度放牧的主要优势种和次优势种，生态位宽度较大（0.705、0.618 和 0.599）；雪白委陵菜、钝叶银莲花、矮火绒草、高山紫菀和黄花棘豆的优势度随放牧强度的增加而增大（0.691、0.369、0.302、0.419 和 0.421），表明它们具有一定的耐践踏性和耐牧性，对放牧引起的环境变化反应最敏感。但总体上，高原早熟禾和垂穗披碱草生态位宽度比高山嵩草小，且青海野青茅和紫羊茅的生态位宽度在各放牧强度下都较小，说明放牧抑制了高大禾本科植物层片的发育，为矮小的莎草科牧草和阔叶植物的生长创造了条件，同时也说明高原早熟禾、垂穗披碱草、青海野青茅和紫羊茅等其他禾本科植物是中轻度放牧植物，但不同植物适宜放牧的对策有所不同（李永宏等，1997）。

5.2.3 冷季草场主要植物种群的生态位重叠

高山嵩草草甸冷季草场 21 种主要植物种群间在放牧强度梯度上的生态位重叠状况见表 5.6。高山嵩草、矮嵩草、藏嵩草和线叶嵩草均属低矮耐牧耐旱植物，对空间、水肥条件的要求较为接近，其生态位宽度都很大，它们与其他植物种群之间的生态位重叠度均较大（除了青海野青茅、矮火绒草和高山唐松草外），但它们之间的生态位重叠度较小。因为同属不同物种的生物–生态学特征更为相似，为了降低彼此之间的竞争，在一定程度上它们对环境资源的需求分化，从而具有较少的生态位重叠，使得它们可共存于同一小生境中，具有长期生存适应的生态学意义（陈波和周兴民，1995）。因此可以认为，鹅绒委陵菜和雪白委陵菜、高山紫菀和柔软紫菀之间生态位重叠度的降低，也是种间对资源利用上分化的结果，这是了解群落结构和种间关系的关键所在。另外，由于青海野青茅、矮火绒草和高山唐松草的生态位很小，它们与其他物种之间的生态位重叠度不大，其中最大的是它们与高原早熟禾的重叠度（0.790、0.721 和 0.771），这主要是由于高原早熟禾株高较高，对空间的要求较为一致，因而对资源的利用能力强，与其他物种的分布地段重叠多。生态位重叠表明，具有较大生态位宽度的物种与其他物种的生态位重叠也较多，放牧演替系列两个极端分布的种群间具有较少的生态位重叠，说明物种的分布是既间断又连续的（王仁忠，1997）。

表 5.6 不同放牧强度下高山嵩草草甸冷季草场主要 21 种植物种群的生态位重叠*

序号	1	2	3	4	5	6	7	8	9	10	11	12	13	14	15	16	17	18	19	20	21
1	1	0.596	0.608	0.721	0.856	0.903	0.801	0.799	0.785	0.863	0.763	0.597	0.511	0.801	0.792	0.542	0.691	0.790	0.800	0.671	0.794
2		1	0.752	0.707	0.634	0.596	0.761	0.729	0.793	0.861	0.786	0.799	0.419	0.706	0.683	0.401	0.590	0.651	0.619	0.684	0.558
3			1	0.693	0.710	0.689	0.528	0.821	0.819	0.901	0.799	0.417	0.394	0.803	0.719	0.699	0.418	0.611	0.689	0.615	0.663
4				1	0.692	0.686	0.700	0.774	0.878	0.861	0.809	0.313	0.421	0.701	0.700	0.780	0.718	0.514	0.599	0.689	0.600
5					1	0.698	0.700	0.701	0.808	0.819	0.671	0.409	0.358	0.709	0.689	0.419	0.329	0.419	0.518	0.311	0.610
6						1	0.605	0.585	0.799	0.801	0.694	0.531	0.519	0.616	0.692	0.494	0.321	0.481	0.601	0.514	0.651
7							1	0.818	0.800	0.827	0.731	0.603	0.394	0.826	0.797	0.487	0.318	0.390	0.731	0.563	0.699
8								1	0.823	0.869	0.802	0.700	0.265	0.798	0.726	0.690	0.419	0.491	0.772	0.660	0.532
9									1	0.929	0.849	0.790	0.771	0.833	0.830	0.695	0.721	0.599	0.801	0.630	0.750
10										1	0.871	0.771	0.761	0.822	0.799	0.659	0.509	0.560	0.816	0.703	0.700
11											1	0.760	0.679	0.700	0.690	0.499	0.501	0.599	0.719	0.301	0.491
12												1	0.511	0.597	0.517	0.400	0.219	0.411	0.343	0.527	0.456
13													1	0.471	0.463	0.290	0.259	0.349	0.481	0.391	0.650
14														1	0.592	0.463	0.303	0.362	0.500	0.491	0.349
15															1	0.490	0.371	0.329	0.411	0.490	0.432
16																1	0.502	0.621	0.599	0.513	0.510
17																	1	0.313	0.299	0.301	0.408
18																		1	0.512	0.600	0.599
19																			1	0.533	0.654
20																				1	0.430
21																					1

* 表中第一列和第一行的数字与表 5.4 和表 5.5 中对应的植物名称相同。

5.2.4 小结

（1）经过两年的放牧，对照处理、轻度放牧和中度放牧的优势种没有变化，重度放牧的垂穗披碱草被鹅绒委陵菜所代替，而且各处理的次优势种均有高原早熟禾，说明垂穗披碱草为高山嵩草草甸过牧危害下的过渡植物，如果持续过度放牧，垂穗披碱草进一步被鹅绒委陵菜等匍匐茎杂类草及高原早熟禾所代替，草场出现严重退化。

（2）尽管枯草期高山嵩草和高原早熟禾因适口性较好而被优先采食，但它们具有的耐牧、耐践踏等特点，使生态位宽度仍然很大（0.948 和 0.901）；尽管垂穗披碱草的适口性和耐践踏性都相对较差，但其具有株高优势，因此生态位宽度较大（0.815）；枯草期的青海野青茅和紫羊茅适口性较好，但耐践踏性相对较差，因此生态位宽度很小（0.302 和 0.416），对放牧及由放牧引起的环境变化反应最敏感。这些物种生态位的变化说明放牧对高大禾本科植物层片的发育具有抑制作用，从而有利于群落下层的莎草科植物及阔叶植物的生长，同时也说明高原早熟禾、垂穗披碱草、青海野青茅和紫羊茅等其他禾本科植物为中轻度放牧植物。

（3）鹅绒委陵菜和雪白委陵菜、高山紫菀和柔软紫菀之间生态位重叠度的降低，也是种间对资源利用上分化的结果，且生态位宽度较大的物种与其他种群间也有较多的生态位重叠，分布于放牧演替系列两个极端的种群间生态位重叠较少。

5.3 讨论与结论

通过对高山嵩草草甸暖季草场 20 种主要植物种群在不同放牧强度下优势度、生态位宽度及生态位重叠规律的研究，结果表明：①经过两年的放牧，对照处理、轻度放牧和中度放牧的主要优势种均为高山嵩草和垂穗披碱草，重度放牧的主要优势种则是鹅绒委陵菜和阿拉善马先蒿；②虽然牦牛优先采食适口性较好的高山嵩草、矮嵩草和线叶嵩草，但由于它们具有耐牧、耐旱等生物学特点，生态位宽度依然很大；垂穗披碱草由于适口性相对较差，同时耐牧性和耐旱性较差，生态位宽度相对较小，且青海野青茅、异针茅、针茅、紫羊茅和双叉细柄茅等禾本科植物的生态位宽度在各放牧强度下均较小，说明放牧抑制了高大禾本科牧草层片的发育，为植株矮小的莎草科植物的生长创造了条件；③异针茅和针茅之间、甘肃马先蒿和阿拉善马先蒿之间生态位重叠度较小，这是种间对资源利用上分化的结果，且生态位宽度较大的物种与其他种群间也有较多的生态位重叠。冷季草场两年的试验结果表明：①对照处理、轻度放牧和中度放牧的主要优势种均为高山嵩草和垂穗披碱草，重度放牧的主要优势种则为高山嵩草和鹅绒委陵菜。②尽管枯草期高山嵩草和高原早熟禾因适口性较好而被优先采食，但由于它们特有的耐牧、耐践踏等生物学特点，生态位宽度依然很大；垂穗披碱草尽管适口性和耐践踏性相对较差，但其具有株高优势，生态位宽度依然较大，且青海野青茅和紫羊茅在枯草期由于适口性较好而耐践踏性相对较差，对放牧及由放牧引起的环境变化反应最敏感，因此生态位宽度很小，说明放牧抑制了高大禾本科牧草层片的发育，为植株矮小的莎草科牧草和阔叶植物的生长创造了条件。③鹅绒委陵菜和雪白委陵菜、高山紫菀和柔软紫菀之间生态位重叠度的降低，是种间对资源利用分化的结果，且生态位宽度较大的物种与其他种群间也有较多的生态位重叠。无论是暖季草场还是冷季草场，分布于放牧演替系列两个极端的种群间生态位重叠较少，说明物种的分布是既间断又连续的。

生态位与植物种群是一一对应的，特定的植物种群要求特定的生态位，特定的生态位也只能容纳特定的植物种群（Thompson et al.，1999）。植物群落作为各个植物种群对环境梯度反映的集合体，其自身的生态特性也随环境梯度的变化呈现出一定的变化规律，这些生态特性包括群落物种组成的变化及群落中建群种的地位或优势种的地位等（Whittaker et al.，1967，1973）。本研究表明，不同放牧强度下暖季草场植物群落中优势种的生态位宽度比伴生种大，这与 Del Moral（1983）对亚高寒草甸群落、陈波等（1995）对高寒草甸群落生态位的研究结果基本一致，但与韩苑鸿等（1999）对内蒙古典型草原不同放牧梯度下生态位的研究结果不一致。这是由于群落中的优势种在创建植物群落内部独特的生境条件及决定群落种类组成方面起主要作用，这些种的生命力及生态适应能力较强，繁殖速度较快，因而在群落内部适应小生境的能力及对小生境内资源的利用能力都表现出较强的优势（陈波等，1995）。然而，随着放牧强度的进一步增加，由于牦牛采食过于频繁，减少了有机质向土壤中的输入，土壤营养过度消耗，改变了植物的竞争能力，抑制了主要优势种高山嵩草和垂穗披碱草的生长，降低了它们的竞争优势，使一些较耐牧的牧草品种（矮嵩草、线叶嵩草、鹅绒委陵菜）及毒杂草（甘肃马先蒿、阿拉善马先蒿和黄帚橐吾）的数量及优势度增加（董全民等，2004d，2005b），表现为可食杂草和毒杂草的盖度增加，在生境梯度上表现出较大的生态位，这与韩苑鸿等（1999）在内蒙古典型草原上的研究结果基本一致。

另外，许多生态学家试图用生态位理论解释群落形成与演替的机制，但目前尚无统一的观点。群落中每个种的遗传、生理的内在特点决定其与各生态因子间的特殊联系，即每个种各自独特的生态位，同时每个种在生态因子梯度上形成特有的分布形式（王刚等，1984，1990）。就高山嵩草草甸放牧演替而言，其过程是物种适应由放牧引起环境因子梯度变化，形成适应于各物种生态学特性的分布格局的结果，或物种生态位分化，其结果导致放牧演替系列上群落类型发生改变（王仁忠，1997）。优势种高山嵩草虽具有耐牧、耐旱等生物学特性，并在创造群落内部独特环境中起重要作用，生态位宽度也最大，但在重度放牧下其种群数量很小，这与韩苑鸿等（1999）在内蒙古典型草原、王仁忠（1997）在松嫩平原羊草草地上随放牧强度增加优势种植物种群数量很小或消失的结论基本一致。随着放牧演替的进行，土壤趋向干旱化、盐碱化（王仁忠，1997），高山嵩草等种群数量下降，而适应这种变化的匍匐茎杂类草（鹅绒委陵菜）和旱生种（甘肃马先蒿和阿拉善马先蒿）及耐旱种（矮嵩草和黄帚橐吾）的优势度逐渐增大，并在重度放牧下成为优势种、次优势种或主要伴生种。这些种生态位宽度较大，表明它们具有较强的利用和适应环境的能力。作为草地退化的先锋植物，鹅绒委陵菜、甘肃马先蒿、阿拉善马先蒿及黄帚橐吾具有极强的适应环境的能力（周华坤等，2002），尤其是鹅绒委陵菜和黄帚橐吾。这可能是它们的遗传特性决定其只有在土壤趋向干旱化、盐碱化的条件下才有很强的竞争力和适应力（王仁忠，1997）。从生态位理论来讲，资源分享是认识群落结构形成机制的主要问题（Schoener，1974），如果要进一步揭示种间对可利用资源的分享机制，就要涉及生态位理论中的生态位重叠问题。正如前文所述，在长期的生存适应中，具有相似生物－生态学特征的同属物种为了降低彼此之间的竞争，对环境资源的需求产生分异，降低生态位重叠，从而可在同一小生境中共存。因此可以认为，群落内部种对生态位重叠度的降低，是种间对不同放牧强度下资源利用分化的结果。在 4 个放牧强度（包括对照处理）中，伴生种中的一些阔叶草表现出较大的生态位宽度及与一些优质牧草间有较多的生态位重叠，表明这些阔叶草在对资源利用和对放牧梯度变化的敏感性上有较大的能力，这可能与长期超载过牧或植物和放牧家畜长期协同进化有关（汪诗平等，2001），说明放牧演替是既间断又连续的过程（王仁忠，1997）。

生态位理论在植物种群研究中有重要而广泛的应用，通过对植物种群之间生态位重叠、生态位相似性比例及生态位宽度的计算，可以更深入地认识植物种群内或种间的竞争，这对深入理解植物种群在群落中的地位和作用也提供了帮助。但是，有关不同草地类型主要种群生态位的报道不多，不同放牧强度下不同草地类型主要植物种群生态位的报道更少，而有关放牧强度对高寒草甸放牧系统种群生态位的研究还未见报道。因此，以放牧强度作为一个综合环境梯度指标，研究青藏高原高寒草甸主要植物种群的生态位宽度及生态位重叠，以生态位理论角度探讨不同放牧强度下主要植物种群对环境资源的利用方式，解释植物群落的放牧退化演替机制等方面有待进一步研究。

6 放牧对高山嵩草草甸第一性生产力的影响

草地生态系统的生产力研究一直是草地生态学和草业科学的研究重点（McNaughton et al.，1989；Huston and Wolverton，2009）。草地在地球上的广泛分布，在全球陆地生态系统的物质循环和能量流动中起着举足轻重的作用，是重要的碳汇。据估计，全球天然草地的净初级生产力约为全球陆地总植被生产力的1/3（Chapin and Matson，2011），碳储量约为全球陆地生态系统碳储量的12.7%～15.2%（钟华平等，2005）；同时草地植被作为草业生态系统中的“植物生产层”，是畜牧业发展的重要基础（Hopkins，2000；Branes et al，2003；任继周，2012），草地植物（牧草）提供了牲畜生长所需的资源，因此草地生产力的大小是决定草地放牧过程的重要因素，是畜牧业生产的关键影响因子。另外，放牧活动是天然草原的主要生态影响因子和重要的进化驱动力量（McNaughton，1979；任继周，2012），不仅具有为人类提供丰富的畜产品等经济和社会功能，也是维持草地健康存在的必要活动。

放牧是牲畜的生长过程，而牲畜的生长过程是基于草地生产力的时间函数，因此草地植被资源的形成过程，是畜牧业的核心和基础（Hodgson Illius，1998；周道玮等，2009）：草地生产力及其动态变化过程决定着放牧家畜的生长过程，同时放牧活动对草地植被的生长过程也有着直接影响。牧草对放牧家畜行为（采食、行走、践踏、排泄、坐卧等）的响应，如牧草生长的“补偿效应”，一个生长季内可收获的净生产量，牧草的生长率及其变化过程等决定草地即时放牧率、全年饲草供应平衡、草地生态系统健康存在的阈值等畜牧业的关键问题，对于理解草地放牧及其管理过程具有重要意义。

6.1 放牧强度对地上生物量的影响

6.1.1 植物群落地上生物量季节（6～9月）和年度动态变化

植物群落地上生物量具有明显的季节动态（图6.1和图6.2）。不论是暖季

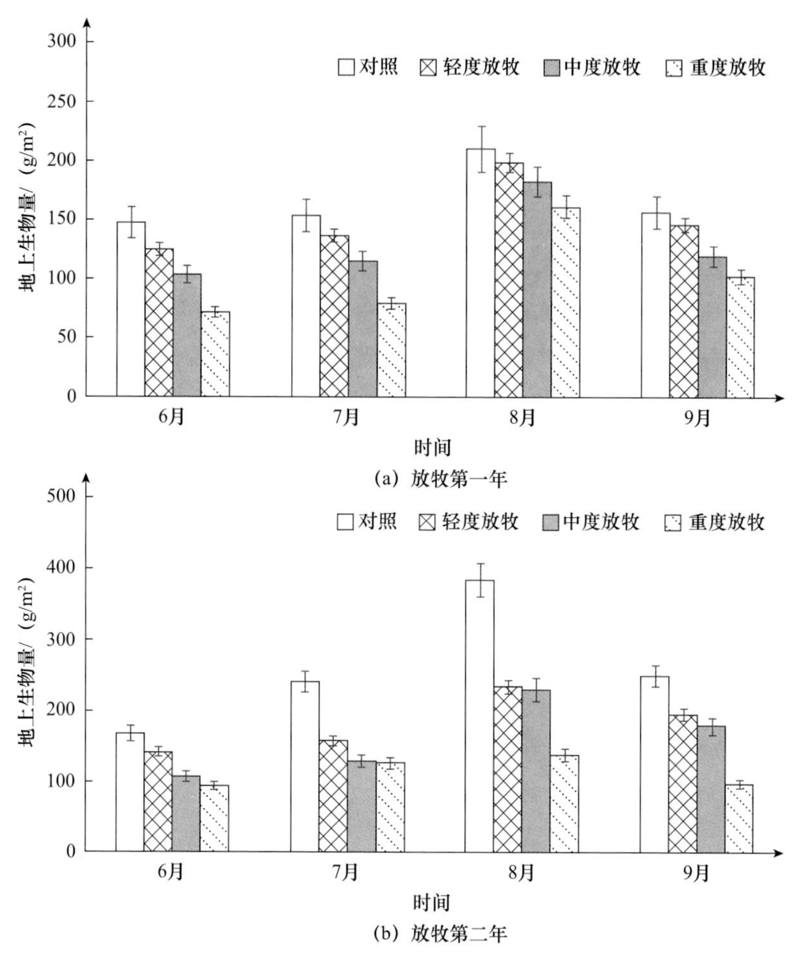

图 6.1 放牧第一年和放牧第二年不同放牧强度下暖季草场植物群落地上生物量的季节动态

草场还是冷季草场，从返青期开始，地上生物量逐渐增加，8 月底达到高峰，大约 15d 以后，随着温度的降低，植物开始衰老枯黄，地上生物量逐渐降低。在试验期内，地上生物量的变化出现了“低—高—低”的变化趋势，呈单峰曲线。随着放牧强度的增加，地上生物量趋于减少，其中重度放牧下减少的幅度最明显。各年度各月不同放牧强度下地上生物量均低于对照处理，且随着放牧强度的增加呈递减趋势。从年度变化来看，轻度放牧和中度放牧下，放牧第二年各月的地上生物量略高于放牧第一年，对照处理各月的地上生物量则第二年明显高于第一年。一方面，由于冷、暖季草场在试验前牦牛的放牧强度均比试验期的重度放牧处理还要高，因此相对于试验前，试验期的 3 个放牧强度均属

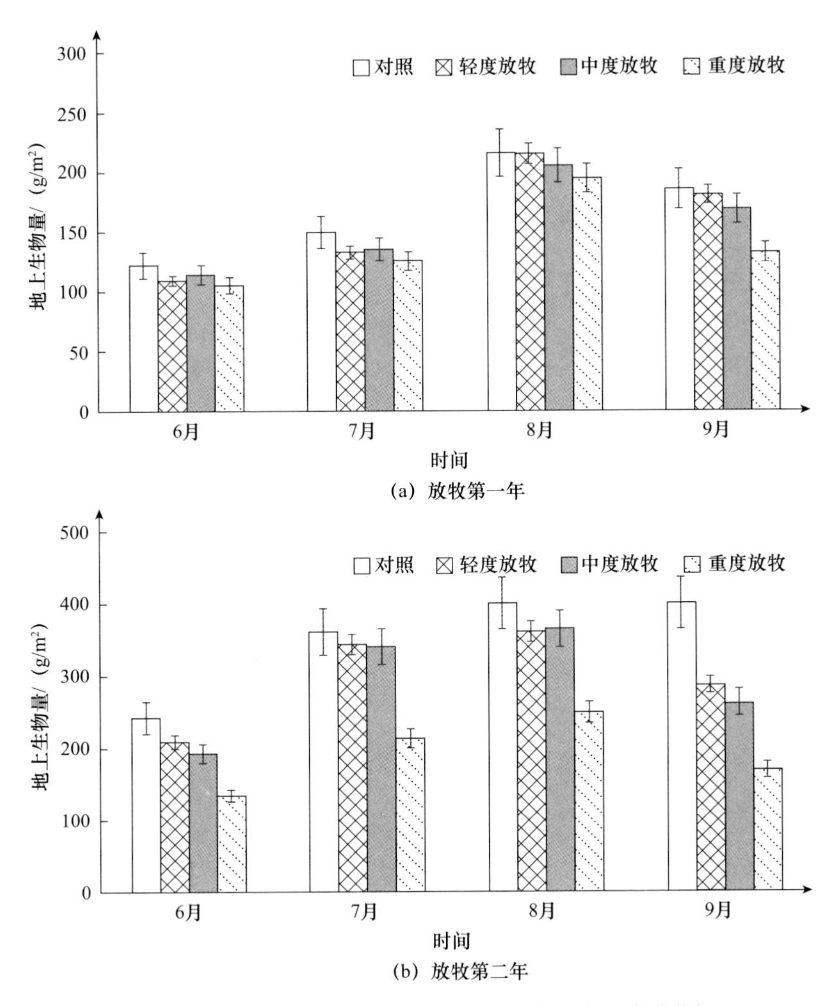

图 6.2 放牧第一年和放牧第二年不同放牧强度下冷季草场植物群落地上生物量的季节动态

于中轻度放牧，其后数年（尤其放牧第二年）牧草均能不同程度地显示草场自我恢复对放牧强度的影响，称之为草场的自我恢复效应；另一方面，在试验期内，放牧第二年生长季降水量高于放牧第一年生长季（图 2.3）。这也证实了植物群落地上生物量更易受降水和温度的影响（McNaughton et al., 1985；Hunt and Nicholls，1986；Andren and Paustian，1987），而且在轻度放牧下由于牧草充足，牦牛的采食对地上生物量影响不大，它的变化主要受牧草生长规律的影响，而在重度放牧下生物量的变化除了受牧草生长规律的影响，牦牛的采食对地上生物量影响也很大（王艳芬和汪诗平，1999a，b）。

6.1.2 不同植物功能群地上平均生物量及其年度变化

暖季草场的放牧时间正处于牧草生长期，在轻度放牧和中度放牧下，放牧牦牛的采食行为刺激禾本科牧草和莎草科牧草快速生长，以补偿禾本科牧草和莎草科牧草的损失，但当地上生物量达到一定水平时，这种功能补偿又往往产生牧草的生长冗余，因此轻度放牧和中度放牧下禾本科牧草和莎草科牧草的地上生物量降低比较缓慢。但随着放牧强度的增加，在重度放牧下，虽然这种功能补偿形式可以实现在该利用率下禾本科牧草和莎草科牧草地上生物量降低的损失，但多为牦牛不喜食或不可采食的杂类草，因此它是一种功能上的组分冗余，表现为杂类草和毒杂草的地上生物量增加，使禾本科牧草和莎草科牧草的生长受到了更为严重的胁迫，造成轻度放牧、中度放牧与重度放牧地上生物量之间存在一定差异。随着放牧强度的增加，禾本科牧草和莎草科牧草的地上生物量降低，可食杂草和毒杂的地上生物量增加。另外，对于禾本科牧草和莎草科牧草的地上生物量和群落地上生物量，放牧第二年均比放牧第一年略有增加（表 6.1）。禾本科牧草和莎草科牧草的地上生物量和群落地上生物量在不同放牧强度之间差异显著，但在年度之间差异不显著。一方面是草场自我恢复的“滞后效应”的体现，另一方面是试验期内，放牧第二年生长季的降水量高于放牧第一年（图 2.3）。

在冷季草场，由于经过一个夏天的休牧期，整个草场恢复程度较为一致。在牦牛放牧时，牧草已经枯萎。轻度放牧相对试验前的放牧强度为极轻度放牧，对已发生退化的高山嵩草草甸的放牧称为草场改良性放牧（李永宏和汪诗平，1999）；而中度放牧和重度放牧相对而言则属于轻度放牧和中度放牧，放牧的“滞后效应”对牧草第二年的生长影响不大。放牧第二年生长季的降水量比放牧第一年高，因此放牧第二年草场的自我恢复效应进一步不同程度地显现出来。从表 6.2 可以看出，随着放牧强度的增加，禾本科牧草和莎草科牧草的地上生物量降低，可食杂草和毒杂草的地上生物量增加，且禾本科牧草和莎草科牧草、可食杂草和毒杂草的地上生物量和群落地上生物量均为放牧第二年比放牧第一年明显增加。群落地上生物量和各功能群生物量在不同放牧强度之间的差异较小，但年度之间差异显著（表 6.2）。

6.1.3 不同植物功能群地上生物量的组成及其年度变化

不同放牧强度下植物功能群平均地上生物量的百分比见表 6.3 和表 6.4。

表 6.1 不同放牧强度下暖季草场各植物功能群 6～9 月平均地上生物量 （单位：g/m^2）

植物功能群	放牧第一年				放牧第二年			
	对照	轻度放牧	中度放牧	重度放牧	对照	轻度放牧	中度放牧	重度放牧
莎草科牧草	69.6 ± 4.1^{a}	68.4 ± 3.5^{a}	52.0 ± 3.0^{b}	42.4 ± 3.0^{c}	71.2 ± 3.7^{a}	69.2 ± 3.7^{a}	53.2 ± 3.7^{b}	41.2 ± 2.7^{c}
禾本科牧草	135.2 ± 4.3^{a}	44.4 ± 2.1^{b}	38.8 ± 3.0^{b}	21.2 ± 1.3^{c}	138.0 ± 5.3^{a}	54.8 ± 2.9^{b}	39.6 ± 3.0^{c}	26.8 ± 1.0^{d}
可食杂草	34.8 ± 1.7^{b}	36.4 ± 2.6^{b}	36.8 ± 2.3^{b}	55.8 ± 3.9^{a}	28.0 ± 1.0^{c}	32.8 ± 2.0^{c}	43.6 ± 3.0^{b}	60.0 ± 3.0^{a}
毒杂草	14.8 ± 0.6^{c}	19.2 ± 0.8^{bc}	22.0 ± 1.3^{b}	$3.1.3\pm3.0^{a}$	12.4 ± 1.0^{c}	14.8 ± 0.4^{c}	19.6 ± 1.0^{b}	26.0 ± 1.0^{a}
群落生物量	254.0 ± 16.0^{a}	168.4 ± 4.0^{b}	150.8 ± 5.3^{c}	150.8 ± 18.2^{c}	241.6 ± 8.1^{a}	171.6 ± 4.9^{b}	156.8 ± 5.0^{c}	153.6 ± 10.3^{c}

注：不同大写字母表示同一年内不同处理间差异极显著，不同小写字母表示同一年内不同处理间差异显著。

表 6.2 不同放牧强度下冷季草场各植物功能群 6～9 月平均地上生物量 （单位：g/m^2）

植物功能群	放牧第一年				放牧第二年			
	对照	轻度放牧	中度放牧	重度放牧	对照	轻度放牧	中度放牧	重度放牧
莎草科牧草	67.2 ± 3.7^{a}	60.4 ± 3.7^{ab}	58.0 ± 3.0^{b}	40.0 ± 3.0^{c}	98.4 ± 4.0^{a}	86.8 ± 4.1^{b}	67.6 ± 4.1^{c}	54.4 ± 3.3^{d}
禾本科牧草	44.8 ± 2.5^{a}	42.8 ± 2.8^{a}	41.6 ± 2.0^{a}	38.0 ± 2.7^{a}	123.6 ± 5.0^{a}	110.0 ± 3.8^{b}	82.8 ± 3.7^{c}	60.4 ± 4.0^{d}
可食杂草	33.2 ± 2.1^{b}	35.2 ± 2.4^{ab}	40.4 ± 3.0^{a}	32.8 ± 2.3^{b}	50.4 ± 3.7^{b}	60.8 ± 3.2^{a}	58.8 ± 3.0^{ab}	61.6 ± 3.8^{a}
毒杂草	18.0 ± 0.9^{b}	19.2 ± 0.9^{ab}	21.6 ± 1.7^{a}	18.0 ± 1.2^{b}	27.2 ± 1.9^{b}	32.8 ± 1.7^{a}	31.6 ± 2.1^{a}	33.2 ± 2.4^{a}
群落生物量	163.2 ± 11.3^{a}	161.6 ± 6.3^{a}	161.6 ± 7.0^{a}	129.2 ± 9.0^{b}	299.6 ± 23.1^{a}	290.4 ± 23.6^{a}	240.8 ± 13.2^{b}	209.2 ± 12.3^{c}

注：不同大写字母表示同一年内不同处理间差异极显著，不同小写字母表示同一年内不同处理间差异显著。

随着放牧强度的增加，禾本科牧草和莎草科牧草的比例降低，可食杂草和毒杂草的比例增加。在不同年度之间，莎草科牧草的比例减少，禾本科牧草的比例的变化则没有一致的规律；重度放牧和中度放牧处理中可食杂草和毒杂草比例增加，而轻度放牧和对照处理中可食杂草和毒杂草比例减少。因为在轻度放牧和对照处理中，不论是暖季草场还是冷季草场，禾本科牧草和莎草科牧草的生长过程中对可食杂草和毒杂草都有比较强的抑制作用，当优良牧草（禾本科牧草和莎草科牧草）的生长量较高时，可食杂草和毒杂草的生长就会受到影响。在中度放牧和重度放牧下，暖季草场放牧牦牛的采食行为刺激禾本科牧草和莎草科牧草快速生长，以补偿禾本科牧草和莎草科牧草的损失，但这种形式只能补偿在该利用率下禾本科牧草和莎草科牧草地上生物量降低的部分损失，因而禾本科牧草和莎草科牧草对牦牛不喜食或不可采食的杂类草的抑制作用相对减弱，杂类草和毒杂草的生长量增加，使禾本科牧草和莎草科牧草的生长受到了更为严重的胁迫（张荣和杜国祯，1998）。另外，在中度放牧和重度放牧下，植株高的禾本科牧草比例的减少提高了群落的透光率，从而使下层植株矮小的莎草科牧草、可食杂草和毒杂草截获的光通量增高，光合作用的速率提高、干物质积累增加。因此，对照处理中莎草科牧草的比例均低于其他放牧处理。在冷季草场中度放牧和重度放牧下，草场的自我恢复效应和牦牛放牧引起的“滞后效应”（周立等，1995a）互相叠加，共同影响牧草的生长，导致放牧第二年重度放牧和中度放牧中可食杂草和毒杂草的比例比放牧第一年高。

表 6.3　不同放牧强度下暖季草场各植物功能群 6～9 月平均地上生物量的百分比（单位：%）

植物功能群	重度放牧		中度放牧		轻度放牧		对照	
	放牧第一年	放牧第二年	放牧第一年	放牧第二年	放牧第一年	放牧第二年	放牧第一年	放牧第二年
莎草科牧草	28.14	25.45	35.28	35.20	40.55	37.47	27.33	25.96
禾本科牧草	14.07	9.16	25.81	25.82	29.44	33.44	40.14	47.69
可食杂草	37.01	41.38	24.32	24.73	21.69	20.07	16.67	11.97
毒杂草	20.79	24.01	14.59	15.45	11.33	9.02	9.86	5.38
优良牧草比例	42.21	34.61	61.09	61.02	69.99	70.91	67.47	73.65
优良牧草比例年度变化	−7.60		−0. 07		0.92		6.18	

表 6.4 不同放牧强度下冷季草场各植物功能群 6～9 月平均地上生物量的百分比（单位：%）

植物功能群	重度放牧		中度放牧		轻度放牧		对照	
	放牧第一年	放牧第二年	放牧第一年	放牧第二年	放牧第一年	放牧第二年	放牧第一年	放牧第二年
莎草科牧草	31.03	25.91	35.98	28.38	38.32	29.88	41.09	32.80
禾本科牧草	29.49	29.78	25.64	33.37	27.22	37.90	27.50	41.25
可食杂草	25.66	28.46	24.96	25.47	22.40	20.94	20.42	16.87
毒杂草	13.81	15.86	13.42	13.78	12.06	11.28	11.00	9.08
优良牧草比例	60.52	55.69	61.62	61.75	65.54	67.78	68.59	74.05
优良牧草比例年度变化	−4.83		0.13		2.24		5.46	

回归分析表明，两季草场优良牧草地上生物量组成的年度变化与放牧强度均呈负相关关系，杂类草地上生物量组成的年度变化与放牧强度均呈正相关关系，它们的线性回归关系如下。

暖季草场：优良牧草：$Y=-3.3x+8.995$（$R^2=0.972$，$P<0.01$）；

杂类草：$Y=3.3x-8.995$（$R^2=0.972$，$P<0.01$）。

冷季草场：优良牧草：$Y=-4.447x+11.65$（$R^2=0.926$，$P<0.01$）；

杂类草：$Y=4.447x-11.65$（$R^2=0.926$，$P<0.01$）。

6.1.4 小结

（1）从返青期开始，地上生物量逐渐增加，8 月底达到高峰，大约 15d 以后，地上生物量逐渐降低。在暖季草场，禾本科牧草和莎草科牧草的地上生物量和群落地上生物量在不同放牧强度之间差异显著，但年度之间差异不显著；在冷季草场，群落地上生物量和各功能群生物量在不同放牧强度之间的差异较小，但年度之间差异显著。

（2）随着放牧强度的增加，禾本科牧草和莎草科牧草的比例减少，可食杂草和毒杂草的比例增加。在不同年度之间，莎草科牧草的比例减小，禾本科牧草的比例的变化则没有一致的规律；重度放牧和中度放牧可食杂草和毒杂草的比例增加，而轻度放牧和对照处理中可食杂草和毒杂草比例下降，且两季草场优良牧草地上生物量组成的年度变化与放牧强度均呈负相关关系，杂类草地上生物量组成的年度变化与放牧强度均呈正相关关系。

6.2 放牧强度对地下生物量的影响

6.2.1 不同放牧强度下地下生物量在各土层间的分布

从表6.5和表6.6可以看出，不论是暖季草场还是冷季草场，放牧两年后，各土壤层地下生物量（包括活根和死根）随放牧强度增加呈明显下降趋势。

表 6.5 不同放牧强度下暖季草场地下生物量在各土壤层间的分布

项目	土壤深度 /cm	处理			
		对照	轻度放牧	中度放牧	重度放牧
各土壤层地下生物量 / （g/m²）	0～10	4 356.8	3 971.2	2 945.6	2 496.0
	10～20	462.4	409.6	235.2	217.6
	20～30	129.6	100.8	115.2	89.6
	0～30	4 948.8	4 481.6	3 296.0	2 803.2
各土壤层地下生物量在总地下生物量中的比例 /%	0～10	88.0	88.6	89.4	89.0
	10～20	9.3	9.1	7.1	7.8
	20～30	2.6	2.3	3.5	3.2
各土壤层占对照的比例 /%	0～10	—	91.2	67.6	57.3
	10～20	—	88.6	50.9	47.1
	20～30	—	77.8	88.9	69.1
	0～30	—	90.6	66.6	56.6
地下生物量与地上生物量比值		19.53	21.18	19.07	18.53

表 6.6 不同放牧强度下冷季草场地下生物量在各土壤层间的分布

项目	土壤深度 /cm	处理			
		对照	轻度放牧	中度放牧	重度放牧
各土壤层地下生物量 / （g/m²）	0～10	4 499.2	4 097.6	3 179.2	2 579.2
	10～20	411.2	244.8	286.4	216.0
	20～30	201.6	153.6	132.8	110.4
	0～30	5 112.0	4 496.0	3 598.4	2 905.6
各土壤层地下生物量在总地下生物量中的比例 /%	0～10	88.0	91.1	88.4	88.8
	10～20	8.0	5.4	8.0	7.4
	20～30	3.9	3.4	3.7	3.8

续表

项目	土壤深度 /cm	处理			
		对照	轻度放牧	中度放牧	重度放牧
各土壤层占对照的比例 /%	0～10	—	91.1	70.7	57.3
	10～20	—	59.5	69.7	52.5
	20～30	—	76.2	65.9	54.8
	0～30	—	88.0	70.4	56.8
地下生物量与地上生物量比值		17.09	15.49	14.94	13.89

暖季草场各放牧处理，0～10cm 土壤层地下生物量占 0～30cm 土壤层总地下生物量的 88.0%～89.4%，10～20cm 土壤层占 7.1%～9.3%，20～30cm 土壤层占 2.3%～3.5%；冷季草场各放牧处理，0～10cm 土壤层地下生物量占 0～30cm 土壤层总地下生物量的 88.0%～91.1%，10～20cm 土壤层占 5.4%～8.0%，20～30cm 土壤层占 3.4%～3.9%。暖季草场对照处理 0～30cm 土壤层的地下生物量干物质达到 4948.8g/m^2，它分别是轻度放牧、中度放牧和重度放牧的 1.1 倍、1.5 倍和 1.8 倍；冷季草场对照处理 0～30cm 土壤层的地下生物量干物质达到 5112g/m^2，它分别是轻度放牧、中度放牧和重度放牧的 1.1 倍、1.4 倍和 1.8 倍。不论是暖季草场还是冷季草场，20～30cm 土壤层地下生物量的比例相对稳定，其次为 10～20cm 土壤层，而且方差分析表明，不同放牧强度下 20～30cm 土壤层地下生物量之间差异不显著，但 0～10cm 土壤层、10～20cm 土壤层和 0～30cm 土壤层地下生物量之间差异显著。

6.2.2 小结

各土层地下生物量随放牧强度增加呈明显下降趋势。暖季草场各放牧处理，0～10cm 土壤层地下生物量占 0～30cm 土壤层地下生物量的 88.0%～89.4%，10～20cm 土壤层占 7.1%～9.3%，20～30cm 土壤层占 2.3%～3.5%；冷季草场各放牧处理，0～10cm 土层壤地下生物量占 0～30cm 土壤层地下生物量的 88.0%～91.1%，10～20cm 土壤层占 5.4%～8.0%，20～30cm 土壤层占 3.4%～3.9%。

6.3 放牧强度与生物量之间的关系

6.3.1 放牧强度与各季草场地上生物量、地下生物量之间的关系

地上生物量与放牧强度之间呈线性回归关系（图 6.3 和图 6.4）。地上生物量

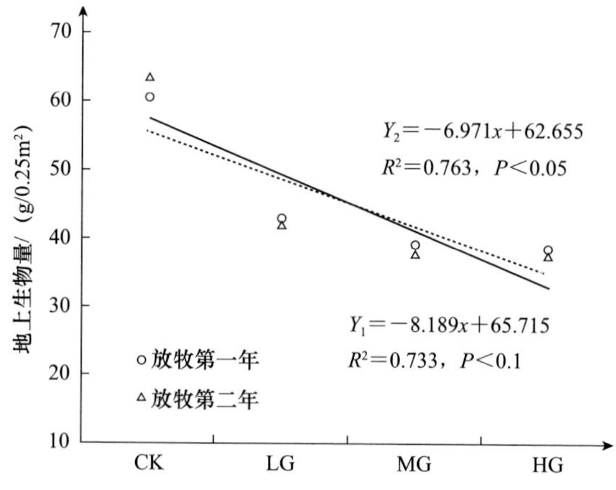

图 6.3　暖季草场群落地上生物量与放牧强度的关系

CK：对照；LG：轻度放牧；MG：中度放牧；HG：重度放牧

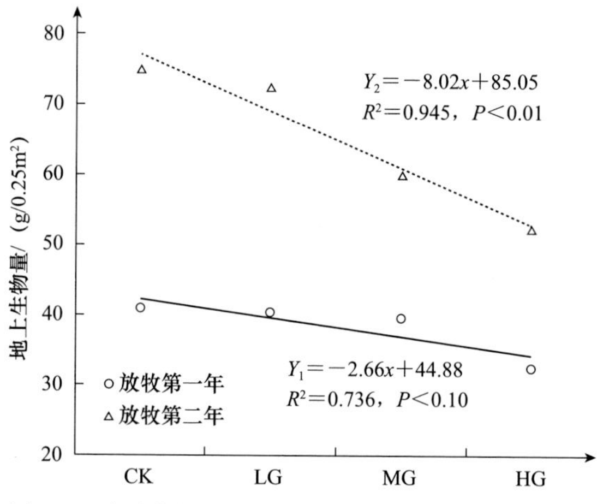

图 6.4　冷季草场群落地上生物量与放牧强度的关系

CK：对照；LG：轻度放牧；MG：中度放牧；HG：重度放牧

（6～9 月的平均地上生物量）随放牧强度的增加而呈线性下降趋势，放牧第一年暖季草场和冷季草场地上生物量与放牧强度之间均未达到显著水平，但到放牧第二年暖季草场达到显著水平（$P<0.05$），冷季草场达到极显著水平（$P<0.01$）。这说明经过第一年不同强度的放牧之后，放牧的“滞后效应”已经对牧草的生长产生影响，而且放牧时间越长，这种效应越明显。

各土壤层的地下生物量与放牧强度之间呈负相关关系，其线性回归方程见表 6.7。除 20～30cm 土壤层外，其他各层的地下生物量与放牧强度之间的线性关系达到极显著水平。其中，放牧强度对 20～30cm 土壤层的地下生物量的影响不是很大，对 0～20cm 土壤层的地下生物量的影响较大。

表 6.7　放牧强度与不同土层地下生物量之间的线性回归方程

土壤深度 / cm	冷季草场			暖季草场		
	回归方程	R^2	P	回归方程	R^2	P
0～10	$Y=-667.8x+5258.4$	0.980	<0.01	$Y=-660.8x+5094.4$	0.969	<0.01
10～20	$Y=-54.4x+425.6$	0.666	<0.01	$Y=-90.9x+558.4$	0.615	<0.02
20～30	$Y=-29.4x+223.3$	0.955	<0.10	$Y=-10.6x+135.2$	0.908	<0.15
0～30	$Y=-751.7x+5907.2$	0.995	<0.01	$Y=-762.2x+5788$	0.967	<0.01

6.3.2　地下生物量与地上生物量的关系

放牧强度影响了光合产物在地上、地下部分的分配。由图 6.5 和图 6.6 可以看

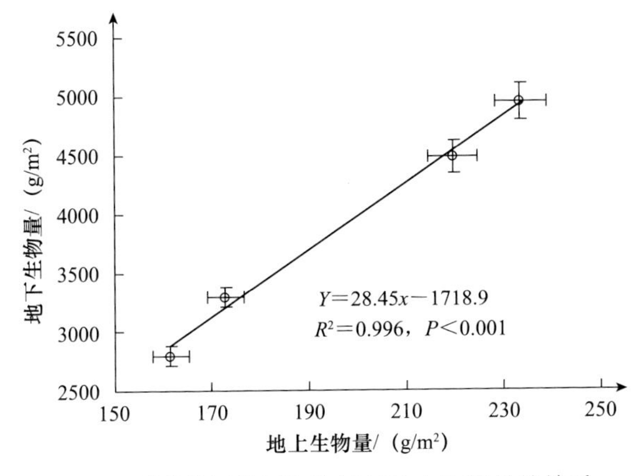

图 6.5　暖季草场地下生物量与地上生物量的关系

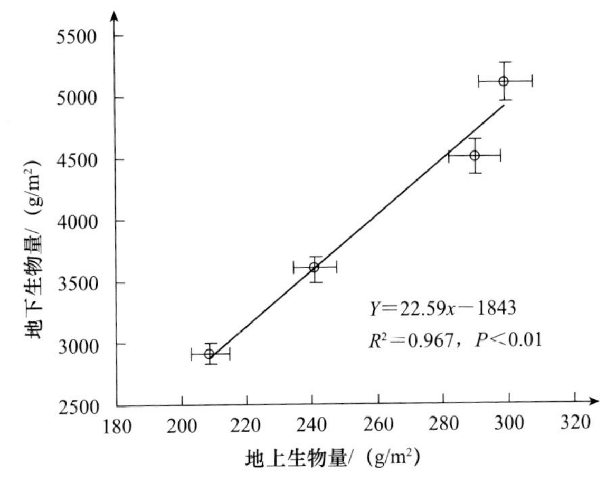

图 6.6　冷季草场地下生物量与地上生物量的关系

出，8 月下旬地下生物量与地上生物量呈极显著的线性回归关系。地下生物量与地上生物量的比值随放牧强度的增加而减小，但由于牦牛对单位面积草场上牧草的采食量随放牧强度的增加而增大，总体上光合产物分配给地上部分的总量也随放牧强度的增加而增大，以补偿地上生物量因被牦牛采食而降低光合效率的负面效应。然而，当放牧强度进一步增加时，尽管能够一定程度上增大光合产物在地上部分的分配，但终究会导致光合产物下降，从而使地上生物量和地下生物量下降。

6.3.3 小结

地上生物量、各土壤层的地下生物量与放牧强度之间均呈负相关关系；地下生物量与地上生物量之间呈极显著的线性回归关系。

6.4 放牧强度对牧草生长率和补偿生长的影响

生长率是衡量生物量净积累速率的参数。绝对生长率（absolute growth rate，AGR）为单位时间内单位面积生物量的净积累量；相对生长率（relative growth rate，RGR）为单位生物量单位时间的净积累量。它们表示的都是瞬间值，但因测定条件的限制，常以一定时间内的平均值来表示。计算公式分别为

$$\mathrm{AGR}=\frac{W_2-W_1}{t_2-t_1}$$

$$\mathrm{RGR}=\frac{\ln W_2-\ln W_1}{t_2-t_1}$$

式中，W_1、W_2 分别表示 t_1、t_2 时刻的生物量；$\ln W_1$、$\ln W_2$ 为 t_1、t_2 时刻的生物量对数；ARG 和 RGR 的单位分别为 g/（m^2・d）和 g/（g・d）。

6.4.1 群落地上总生物量生长率的季节动态及年际差异

放牧第一年，高山嵩草草甸暖季草场总生物量绝对生长率在对照处理和轻度放牧下于 7 月达到最大，而中度放牧和重度放牧则在 8 月达到最大；冷季草场各放牧处理的总生物量绝对生长率在 8 月达到最高。由于受降水的影响，在放牧第二年，两季草场地上总生物量的绝对生长率于 7 月达到最高，8 月开始有所下降，9 月为负值，表明牧草已处于生长后期（表 6.8）。

表 6.8 不同放牧强度下地上总生物量绝对生长率的季节动态及年际差异

试验样地	月份	放牧第一年				放牧第二年			
		对照	轻度放牧	中度放牧	重度放牧	对照	轻度放牧	中度放牧	重度放牧
暖季草场	6月	0.98	0.83	0.69	0.48	1.11	0.94	0.71	0.62
	7月	3.58	3.01	1.97	1.48	6.90	4.31	3.58	3.58
	8月	1.88	2.05	2.23	2.73	4.80	2.53	3.36	1.39
	9月	−0.79	−0.75	−0.52	−0.97	−0.52	−0.31	−0.35	−0.71
冷季草场	6月	0.82	0.73	0.76	0.7	1.85	1.60	1.47	1.02
	7月	0.89	0.76	0.71	0.68	3.97	4.51	4.96	2.61
	8月	2.20	2.75	2.32	2.31	1.80	1.57	1.80	1.21
	9月	−0.11	−0.12	−0.23	−0.17	−0.93	−0.48	−0.44	−0.68

6.4.2 禾本科牧草地上生物量生长率的季节动态及年际差异

在暖季草场，除重度放牧外，放牧第一年禾本科牧草地上生物量的绝对生长率在7月达到最高，而重度放牧下9月的绝对生长率仍然大于零，说明牦牛对重度放牧禾本科牧草的过量采食促使了牧草的补偿和超补偿生长，因此在9月出现了营养的再次积累；到放牧第二年，各处理绝对生长率峰值出现在不同的月份，且除对照处理，其他各处理组禾本科牧草的绝对生长率在9月依然大于零，出现了禾本科牧草营养的再次积累（表6.9）。

表 6.9 不同放牧强度下禾本科牧草地上生物量绝对生长率的季节动态及年际差异

试验样地	月份	放牧第一年				放牧第二年			
		对照	轻度放牧	中度放牧	重度放牧	对照	轻度放牧	中度放牧	重度放牧
暖季草场	6月	3.54	3.49	3.12	2.04	2.56	3.33	1.44	1.15
	7月	4.96	4.88	4.37	2.85	4.11	2.08	0.40	1.79
	8月	0.32	3.36	3.73	2.96	0.40	0.43	3.65	3.04
	9月	−1.60	−0.74	−2.4	0.98	−0.40	2.40	2.40	1.03
冷季草场	6月	0.39	0.39	0.44	0.30	2.44	0.86	1.50	0.95
	7月	0.82	0.73	0.78	0.89	3.89	6.42	4.22	3.07
	8月	1.28	0.88	0.99	1.65	1.09	0.99	0.87	1.58
	9月	0.41	0.51	0.14	−0.21	−0.96	−0.43	−1.68	−0.48

在冷季草场，放牧第一年禾本科牧草地上生物量的绝对生长率在8月达到最高，且除了重度放牧处理，9月其他处理中禾本科牧草的绝对生长率仍然大于零，

表明 9 月禾本科牧草出现营养的再次积累；到放牧第二年禾本科牧草地上生物量的绝对生长率在 7 月达到最大，9 月均为负值，表明禾本科牧草已处于生长后期。这可能是因为试验期内放牧第一年生长季比较干旱（7～8 月），禾本科牧草的生长潜力没有充分发挥，因此冷季草场（生长季节休牧）禾本科牧草的绝对生长率最高值延迟到 8 月，而在放牧第二年生长季（6～8 月）降水充沛，牧草迅速生长，并于 7 月达到最大（表 6.9）。

6.4.3 莎草科牧草地上生物量生长率的季节动态及年际差异

在暖季草场，放牧第一年对照处理下莎草科牧草的绝对生长率在 7 月达到最高，其他处理在 8 月达到最高，且中度放牧处理在 9 月出现了营养的再次积累；在冷季草场，放牧第一年中度放牧处理下莎草科牧草地上生物量的绝对生长率在 8 月达到最高，其他处理在 6 月达到最高。在暖季草场，放牧第二年轻度处理下莎草科牧草的绝对生长率在 6 月达到最高，其他处理在 8 月达到最高，而在冷季草场放牧第二年莎草科牧草的绝对生长率在中度放牧和轻度放牧下于 7 月达到最高，对照处理和重度放牧处理分别在 6 月和 8 月出现生长率峰值（表 6.10）。这可能是不同放牧强度下高寒高山嵩草草甸莎草科牧草绝对生长率受年度降水影响的结果。高山嵩草草甸的莎草科牧草比较耐旱、耐牧，过多的降水会对其生长产生负影响。在冷季草场，牧草生长时正处于休牧期，对照处理和重度放牧分别在 6 月和 8 月出现峰值，与 Bircham（1984）、Hodgson 等（1994）在人工草地上的结论完全相反。产生这种完全相反的结果，可能是因为试验地的草场类型不同和放牧强度标准不一，也可能是因为草地利用时间和频率都不尽相同。

表 6.10　不同放牧强度下莎草科牧草地上生物量绝对生长率的季节动态及年际差异

试验样地	月份	放牧第一年				放牧第二年			
		对照	轻度放牧	中度放牧	重度放牧	对照	轻度放牧	中度放牧	重度放牧
暖季草场	6 月	0.56	0.32	0.32	0.14	2.65	2.42	0.74	0.25
	7 月	1.43	0.82	0.82	0.36	1.79	1.43	1.04	1.14
	8 月	1.39	2.37	2.03	2.59	3.49	1.49	1.63	2.27
	9 月	−2.13	−1.76	1.01	−2.13	−1.04	−1.33	−0.56	−0.40
冷季草场	6 月	1.24	1.15	1.08	1.02	2.86	2.27	2.08	2.59
	7 月	0.62	0.51	0.16	0.13	0.64	2.96	3.04	0.02
	8 月	0.48	0.40	1.28	0.40	2.74	0.61	0.56	2.28
	9 月	0.25	0.21	−0.31	−0.02	0.16	0.29	−2.21	−0.96

6.4.4 杂类草地上生物量绝对生长率的季节动态及年际差异

在暖季草场，放牧第一年重度放牧下杂类草的绝对生长率在 8 月达到最高，其他各处理在 7 月达到最高；而在放牧第二年重度放牧下杂类草的绝对生长率在 6 月达到最高，其他各处理在 8 月达到最高（表 6.11）。在冷季草场，放牧两年内杂类草的绝对生长率均在 6 月达到最高，随着时间的推移，总体上呈下降趋势（表 6.11）。冷季草场在牧草生长期不放牧，因此在牧草生长初期，禾本科牧草和莎草科牧草对杂类草的抑制作用比较弱，杂类草的绝对生长率高于禾本科牧草和莎草科牧草，但随着时间的推移，禾本科牧草和莎草科牧草对杂类草的抑制作用增强，杂类草的绝对生长率总体呈下降趋势。暖季草场的牧草生长期正是牦牛的放牧期，因此牦牛对优良牧草不同程度的采食刺激杂类草快速生长，以补偿优良牧草的损失。随着放牧强度的增加，尤其在重度放牧下，虽然这种功能补偿形式可以实现在该利用率下优良牧草地上生物量降低的部分损失，但多为牦牛不喜食或不可采食的杂类草，杂类草的绝对生长率在放牧第一年的 9 月以前一直呈上升趋势，但在放牧第二年由于生长季降水充沛，重度放牧下杂类草的绝对生长率总体上呈下降趋势，其他处理的绝对生长率变化趋势则与禾本科牧草和莎草科牧草相似。

表 6.11 不同放牧强度下杂类草地上生物量绝对生长率的季节动态及年际差异

试验样地	月份	放牧第一年				放牧第二年			
		对照	轻度放牧	中度放牧	重度放牧	对照	轻度放牧	中度放牧	重度放牧
暖季草场	6 月	1.87	3.03	2.36	1.75	0.27	1.12	1.84	1.73
	7 月	2.61	4.24	3.31	2.45	1.04	1.65	0.80	1.17
	8 月	2.37	0.75	0.72	2.51	2.53	1.97	2.00	0.67
	9 月	−1.19	−0.18	0.71	0.56	−2.13	−2.4	−3.47	−2.53
冷季草场	6 月	2.08	2.15	1.81	1.83	3.23	5.09	4.41	1.96
	7 月	0.51	0.16	1.54	0.59	1.80	0.97	1.39	0.76
	8 月	0.08	0.85	0.37	0.48	−1.53	−2.32	−2.12	0.44
	9 月	−0.13	0.10	0.87	0.10	−0.88	−0.85	−0.15	−1.96

6.4.5 小结

（1）放牧第一年，高山嵩草草甸暖季草场的对照处理和轻度放牧下的群落植物绝对生长率在 7 月达到最高，中度放牧和重度放牧在 8 月达到最高；冷季草场各放牧处理的群落植物绝对生长率在 8 月达到最高。由于受降水的影响，放牧第二年两季草场的群落植物绝对生长率均在 7 月达到最高，8 月开始有所下降，9 月为负值。

（2）放牧第一年，暖季草场，除重度放牧外，其他处理禾本科牧草地上生物量的绝对生长率在 7 月达到最高（重度放牧是在 8 月达到最高），而重度放牧下 9 月的绝对生长率仍大于零，说明牦牛对重度放牧禾本科牧草的过量采食促使了牧草的补偿和超补偿生长，因此 9 月出现了营养的再次积累；冷季草场禾本科牧草地上生物量的绝对生长率在 8 月达到最高，且除了重度放牧外，9 月其他处理禾本科牧草的绝对生长率仍然大于零，表明 9 月禾本科牧草出现营养的再次积累。放牧第二年，暖季草场各处理禾本科牧草地上生物量绝对生长率的峰值出现在不同月份，而且除了对照外，其他处理下在 9 月出现营养的再次积累。冷季草场各处理的禾本科牧草绝对生长率在 7 月达到最大，9 月均为负值，说明禾本科牧草生长已到后期。

（3）在暖季草场，放牧第一年对照处理下莎草科牧草的绝对生长率在 7 月达到最高，其他处理在 8 月达到最高，放牧第一年中度放牧处理下莎草科牧草地上生物量的绝对生长率在 8 月达到最高，其他处理在 6 月达到最高；在暖季草场，放牧第二年轻度处理下莎草科牧草的绝对生长率在 6 月达到最高，其他处理在 8 月达到最高，而在冷季草场放牧第二年莎草科牧草的绝对生长率在中度放牧和轻度放牧下于 7 月达到最高，对照处理和重度放牧处理分别在 6 月和 8 月达到最高。

（4）在暖季草场，放牧第一年重度放牧杂类草的绝对生长率在 8 月达到最高，其他各处理在 7 月达到最高；放牧第二年重度放牧杂类草的绝对生长率 6 月达到最高，其他各处理在 8 月达到最高。在冷季草场，两年内杂类草的绝对生长率在 6 月份最高，随着时间的推移，总体呈下降趋势。

（5）除不同植物本身的生理特性，降水和土壤温度是影响高山嵩草草甸不同植物功能群地上生物量绝对生长率的关键因素。

6.5 讨论与结论

草地放牧系统受到人为或气候等因素的影响而不断发生变化，这些因素的影响强度会改变整个系统的状态和变化趋势，因此在研究牦牛放牧强度对高寒草甸地上、地下生物量的影响时，应以草场本身的条件和动态特征加以评价，应尽可能地选择较多的气候类型和试验点，同时也要有足够的试验时间。另外，植物地上、地下生物量的变化是草地生态系统研究的重要内容。天然草地地下生物量主要受降水和土壤温度的影响，但地上生物量更易受放牧等其他因素的影响（McNaughton et al.，1985；Hunt and Nicholls，1986；Andren and Paustian，1987）。在国内，许多学者已将放牧强度对天然草地地上、地下生物量的影响进行了相关研究（周立，1995d；王启基等，1995a；王代军等，1995；陈佐忠等，1988；王艳芬和汪诗平，1999a, b；汪诗平等，1999；董世魁等，2004）。但这些研究结果主要是从绵羊的试验中获得的，有关牦牛放牧强度的试验报道相对较少（王晋峰等，1995；董全民等，2002a，b，2003a，b，c，2004a，b，c，d，2006a，b），加之放牧时间较短，有些结论有待商榷。刘伟等（1999）、周立等（1995d）、王启基等（1995a）的研究结果均表明，随着放牧强度的增加，优良牧草的比例减少，而杂类草的比例增加；李永宏等（1999）、汪诗平等（1999）、王艳芬和汪诗平（1999a，b）、董全民等（2002a，2003a，2004c）和董世魁等（2004）等的结果表明，地上生物量随放牧强度的增加而减少。王晋峰等（1995）、董全民等（2002a，2003a，2005b）认为，随着放牧强度的增加，禾本科牧草和莎草科牧草的比例下降，杂类草的比例上升。王艳芬和汪诗平（1999a，b）、陈佐忠等（1988）、董全民（2004c）、王启基等（1995a）的研究结果表明，地下生物量随着放牧强度的增加而呈下降趋势，且地下生物量主要集中在0～10cm土层。另外，van der Maarel 和 Titlyanova（1989）还报道，无牧（对照）条件下地下生物量最低，中度放牧的地下生物量最高，同时放牧的效应受降水量的影响，地下生物量随放牧强度的增加而有所增大。

在本章试验结果中，放牧第一年，地上生物量、地下生物量随放牧强度的变化没有放牧第二年明显；放牧第二年，放牧的“滞后效应”对植被地上、地下生物量的影响已显示出一定的规律性。另外，地下生物量、地上生物量随放牧强度的增加而减少，这与前人的研究结果一致。另外，放牧第二年生长季降水较第一年充沛，这是造成年度间地上、地下生物量变化的关键因素。在本章试验结果中，地下生物量非常高，对照处理中0～10cm土层地下生物量超过4000g/m^2，而0～30cm土层地下生物量约为5000g/m^2。而根据王艳芬、陈佐忠报道，内蒙古典型草原0～30cm土层最高地下生物量未超过2000g/m^2。本章试验结果中0～10cm土层地下生物量占总生物量的88%～91%，远高于Eddy等（1989）与王艳芬和汪诗平（1999a）的研究结果（0～10cm地下生物量占0～30cm总地下生物量的50%～60%和64%～75%），但与王启基等（1995）的研究结果（86%）一致，这可能是由于植被类型不同造成的差异。值得注意的是，由于很难区分地下死根系、活根系，本章试验结果中地下生物量包括活根和死根，故所反映的地上生物量、地下生物量并不是当年的光合产物在地上生物量、地下生物量之间的分配，但仍然可以说明光合产物在地上生物量、地下生物量分配差异的基本趋势，这是因为放牧强度影响植物地上生物量、地下生物量及光合产物在植物不同部位的分配，单位面积草场上，牦牛对牧草的采食量随放牧强度的增加而增大，因而总体上光合产物分配给地上部分的总量也随放牧强度的增加而增大，为补偿植物地上部分因被牦牛采食而光合效率降低的负面效应，更多的光合产物被分配到地上部分。然而，当放牧强度过大时，尽管放牧在一定程度上能够增大光合产物对地上生物量的分配，但终究会导致其地上生物量和地下生物量的下降。

高山嵩草草甸群落中牦牛喜食的优良牧草的生物量及其比例随放牧强度的增加而下降，而适口性差的阔叶草和不可食的毒杂草随放牧强度的增加而上升，各放牧强度下的草场产生了明显的分异，在持续高放牧强度下，高寒高山嵩草草甸出现退化迹象。

7

放牧后续效应对高山嵩草草甸生态系统的影响

放牧等干扰因素对草地生态系统的结构和功能，不仅会有实时的影响，而且在干扰去除后还会有后续效应的影响（Vandewalle et al., 2014）。后续效应（legacy effects）是指生态系统的前期干扰会持续不断地对生态系统的结构和功能造成影响（Bain et al., 2012； Kostenko et al., 2012； de Vries et al., 2012）。草地生态系统的后续效应主要包括放牧后续效应（Han et al., 2014）和火烧后续效应（Vermeire et al., 2018）。草地生态系统在原来的放牧行为（historic grazing）结束后，在较长的时间尺度上依然会对草地生态系统群落的演替产生影响（Han et al., 2014），这些影响称为放牧后续效应（grazing legacy effects）。与放牧过程对草地生态系统的实时影响不同，放牧后续效应是放牧家畜对草地生态系统的一种生态后续效应，能在放牧结束后长期影响草地生态系统的结构和功能（Adler et al., 2004）。前期放牧，由于家畜的选择性采食、排便和践踏，会对草地生态系统造成显著的影响，如改变草地群落组成和结构（Hafner et al., 2012），改变枯落物质量（Rossignol et al., 2011），改变土壤养分及其微生物群落结构（Kotzé et al., 2013）等，从而形成独特的草地生态系统结构和功能，这些独特的生态系统结构和功能会进一步影响草地生态系统管理方式改变之后的生态系统演替。因此，研究放牧后续效应对草地生态系统的长期影响，是预测草地生态系统群落演替的一个重要手段，同时可以为草地生态系统的合理管理和可持续利用提供科学依据。本章以 1998 年建立的不同放牧强度高山嵩草草甸为研究对象，试验样地于 2000 年结束放牧强度试验后，一直处于中度放牧，通过采集近 20 年后（2018 年）样地的植被、土壤数据，探讨适度放牧对不同退化程度高山嵩草草甸恢复力及稳定性的影响。

7.1 放牧后续效应对高山嵩草草甸盖度及植物现存生物量的影响

7.1.1 放牧后续效应对高山嵩草草甸盖度的影响

在冷季草场，经过近 20 年中度放牧后，各处理之间表现出的盖度变化趋势与 1999 年时基本一致，即对照＞轻度放牧＞中度放牧＞重度放牧［图 7.1（a）］。与 1999 年相比，2018 年冷季草场各处理样地的盖度都显著下降［$P<0.05$；图 7.1（a）］，各处理样地的盖度分别下降 4.80%、4.10%、7.71% 和 14.18%，主要原因可能是气候变化的影响，造成草地整体情况上的不同程度的退化。各处理之间下降程度的不同，体现了前期放牧处理对样地的长期后续效应。相比于中度放牧，对照处理和轻度放牧在经过 20 年的中度放牧之后，在盖度上表现出一定的改良趋势（盖度下降程度小于中度放牧），而重度放牧则表现出进一步退化的趋势（下降程度大于中度放牧）。在暖季放牧草场，不同处理之间盖度的变化趋势基本与冷季草场一致［图 7.1（b）］。相同地，与 1999 年相比，轻度放牧、中度放牧和重度放牧的盖度之间都存在一定程度上的下降趋势（下降程度分别为 5.06%、5.16% 和 6.21%），但对照样地的盖度之间则存在上升趋势（上升 2.99%，但不存在显著差异）。

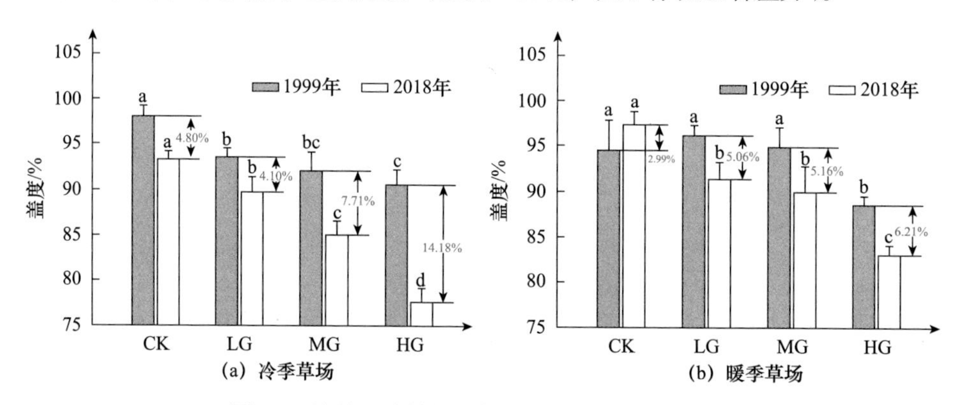

图 7.1 放牧后续效应对高山嵩草草甸盖度的影响

CK：对照；LG：轻度放牧；MG：中度放牧；HG：重度放牧

7.1.2 放牧后续效应对高山嵩草草甸植物地上现存生物量的影响

在冷季草场，经过近 20 年中度放牧后，各处理之间表现出的地上现存生物量变化趋势与1999年时基本一致：对照处理和轻度放牧的地上生物量显著高于中度放牧，而中度放牧则显著高于重度放牧［$P<0.05$；图7.2（a）］。2018年对照处理和轻度放牧的地上生物量与1999年之间没有显著差异，而中度放牧则显著下降24.37%，重度放牧显著下降28.36%（$P<0.05$）。地上生物量的结果表明，一方面，高山嵩草草甸在这一时期存在草地退化的趋势，中度放牧样地在继续中度放牧近20年之后，其地上生物量显著下降（$P<0.05$）；另一方面，不同放牧处理之间存在一定的放牧后续效应（重度放牧处理造成样地生态系统变化之后会加剧草地退化的趋势）；再者，对照处理和轻度放牧样地在经过中度放牧之后，其草地状况有一定的改善（地上生物量存在上升的趋势），符合"中度干扰理论"。在暖季草场，不同处理之间生物量的变化趋势基本与冷季草场一致［图7.2（b）］，并且各处理之间的地上生物量与1999年相比都存在下降的趋势。相同地，对照处理和轻度放牧之间的下降趋势（分别为10.60%和16.75%）要低于中度放牧（18.74%），重度放牧的下降趋势（37.03%）则高于中度放牧，表明重度放牧存在一个较长的放牧后续效应。

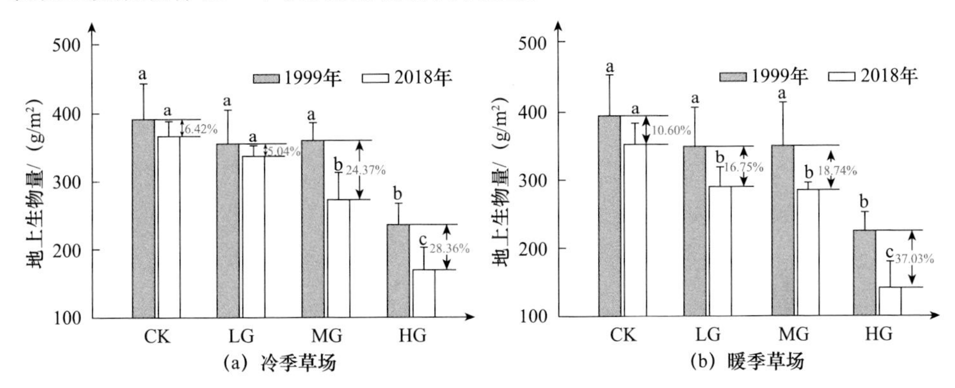

图7.2 放牧后续效应对高山嵩草草甸植物地上现存生物量的影响

CK：对照；LG：轻度放牧；MG：中度放牧；HG：重度放牧

7.1.3 小结

（1）经过近20年中度放牧，各处理的盖度和地上生物量的变化趋势与1999年基本一致，即对照＞轻度放牧＞中度放牧＞重度放牧。

（2）各处理的盖度和地上生物量都存在一定的下降趋势，其中对照处理和轻度放牧之间的下降趋势要低于中度放牧，重度放牧的下降趋势则高于中度放牧。

（3）高山嵩草草甸在这一时期存在草地退化的趋势，同时不同放牧处理之间存在一定的放牧后续效应。对照处理和轻度放牧样地在经过中度放牧之后，其草地状况有一定的改善，符合"中度干扰理论"。

7.2 放牧后续效应对高山嵩草草甸物种组成及其重要值的影响

经过近20年的中度放牧，各处理之间草场的物种组成发生了显著的变化（表7.1和图7.3）。1999年，对照、轻度放牧和中度放牧3个样地的优势种均为高山嵩草和垂穗披碱草，重度放牧的优势种为鹅绒委陵菜和阿拉善马先蒿。对照样地的主要伴生种为鹅绒委陵菜、溚草和紫羊茅等，轻度放牧样地的主要伴生种为高原早熟禾、线叶嵩草和黄帚橐吾等，中度放牧样地的主要伴生种为线叶嵩草、黄帚橐吾和高原早熟禾等，重度放牧样地的主要伴生种为矮嵩草、垂穗披碱草和珠芽蓼等。

2018年，对照样地的主要优势种为高山嵩草和矮嵩草，轻度放牧样地的主要优势种为高山嵩草和线叶嵩草，中度放牧样地的主要优势种为线叶嵩草和达乌里秦艽，重度放牧样地的主要优势种为达乌里秦艽和高山嵩草。对照样地的主要伴生种为线叶嵩草、细叶亚菊和高原早熟禾等，轻度放牧样地的主要伴生种为细叶亚菊、矮嵩草和西伯利亚蓼等，中度放牧样地的主要伴生种为细叶亚菊、矮嵩草和高山嵩草等，重度放牧样地的主要伴生种为细叶亚菊、高原早熟禾和线叶嵩草等。经过近20年的中度放牧，群落中不耐牧型植物的重要值有所下降（如垂穗披碱草），而耐牧型植物的数量和比例都有所增加，并且各处理之间的群落高度不存在显著差异。

表7.1 不同放牧强度对高山嵩草草甸物种组成及其重要值的后续效应

种名	重要值			
	对照	轻度放牧	中度放牧	重度放牧
垂穗披碱草 *Elymus nutans*	2.46	1.18	1.39	2.01
高原早熟禾 *Poa alpigena*	4.73	5.14	2.62	6.73
针茅 *Stipa capillata*	4.36	1.96	3.82	1.06
发草 *Deschampsia caespitosa*	—	1.40	—	2.12
赖草 *Leymus secalinus*	—	—	1.18	—
溚草 *Koeleria cristata*	—	1.74	—	—
燕麦 *Avena sativa*	—	0.96	—	—
中华羊茅 *Festuca sinensis*	—	—	2.04	—
光稃茅香 *Hierochloe glabra*	—	—	0.97	1.24
矮嵩草 *Kobresia humilis*	11.80	8.47	7.70	4.31
线叶嵩草 *Kobresia capillifolia*	10.08	11.53	17.70	6.36
高山嵩草 *Kobresia pygmaea*	14.22	12.13	5.89	12.70
高山豆 *Tibetia himalaica*	2.49	2.97	4.83	3.15

续表

种名	重要值			
	对照	轻度放牧	中度放牧	重度放牧
多枝黄芪 *Astragalus polycladus*	1.88	0.44	1.49	—
多叶棘豆 *Oxytropis myriophylla*	—	—	0.71	—
青海苜蓿 *Medicago archiducis-nicolai*	1.37	—	—	—
扁蓿豆 *Melilotoides archiducis-nicolai*	—	0.92	1.55	—
雪白委陵菜 *Potentilla nivea*	2.43	2.32	3.02	2.20
婆婆纳 *Veronica didyma*	2.57	3.16	1.73	2.48
卷耳 *Cerastium arvense*	0.89	0.96	1.01	0.98
油菜 *Brassica napus*	1.67	1.65	—	1.81
老鹳草 *Geranium wilfordii*	1.58	1.36	0.60	0.31
唐松草 *Thalictrum alpinum*	1.78	0.00	0.90	0.39
达乌里秦艽 *Gentiana dahurica*	3.41	2.10	10.66	18.68
喉毛花 *Comastoma pulmonarium*	2.02	2.27	0.82	3.51
香薷 *Elsholtzia ciliata*	1.14	1.55	—	2.28
鹅绒委陵菜 *Potentilla anserina*	2.62	3.50	0.79	4.51
细叶亚菊 *Ajania tenuifolia*	9.97	9.44	10.62	9.00
车前 *Plantago asiatica*	2.51	3.06	3.36	3.44
湿地繁缕 *Stellaria uda*	3.23	2.20	0.38	0.97
高山紫菀 *Aster alpinus*	1.21	0.77	—	—
香芸火绒草 *Leontopodium haplophylloides*	1.27	1.87	2.11	0.94
蒲公英 *Taraxacum mongolicum*	0.72	0.74	1.13	0.00
线叶龙胆 *Gentiana farreri*	1.18	2.11	4.68	3.21
微孔草 *Microula sikkimensis*	0.58	0.70	0.77	—
海乳草 *Glaux maritima*	0.84	0.00	—	—
毛茛 *Ranunculus japonicus*	1.00	0.87	1.19	1.39
西伯利亚蓼 *Polygonum sibiricum*	0.56	6.13	—	1.48
葵花大蓟 *Cirsium souliei*	1.17	—	—	—
女娄菜 *Silene aprica*	1.36	—	—	—
美丽风毛菊 *Saussurea pulchra*	—	0.57	—	—
甘肃马先蒿 *Pedicularis kansuensis*	—	1.95	—	—

续表

种名	重要值			
	对照	轻度放牧	中度放牧	重度放牧
羌活 *Notopterygium incisum*	—	0.72	—	—
匙叶龙胆 *Gentiana spathulifolia*	—	—	0.60	—
水蕨 *Ceratopteris thalictroides*	—	—	3.75	—
湿生扁蕾 *Gentianopsis paludosa*	—	—	—	1.43
大花肋柱花 *Lomatogonium macranthum*	—	—	—	1.32

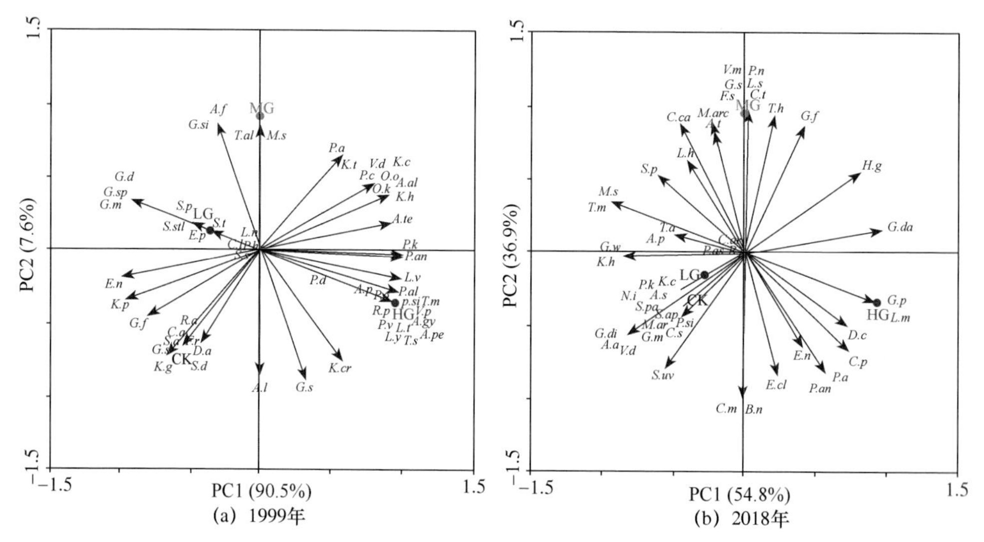

图 7.3　放牧后续效应对高山嵩草草甸物种重要值的影响

注：各物种以表 7.1 中相应物种学名首字母缩写表示。

7.3　放牧后续效应对高山嵩草草甸物种多样性的影响

由图 7.4 可以看出，与 1999 年相比，不同放牧处理群落的物种丰富度指数都存在一定程度的降低趋势，但在 2018 年，各处理的丰富度指数在不同处理之间不存在显著差异（P>0.05）。对照样地的丰富度指数之间在不同年份不存在显著差异，放牧样地的物种丰富度指数显著下降（P<0.05），轻度放牧、中度放牧和重度放牧样地的下降幅度分别为 24.04%、29.26% 和 14.24% [图 7.4（a）]。1999 年，不同处理的丰富度指数表现出的变化趋势为中度放牧>轻度放牧>重度放牧>对照，而在 2018 年，各处理之间的 Shannon-Weiner 指数和 Simpson 指数之间不存在显著的差异［图 7.4（b）、（c）］。不同年份之间的比较发现，经过多年中度放牧，原有处理的 Shannon-Weiner 指数显著上升（$P<0.05$），其上升幅度分别为 44.78%、23.00%、9.09% 和 27.04%。不同年份间对照、轻度放牧和重度放牧样地的 Simpson 指数也显著上升，上升幅度分别为 36.08%、13.36% 和 24.30%。经过长期的中度放牧干扰，物种多样性指数的上升一定程度上支持“中度干扰理论”。不同年份间对照样地的均匀度指数显著上升，中度放牧样地的均匀度指数则显著下降（$P<0.05$），轻度放牧和重度放牧样地的均匀度指数之间没有发生显著的变化。总体而言，一方面，长期的中度放牧能够提高各样地的物种多样性，支持“中度干扰理论”；另一方面，从物种多样性的各个指数上看，前期的放牧处理没有表现出明显的放牧后续效应。

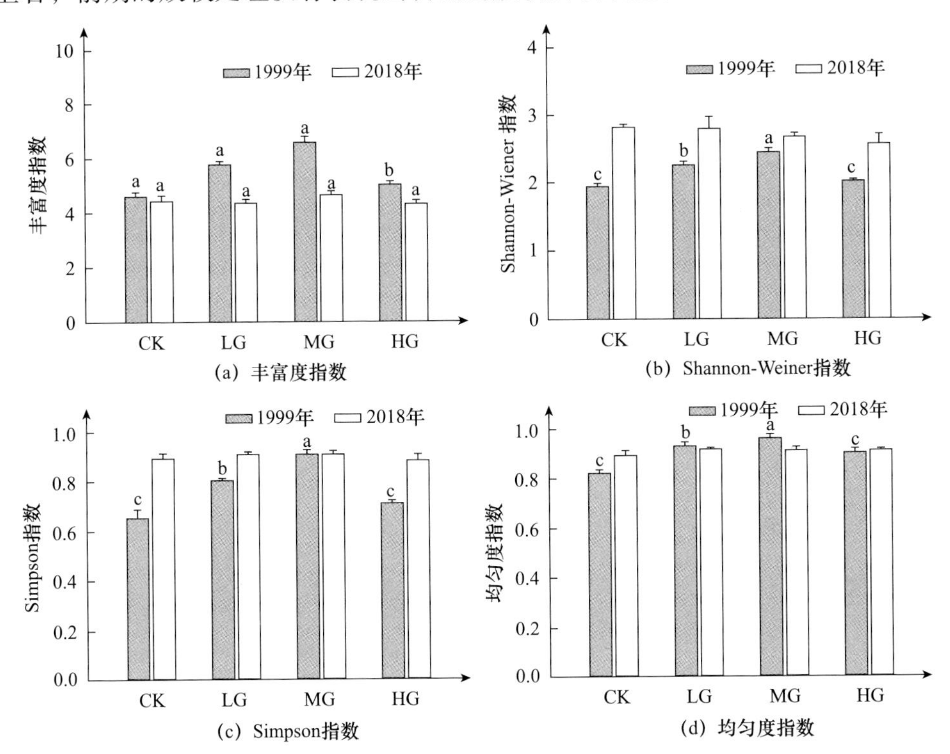

图 7.4 不同放牧强度对高山嵩草草甸植物物种多样性的后续效应（以暖季草场为例）

CK：对照；LG：轻度放牧；MG：中度放牧；HG：重度放牧

7.4 放牧后续效应对高山嵩草草甸土壤养分的影响

冷季草场，1999 年的样品分析结果表明，在相同的土壤深度上，放牧强度对土壤有机质含量、全氮含量和全磷含量都造成了显著影响（$P<0.05$），其总体变化趋势为对照＞轻度放牧＞中度放牧＞重度放牧；相同处理各土壤养分含量随土壤深度的增加而呈下降趋势（表 7.2）。2018 年的样品分析结果表明，土壤养分在不同土层的分布趋势与 1999 年一致，其分布规律是土壤养分自然分布的结果；但是与 1999 年结果不同的是，在不同处理之间，相同土壤深度的土壤养分含量之间不存在显著差异，表明各处理样地在经过长期的中度放牧后，其土壤养分具有趋同的趋势，没有明显的放牧后续效应。土壤全氮含量和全磷含量，相较于 1999 年，2018 年具有上升的趋势，但是差异不明显，可能的原因是中度放牧干扰具有一定程度上土壤改良的效果。暖季草场的相关结果与冷季草场基本相同，相同处理各土壤养分含量随土壤深度的增加而呈现下降趋势，在不同处理之间，相同土壤深度的土壤各养分含量之间不存在显著差异（表 7.3），同样证实了没有明显的放牧后续效应的结论。但是，与冷季草场不同的是，暖季草场 2018 年土壤全氮含量和全磷含量与 1999 年相比并没有上升的趋势。

表 7.2　不同放牧强度对冷季草场土壤养分的后续效应

放牧强度	土壤深度 /cm	有机质 /（g/kg）		全氮 /（g/kg）		全磷 /（g/kg）	
		1999 年	2018 年	1999 年	2018 年	1999 年	2018 年
对照	0～5	156.8±49.7	130.2±38.7	7.0±2.6	7.5±1.3	0.25±0.10	0.33±0.12
	5～10	97.7±30.0	100.6±20.6	5.1±1.1	6.3±0.8	0.24±0.11	0.34±0.08
	10～20	72.9±25.0	62.5±45.6	3.6±1.3	4.2±2.4	0.22±0.08	0.25±0.06
轻度放牧	0～5	130.7±32.7	133.1±41.2	6.2±2.1	7.7±0.6	0.25±0.09	0.37±0.11
	5～10	90.9±22.0	89.2±18.6	4.4±1.9	5.9±1.2	0.24±0.09	0.28±0.07
	10～20	59.8±8.7	63.5±13.9	3.2±1.2	3.1±1.1	0.20±0.02	0.24±0.06
中度放牧	0～5	118.9±30.1	126.5±32.7	5.9±1.6	6.4±1.3	0.25±0.10	0.33±0.10
	5～10	85.3±22.2	93.4±35.1	3.9±1.7	5.3±0.7	0.22±0.02	0.32±0.16
	10～20	55.1±21.1	71.2±30.2	3.0±1.2	4.8±0.9	0.18±0.10	0.19±0.10
重度放牧	0～5	103.4±39.0	128.3±29.4	5.4±2.0	6.0±1.2	0.19±0.10	0.34±0.11
	5～10	78.1±26.3	86.4±36.1	4.2±1.1	3.9±0.9	0.21±0.10	0.26±0.09
	10～20	45.8±21.2	60.2±19.8	2.6±1.8	3.6±1.6	0.16±0.10	0.24±0.13

表 7.3　不同放牧强度对暖季草场土壤养分的后续效应

放牧强度	土壤深度 /cm	有机质 /（g/kg）		全氮 /（g/kg）		全磷 /（g/kg）	
		1999 年	2018 年	1999 年	2018 年	1999 年	2018 年
对照	0～5	173.1±78.1	150.4±41.7	11.6±3.9	8.5±1.4	0.27±0.10	0.23±0.09
	5～10	118.0±39.0	111.6±32.7	8.8±2.0	7.3±1.1	0.22±0.10	0.20±0.08
	10～20	80.4±29.1	72.5±35.1	4.1±2.0	4.2±2.4	0.20±0.09	0.15±0.06

续表

放牧强度	土壤深度 /cm	有机质 / (g/kg)		全氮 / (g/kg)		全磷 / (g/kg)	
		1999 年	2018 年	1999 年	2018 年	1999 年	2018 年
轻度放牧	0～5	162.2±67.1	143.9±41.2	10.2±2.9	8.7±1.6	0.20±0.11	0.17±0.13
	5～10	111.3±30.0	93.4±28.3	8.0±3.1	7.0±2.3	0.17±0.07	0.18±0.07
	10～20	75.0±23.5	73.1±13.9	3.7±2.0	3.1±1.1	0.10±0.05	0.24±0.10
中度放牧	0～5	149.8±56.1	136.7±28.6	8.5±2.1	7.4±1.3	0.23±0.09	0.33±0.12
	5～10	90.2±33.0	93.4±28.1	6.3±2.1	5.3±0.7	0.20±0.11	0.17±0.16
	10～20	60.2±30.1	61.9±30.2	3.3±1.5	4.8±0.9	0.15±0.07	0.19±0.10
重度放牧	0～5	144.0±41.7	139.6±31.2	8.0±2.0	7.0±1.2	0.17±0.10	0.24±0.11
	5～10	86.1±29.6	76.3±40.1	6.0±2.5	5.9±0.9	0.16±0.02	0.16±0.09
	10～20	54.8±20.0	60.7±19.8	3.4±1.2	3.6±1.6	0.10±0.02	0.14±0.15

7.5 讨论与结论

生态系统的演替（特别是对某种干扰的响应）会受到该生态系统前期干扰的影响（Vermeire et al., 2018）。放牧后续效应与目前草地生态系统的管理方式相结合会对草地生态系统的植物群落组成、物种多样性和土壤养分造成影响（Villenave et al., 2012； Purschke et al., 2014； Vandewalle et al., 2014）。放牧后续效应对草地生态系统的影响，还受到前期放牧的时间、频度及放牧强度和方式的影响（Vermeire et al., 2018）。结果表明，放牧处理会产生长期的放牧后续效应，对于高山嵩草草甸的后期演替会造成明显的影响，这与 Han et al.（2014）在内蒙古草原上的研究结果一致。同时还发现，不同放牧强度会产生不同的放牧后续效应，其中对照和轻度放牧处理下盖度和生物量的下降趋势要低于中度放牧处理，重度放牧处理的下降趋势则高于中度放牧处理。一方面，对照和轻度放牧样地由于放牧强度低，造成了其对光和土壤养分的竞争加强，而其群落结构和多样性在之后的长期中度放牧下发生了改变，使其盖度和生物量都有一定程度的上升，这也从一定程度上支持了“中度干扰理论”；另一方面，重度放牧处理使生态系统的结构和功能发生了不可逆的变化，在重度放牧处理停止之后，其植被群落结构很难恢复到原来的状态，造成其生物量和盖度的进一步下降。

放牧后续效应对植物群落组成及其重要值具有显著的效益，这与 Donihue 等（2013）和 Valls-Fox 等（2015）的研究结果相同。比较 2018 年和 1999 年的群落组成及其重要值数据，可以发现重度放牧样地的群落组成发生了极大的变化，其优势种从原来的高山嵩草和鹅绒委陵菜变为达乌里秦艽、细叶亚菊和高山嵩草。优势种的变化一方面受到当地气候条件变化的影响，另一方面主要就是放牧后续效应的影响。从不同放牧处理样地的群落多样性和土壤养分的变化上，很难看出放牧后续效应，主要原因是植物物种多样性和土壤养分受到很多因素的影响，放牧生态系统中的内在调控机制很复杂。结果发现，在经过长期的中度放牧之后，系统的丰富度指数、多样性指数、均匀度指数和土壤养分都具有趋同的趋势，其原因可能是取样时间间隔较长（近 20 年），系统的放牧后续效应已经微乎其微。然而，也有很多研究表明放牧后续效应可以持续几十年甚至上百年，尤其是对土壤的影响更持久（Dupouey et al.，2002； McLauchlan，2006；Smith，2014），本章试验结果与这些研究结果的差异及可能的机制尚需进一步研究和探讨。

放牧后续效应是草地生态系统中一种复杂的、难以观测的前期干扰效应，其影响程度随生态系统的不同而不同。在研究高山嵩草草甸对放牧的响应时，必须将草地生态系统在前期放牧产生的放牧后续效应考虑在内（Kay et al.，2016），不同的前期放牧会对高寒草地的后期演替产生明显的影响。放牧后续效应与中度放牧相结合的研究结果表明，中度放牧是维持高山嵩草草甸生态系统群落多样性、物种组成和生产力的一种较有效的手段。此结论还可以应用到高寒退化草地的恢复过程中。高寒退化草地的恢复一定要根据退化草地的前期干扰方式的不同制定相应的草地恢复措施，从而更有效地、更好地达到草地恢复的效果，并且能为后期草地的管理提供一定的指导。

放牧对高山嵩草草甸第二性生产力的影响

青藏高原是中国主要的畜牧业基地，高寒草甸是其主要的草地类型，牦牛和藏系绵羊是组成青藏高原高寒草甸放牧生态系统的主体，因此放牧家畜与草地的关系直接影响青藏高原高寒草甸生态系统的稳定与可持续发展。但由于受寒冷气候的影响，植物生长期短（仅 90～120d），枯萎期很长，牧草供应的季节不平衡明显，草畜矛盾突出。在牦牛产区，终年放牧、靠天养畜的饲养方式和极度粗放的经营管理，使牦牛始终处于“夏饱、秋肥、冬瘦、春乏”的恶性循环之中（Dong et al, 2003；Long et al., 2004；董全民等，2003；杨阳阳，2012），夏秋季节牧草生长旺盛，营养过剩，造成营养物质的浪费；而冬春季节牧草枯萎，营养供应不足，家畜营养不良，这种供需的矛盾严重影响了生态效益。长期的营养失控，使牦牛育肥慢，饲喂周期长，周转慢，商品率低，尤其当遇到周期性的雪灾时，缺乏贮备饲料，导致大量的牦牛死亡，造成严重的经济损失（赵新全等，2000；Long et al., 2004）。另外，由于缺乏对高寒草甸的科学管理，在不合理的放牧管理体系及鼠虫害危害等的影响下，青海南部地区 30% 以上的天然牧场已发生严重退化，其中，9% 已退化为黑土滩（马玉寿等，1999）。其突出表现为草场初级生产力下降，优良牧草比例减少，毒杂草比例增加，使牧草品质逐年变劣，伴随而来的是牦牛个体变小，体重下降，畜产品减少，出栏率、商品率低，能量转化效率下降等一系列问题，严重影响牦牛业生产的发展和经济效益的提高（董全民等，2003）。然而，尽管放牧生态系统中各因子之间存在相当复杂的关系，但各类草场都有一个适宜的放牧利用范围。提高草场的经营管理水平，充分发挥草地承载量的潜力，是草地畜牧业生产的重要内容。在这个方面，国内外学者做了大量的研究（Hart et al., 1988； Williamson et al., 1989；周立等，1995a；汪诗平等，1999，2001，2003；李世卿，2014；刘迎春等，2005；全七十六，2015）。但由于生态环境的差异及中国的放牧试验研究所进行的年限都比较短，尤其是对青藏高原高寒草甸合理放牧利用的中长期研究较少。因此，如何将当前与长远利益统筹兼顾，保持高寒草甸草畜动态平衡及两季草场的适宜放牧强度范围，一些学者以绵羊作为试验动物做了一定的研究（周立等，1995a；阿娜尔·阿扎提，2014；聂学敏和芦光新，2014），但以牦牛为试验动物的研究相对较少（陈友慷等，1994；董全民等，2002b，2003b，2006a；朱绍宏等，2006）。

8.1　放牧强度对牦牛增重的影响

8.1.1　牦牛体重及总增重的变化

从图 8.1 可以看出，3 个放牧处理中牦牛的个体体重均呈上升趋势，轻度放牧处理牦牛平均体重增长较快，中度放牧处理增长次之，重度放牧处理牦牛平均体重增长最慢。

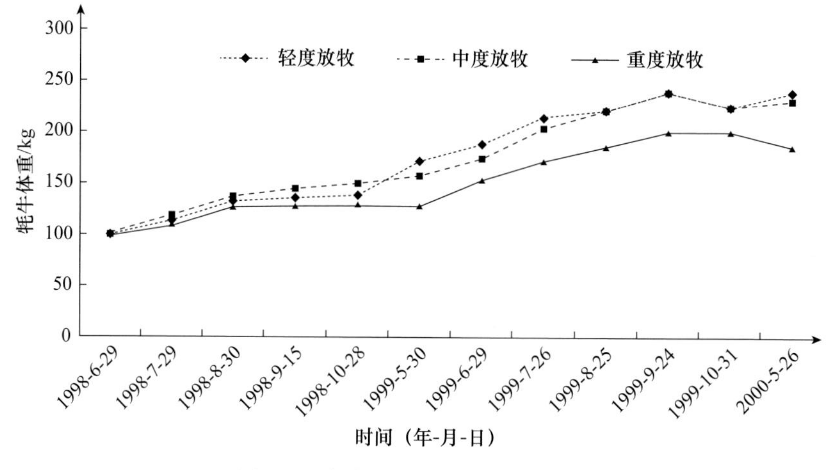

图 8.1　放牧强度对牦牛生长的影响

不同放牧强度下牦牛个体平均增重情况见表 8.1。在放牧第一年（1998 年 6 月 28 日至 1999 年 5 月 31 日），无论是暖季草场、冷季草场，还是年度增长，不同放牧强度下，牦牛个体增重显示出一定的差异，但不是很明显，这与周立等（1995a）、汪诗平等（1999）在放牧绵羊中的试验结果基本一致。暖季草场正处于牧草生长期，在轻度放牧和中度放牧下，放牧牦牛的采食行为刺激禾本科牧草和莎草科牧草快速生长，以补偿禾本科牧草和莎草科牧草的损失，但当其盖度和生物量达到一定水平时，这种功能补偿又往往产生牧草的生长冗余，因此轻度和中度放牧下优良牧草的其盖度和生物量降低比较缓慢，优良牧草的有些品种的种子就能够成熟。但莎草科牧草的茎、叶，特别是种子中单宁的含量比较高，影响牧草营养的消化吸收（冯定远等，2000）。因此在放牧第一年，轻度和中度放牧下牦牛的个体增重差异不明显。但随着放牧强度的增加，在重度放牧下，虽然该种功能补偿形式可以补充在该利用率下禾本科牧草和莎草科牧草盖度降低的损失，但多为牦牛不喜食或不可采食的杂类草，因此它是一种功能上的组分冗余，表现为杂类草和毒杂草盖度和生物量的增加，使禾本科牧草和莎草科牧草的生长受到更严重的胁迫（张荣和杜国祯，1998；魏鹏等，2016），造成轻度放牧、中度放牧与重度放牧之间的差异。另外，由于试验期的冷、暖季草场均是当地牧民的暖季草场，20 多年以来牦牛的放牧强度均比试验期的重度放牧还要高，因此相对于试验前，试验期的 3 个放牧强度均属中轻度放牧，所以两季草场放牧第一年的试验结果能更好地体现这 3 个放牧强度的差异。其后数年（尤其放牧第二年）牧草均能不同程度地显示草场自我恢复对放牧强度的影响，称为自我恢复性放牧强度或改良性放牧强度（汪诗平等，1999），而这种放牧可能会掩盖放牧强度对草地的“滞后效应”（周立等，1995a，b，c）。因此，这种自我恢复性放牧强度使放牧强度对草场的“滞后效应”携带了草场自我恢复的差异。在放牧第二年，轻度放牧下，牧草返青后，由于牧草的品质好，营养价值高，牦牛个体增重明显；但到后期，由于牧草资源丰富，优良牧草的数量远大于牦牛的采食需求，优良牧草的品质和营养价值下降，有些植物的种子成熟，单宁含量增加，进而影响牦牛对牧草营养的消化吸收，牦牛个体增重减慢。中度放牧下，牦牛的采食行为刺激优良牧草快速生长，优良牧草的品质较好，营养价值较高，导致牦牛在整个放牧期的个体增重高于轻度放牧和重度放牧，牦牛个体平均增重与放牧强度的二次拟合曲线的显著性大于一次曲线，即有较大的相关系数（R^2=0.988）。这一结果与周立等（1995a）、李永宏和汪诗平（1999）、汪诗平等（1999）的结论不一致。在冷季草场，尽管草场自我恢复性放牧强度和放牧强度引起的“滞后效应”在牧草生长期同时存在，但在放牧期，牧草已经枯萎，因此放牧强度的差异是影响牦牛个体增重的决定因素。因此，选择放牧第一年的试验数据作为探讨放牧强度对牦牛生产力效应的依据。

在试验期内，3 个放牧处理的牦牛平均总增重依次为 136.7kg、128.6kg 和 93.5kg（表 8.1），轻度放牧处理较中度放牧处理高 6.3%、较重度放牧处理高 46.2%。经方差分析表明，3 个放牧处理的牦牛平均总增重有显著的差异，进一步做新复极差测验发现，轻度放牧和中度放牧之间差异不显著，但二者均与重度放牧之间的差异均显著。

表 8.1 不同放牧强度下牦牛个体平均增重 （单位：kg）

牦牛增重	轻度放牧		中度放牧		重度放牧	
	放牧第一年	放牧第二年	放牧第一年	放牧第二年	放牧第一年	放牧第二年
暖季增重	45.1	62	45.4	72.7	37.0	70.2
冷季增重	25.1	4.5	10.3	0.2	−4.4	−9.3

续表

牦牛增重	轻度放牧		中度放牧		重度放牧	
	放牧第一年	放牧第二年	放牧第一年	放牧第二年	放牧第一年	放牧第二年
全年增重	70.2	66.5	55.7	72.9	32.6	60.9
总增重	136.7		128.6		93.5	

8.1.2 牦牛日增重的变化

从图 8.2 可以看出，放牧强度对牦牛的日增重有显著的影响。放牧第一年，轻度放牧和重度放牧处理牦牛的日增重一开始就下降，至 9 月才开始增加，到 9 月中旬达到最大，中度放牧一开始就上升，到 8 月下旬达到最大。这可能是牦牛“补偿性生长”和“放牧家畜牧草过剩性饥饿”共同作用的结果（Holmes，1989；Van Poolen，1979）。3 个放牧处理中，重度放牧的牦牛生长最慢，而中度放牧的牦牛生长最快。转入冷季草场后，由于补偿性生长，牦牛日增重迅速增加，随着时间的延续，牦牛日增重增加逐渐变慢，但在整个冷季放牧期内，牦牛的日增重没有出现负增长现象，轻度放牧下牦牛仍然以较慢的速度增重，而中度放牧和重度放牧下牦牛增重速度接近零。这与牧草的生长周期和牦牛潜在的生长有关。放牧强度越小，草地的状况越好，牦牛的生长潜力越能更好地发挥。放牧第二年，转入暖季草场后，牦牛“补偿性生长”和“放牧家畜牧草过剩性饥饿”在重度放牧上体现得更加充分，于 6 月下旬牦牛日增重达到最大，轻度放牧和中度放牧的牦牛日增重速度一直增加，到 7 月下旬牦牛日增重达到最大，到 10 月下旬均出现负增长。在整个放牧期，轻度放牧的牦牛增重最快，中度放牧次之，重度放牧最慢。

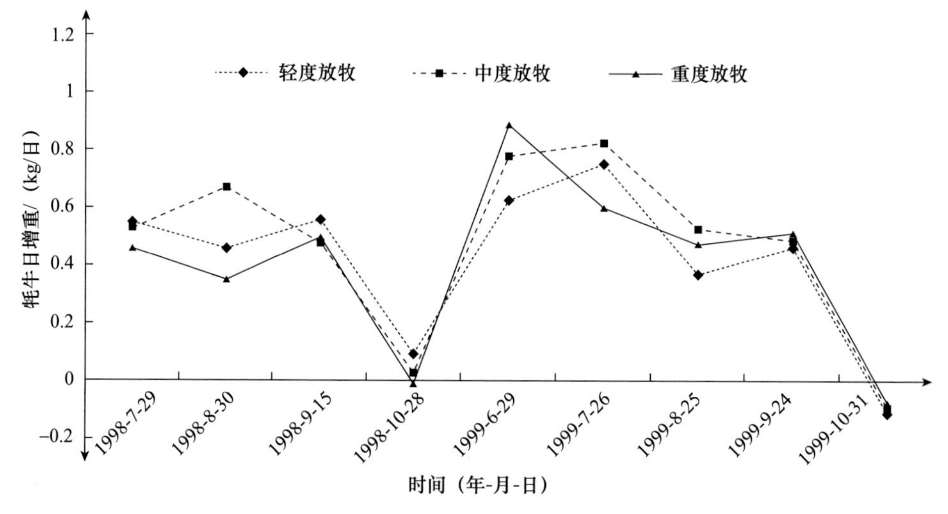

图 8.2 不同放牧强度下牦牛日增重的变化

不同放牧强度下牦牛日增重随时间变化的回归方程见表 8.2，牦牛日增重随时间变化均呈高次多项式回归关系，且均在 $P=0.01$ 的水平上达到显著。

表 8.2　不同放牧强度下牦牛日增重随时间变化的关系

放牧强度	回归方程	R^2	P
轻度放牧	$Y=0.0007x^5-0.0189x^4+0.1882x^3-0.791x^2+1.306x-0.1339$	0.733	0.01
中度放牧	$Y=-0.0001x^6+0.0058x^5-0.0967x^4+0.7667x^3-2.9346x^2+4.8918x-2.1113$	0.879	0.01
重度放牧	$Y=0.0008x^5-0.024x^4+0.2465x^3-1.0714x^2+1.8486x-0.5555$	0.665	0.01

8.1.3　小结

（1）在整个放牧期内，轻度放牧的牦牛日增重较快，中度放牧次之，重度放牧最慢；牦牛日增重随时间变化均呈高次多项式回归关系，且均在 $P=0.01$ 的水平上达到显著。从不同放牧强度对牦牛生长变化的影响综合分析，牧草利用率为 50% 的中度放牧较为合理。

（2）不同放牧强度的牦牛平均总增重有显著的差异，进一步做新复极差测验发现，轻度放牧和中度放牧之间差异不显著，但二者均与重度放牧之间的差异显著。

8.2　牦牛增重与放牧强度之间的关系

8.2.1　牦牛个体增重与放牧强度之间的关系

Jones 和 Sandland（1974）考察了从热带到温带 33 个不同植被类型牧场的大量放牧强度试验数据，发现家畜的个体增重 Y 与放牧强度 x 之间存在一种线性关系，表达式为

$$Y=a-bx\ (b>0) \tag{8.1}$$

对于极轻和极重的放牧强度下，家畜个体增重与放牧强度之间是线性关系还是曲线关系，不同的放牧试验结果之间有差异（Jones，1980），但对很大的放牧强度范围内存在着线性关系，则是人们普遍接受的（周立等，1995a；汪诗平等，1999；李永宏等，1999；董全民等，2003b，2006a）。

从 3 个放牧强度的试验数据来看，无论是冷季草场、暖季草场，还是整年度，牦牛的个体增重均与放牧强度均呈线性关系（表 8.3）。这表明高寒高山嵩草草甸牦牛个体增重与放牧强度之间确实存在线性关系，放牧强度是引起牦牛个体增重变化的主要原因。

表 8.3　牦牛个体增重与放牧强度之间的回归方程

放牧时间	回归方程	R^2	P
冷季	$Y=46.93-28.37x$	0.998	<0.001
暖季	$Y=50.60-24.05x$	0.722	>0.10
整年度	$Y=99.69-67.98x$	0.983	<0.01

回归方程中的 Y 轴截距（a）和斜率（b）均不相同，一般认为 a 表示草场的营养水平，a 值越大，草场营养水平越高，低放牧强度下牦牛个体增重越大；b 表示草场关于放牧强度的空间稳定性（在牦牛不同强度的啃食下，草场维持潜在生产力和植被组成不变的能力）及恢复能力（植被组成改变后恢复到原来状态的能力），b 值越小，牦牛个体增重减少越慢，直线 y 越趋向水平，草场的空间稳定性越好，恢复能力越强。从表 8.3 可以看出，暖季草场的营养水平（$a=50.60$）高于冷季草场（$a=46.93$）；暖季草场的空间稳定性和恢复能力（$b=24.05$）高于冷季草场（$b=28.37$）。这是因为暖季草场处于牧草生长期，牧草营养丰富，而且可得到不断补充；而冷季草场处于牧草枯黄期，牧草营养大幅度下降，且被食牧草得不到任何补充。

但是，上述解释只适于放牧时间长度相当的季节性草场之间的比较，以牦牛的个体增重变化间接度量草场的质量（截距，a）及草场的稳定性和恢复能力（斜率，b）。年度回归方程显然不宜与两季草场的回归方程比较。因为牦牛个体的年度总增重等于两季草场牦牛个体增重之和，因此年度回归方程中截距必然大于两季草场回归方程中的截距之和。换言之，如果将年度回归方程与两季草场的回归方程相比，只会得出在年度草场的营养水平高于两季草场的误解。对于斜率也存在类似的问题。

回归直线 Y 轴与 x 轴的交点（$x=a/b$），表示牦牛个体增重为 0 的放牧强度。即在该放牧强度下，草场只能支撑牦牛的维持代谢，若高于该放牧强度，牦牛体重则呈负增长，称其为草场的最大负载能力，也是草场理论上容纳牦牛数量的能力。

8.2.2　单位面积牦牛增重与放牧强度之间的关系

当放牧强度为 X，即每公顷草地有 X 头牦牛时，由式（8.1）可知，每公顷草地的牦牛总增重 Y_T（kg/hm^2）为

$$Y_T=aX-bX^2 \tag{8.2}$$

对于每公顷的草地，若以牦牛的活重来度量其牦牛生产力，则式（8.2）表示每公顷草地牦牛生产力与放牧强度之间的定量关系。因为 $b>0$，Y_T 达到最大

值的放牧强度为

$$X^*=a/2b \tag{8.3}$$

X^* 恰好是草场最大负载能力 X_C 的一半。相应的 Y_T 最大值为

$$Y_{Tmax}=a^2/4b=(a/b)\cdot a/4=X_C\cdot a/4 \tag{8.4}$$

表明每公顷草地的最大牦牛生产力仅由草场的最大负载能力和营养水平决定。显然，二者一旦已知，草场的空间稳定性和恢复力也就清楚了。可见，营养水平和最大负载能力是评价草场的重要指标。

利用式（8.3）和式（8.4），由表 8.3 所列各回归方程容易得到各季草场及年度的最大牦牛生产力。

在暖季草场放牧 5 个月、冷季草场放牧 7 个月、各放牧强度两季草场牧草利用率控制基本相同的条件下，由回归方程可得到暖季草场、冷季草场和年度草场单位面积最大牦牛生产力分别为 60.96kg/hm^2、19.41kg/hm^2 和 36.55kg/hm^2。需要指出的是，在极轻的放牧强度下，由于优良牧草的数量远大于牦牛的采食需求，其选择性、采食量及个体增重基本不变；对于接近最大负载能力的极重放牧强度，可能已超出了草场的弹性调节范围，草场出现退化现象，导致负载能力下降。如果一味地增加放牧强度，追求公顷最大放牧强度，势必造成草场的进一步退化，不能保证持续地获得每公顷牦牛的最大增重。因此，该指标主要适用于草场状况良好，投入少，家畜支出少，经济意识不强的情况。最大量取出、极少投入的牧业生产，从持续利用的角度，再好的草场也要退化。

8.2.3　小结

（1）无论是暖季草场、冷季草场，还是年度草场的牦牛个体增重，均与放牧强度呈线性回归关系。

（2）暖季草场、冷季草场和年度草场的最大牦牛生产力分别为 60.96kg/hm^2、19.41kg/hm^2 和 36.55kg/hm^2。

（3）每公顷草地的最大牦牛生产力仅由草场的最大负载能力和营养水平决定。

8.3　两季草场的最佳放牧强度及其最佳配置

8.3.1　两季草场的最佳放牧强度

一定草地面积上放牧牦牛的生产力与放牧强度的关系可表达为式（8.2）。因

此，可以利用该公式计算草地“最佳放牧强度”。当放牧强度为 $a/2b$ 时，单位面积牦牛的生产力最大，为 $a^2/4b$，此时的放牧强度称为“生态最佳放牧强度”（Hart，1978；Jones，1981）。在高寒草甸暖季草场放牧 5 个月、冷季草场放牧 7 个月、各放牧强度两季草场牧草利用率控制基本相同的条件下，当暖季草场、冷季草场和年度草场单位面积牦牛生产力达到最大时，它们对应的放牧强度分别为 2.52 头 /hm^2、1.68 头 /hm^2 和 1.47 头 /hm^2，此时的放牧强度称为“生态最佳放牧强度”（Hart，1978；Jones，1981），或称为最大生产力放牧强度（周立等，1995a；董全民等，2006a）。在放牧强度为 1.47 头 /hm^2 时，每公顷草场年度最大牦牛生产力达到最大（36.55kg/hm^2），而此时的放牧强度比较接近暖季草场的中度放牧强度（1.45 头 /hm^2）。冷季草场，重度放牧（1.81 头 /hm^2）大于其最大生产力放牧强度（1.68 头 /hm^2），但小于其最大负载能力，牦牛反而减重。这是因为试验组牦牛的个体差异；还是重度放牧已接近极重放牧强度而超出草场的弹性调节范围，使草场退化，负载能力下降；或是由于气候造成的，尚需进一步探讨。

8.3.2 两季草场的最佳配置

周立等（1995a）通过建立非线性数学模型对海北高寒草甸生态系统定位站轮牧草场放牧强度最佳配置进行分析证明，非线性无约束最优化问题解的存在和唯一性，提出优化方法，并给出两季草场最佳放牧强度的表达式：

$$X_1=\sqrt{\left(\frac{b_2}{b_1}\right)}\cdot X_2 \tag{8.5}$$

$$X_2=\frac{a_1+a_2}{2\left[\sqrt{(b_1b_2)}+b_2\right]} \tag{8.6}$$

式中，b、a 为两季草场牦牛体重增长方程中的系数；X_1 为暖季草场放牧强度；X_2 为冷季草场放牧强度。将表示牦牛个体增重与放牧强度的回归方程的系数用于上式，得出两季草场最佳配置放牧强度：暖季草场为 1.81 头 /hm^2，冷季草场为 1.08 头 /hm^2。因此，两季草场的最佳配置应为暖季草场：冷季草场＝1∶1.68。暖季草场的最佳配置放牧强度位于中度放牧和重度放牧之间，冷季草场则位于轻度放牧和中度放牧之间，这是由高寒草甸两季草场牧草的营养状况决定的，是高寒草甸草场长期形成的固有特征。另外，两季草场放牧强度最佳配置还受到草场不退化放牧强度的制约。不同放牧起始时间和不同的持续放牧、休牧时间，其营养水平、最大负载能力和牦牛生产力均不相同。冷季草场的放牧强度一般接近或超过最大负载能力，造成冷季草场的牦牛生产力为负值，从而使得年度牦牛生产力只能维持在较低水平。要摆脱这种困境，从根本上讲，必须改变“靠天养畜”的局面，并进行大量的投入，改变传统的畜牧业经营方式。

8.3.3　小结

（1）暖季草场、冷季草场和年度草场的最大牦牛生产力放牧强度（生态最佳放牧强度）分别为 2.52 头 /hm^2、1.68 头 /hm^2 和 1.47 头 /hm^2。

（2）每公顷草地的最大牦牛生产力仅由草场的最大负载能力和营养水平决定。

（3）高寒高山嵩草草甸两季轮牧草场年度牦牛生产力达到最大的最佳配置放牧强度：暖季草场为 1.81 头 /hm^2，冷季草场为 1.08 头 /hm^2，因此它们的最佳配置为暖季草场：冷季草场=1：1.68。

8.4　高寒草甸草场不退化的最大放牧强度

在草地超载程度的判定指标中，土壤和植被变化较为明显，而动物生产不如前两者直观（Caughley，1979）。一些情况下，放牧可以完全改变草地的植被组成，但对动物生产却没有影响（Wilson and Leigh，1967）。甚至有些情况下，植被组成变化反而有利于动物生产力的提高（Harrington Pratchett，1974）。可见，放牧状态下动物生产是植物变化和土壤变化综合作用的结果，评价草地放牧强度时，必须考虑动物生产（Wilson and Macleod，1991）。放牧强度对草地可食牧草的产量和品质有一定影响，放牧家畜的牧草（干物质）采食量也因此受到影响，最终表现为家畜生产力的变化。然而，有些学者以草场地上净初级生产力为标准，将草场最大净初级生产力的放牧强度作为最适放牧强度（Williamson et al.，1989；汪诗平等，1999），也有将每公顷家畜增重和放牧之间的关系及放牧与牧草现存量的关系，作为决定最适放牧的标准。但是，不管采用什么标准，必须依照草场的使用目的而定。人们经营草场的目的并不是形成不放牧的气候顶极植被，而是实现一个有生产力和恢复力的草场，即使在这种度量标准下，最终还须建立植被变化和家畜生产力之间的某种联系，以解释草场各种植被状态的好坏。对于草场植被在理论上存在两种各有侧重的度量标准：一种是植被演替尺度标准；另一种是家畜生产力标准（Wilson，1986）。近年来，大多数人都接受以家畜生产力标准衡量植被的变化，甚至草场总体状况的好坏（Wilson et al.，1984）。

8.4.1 放牧强度与优良牧草比例及牦牛个体增重之间的关系

放牧强度与优良牧草比例、牦牛个体增重均呈负相关关系（表 8.4 和表 8.5）。放牧第一年和放牧第二年优良牧草比例与放牧强度回归直线的交点对应的放牧强度为 1.83 头 /hm^2，两年内牦牛个体增重与放牧强度回归直线的交点对应的放牧强度为 1.89 头 /hm^2。这说明各放牧处理的优良牧草比例与牦牛个体增重呈正相关关系，放牧强度对草地可食牧草的产量及其所占总生物量的比例和品质有一定影响，牦牛对牧草（干物质）的采食量也因此受到影响，最终表现为牦牛生产力的变化。因此，放牧状态下动物生产是植物变化，特别是优良牧草比例变化的间接反应（Wilson and Macleod，1991）。

表 8.4　放牧强度与群落中优良牧草比例的回归方程

放牧时间	回归方程	R^2	P
放牧第一年	$Y=-22.18x+89.13$	0.877	<0.05
放牧第二年	$Y=-27.63x+98.99$	0.973	<0.05

注：Y 为优良牧草比例；x 为放牧强度。

表 8.5　放牧强度与牦牛个体增重的回归方程

放牧时间	回归方程	R^2	P
放牧第一年	$Y=-6.54x+53.20$	0.535	<0.05
放牧第二年	$Y=-15.80x+70.61$	0.999	<0.05

注：Y 为牦牛个体增重；x 为放牧强度。

8.4.2 优良牧草比例与牦牛个体增重之间的关系

暖季草场优良牧草比例和牦牛个体增重的年度变化随放牧强度的增加而减小，其年度变化与放牧强度均呈负相关关系。放牧第一年和放牧第二年优良牧草比例与放牧强度回归直线的交点、牦牛个体增重与放牧强度回归直线的交点对应的放牧强度分别为 1.83 头 /hm^2 和 1.89 头 /hm^2，而优良牧草比例年度变化和牦牛个体增重的年度变化与放牧强度回归直线的交点对应的放牧强度为 1.86 头 /hm^2。这说明当放牧强度约为 1.86 头 /hm^2 时，基本能维持优良牧草比例和牦牛个体增重年度不变，如果高于该放牧强度，优良牧草比例和牦牛个体增重将下降，反之将上升，而且偏离越远，上升或下降幅度越大。显然，优良牧草比例的年度变化和牦牛个体增重年度变化之间存在正相关关系。为了便于分析，将它们随放牧强

度变化情况一并列于表 8.4 中。优良牧草比例的年度变化（Y_{Rf}）与放牧强度（X）之间的回归方程为

$$Y_{Rf}=8.00-2.97X \quad (R^2=0.998, P<0.01) \tag{8.7}$$

式中，$X>0$，Y_{Rf} 的单位为 %。

牦牛个体增重的年度变化（Y_{Lg}）与放牧强度之间的回归方程为

$$Y_{Lg}=12.20-5.22X \quad (R^2=0.757, P<0.10) \tag{8.8}$$

式中，$X>0$，Y_{Lg} 的单位为 kg/ 头。

因此，Y_{Rf} 与 Y_{Lg} 之间存在正相关关系，其回归方程为

$$Y_{Lg}=1.18Y_{Rf}-7.11 \quad (R^2=0.835, P<0.05) \tag{8.9}$$

实际上，牦牛个体增重的年度变化应该是优良牧草比例的年度变化和牧草生物量年度变化的函数（周立等，1995a）。但由于两年各放牧处理的牧草生物量的年度差异不显著，牧草生物量和牦牛个体增重的年度变化并不显著相关，牧草生物量的年度变化对牦牛个体增重的年度变化影响甚微（$R^2<0.01$），从而牧草生物量对牦牛个体增重年度变化的影响极小，可以忽略不计。因此，只有优良牧草比例的年度变化（Y_{Rf}）是暖季草场牦牛个体增重的年度变化（Y_{Lg}）的主要决定因素［式（8.9）］。但对于其他类型的草场或放牧时间比较长的放牧试验，不同放牧强度下各放牧处理牧草生物量可能随放牧强度不同而呈现明显的年度变化，牧草生物量可能成为影响牦牛个体增重年度变化的主要因素之一（周立等，1995a；李永宏等，1999；罗惦，2016；秦洁等，2016），因此有关牦牛放牧对草场生物量、牧草的补偿和超补偿生长能力及草畜之间的互作效应尚需进一步深入、系统地研究和探讨。

从优良牧草比例和牦牛个体增重的年度变化来看（表 8.6），总的趋势是随着放牧强度的增加，优良牧草比例减小，牦牛个体增重也减小。但在放牧第二年中度放牧和重度放牧样地优良牧草的比例下降时，牦牛个体增重反而高于放牧第一年。放牧两年内各放牧处理牧草生物量的年度差异不显著，理论上优良牧草的比例下降，牦牛个体增重应下降。这可能是系统误差和测量误差的影响造成的。根据以上分析，含有试验误差的回归方程［式（8.9）］的精确方程应该为 $Y_{Lg}=K\times Y_{Rf}$（K 为常数，且 $K>0$），因此方程 $Y_{Lg}=1.18Y_{Rf}$［式（8.7）］可能是 Y_{Lg} 和 Y_{Rf} 关系的最好近似。这与周立等人在藏系绵羊上的结论一致（周立等，1995b）。

表 8.6 牦牛个体增重和优良牧草比例的年度变化

放牧处理	轻度放牧	中度放牧	重度放牧
优良牧草比例的年度变化 /%	3.93	−0.07	−7.61
牦牛个体增重的年度变化 /（kg/ 头）	10.6	3.7	1.2

8.4.3 优良牧草组成及草地质量指数的变化

各放牧处理优良牧草组成及草地质量指数的变化见表 8.7。方差分析表明，不同放牧处理优良牧草比例之间的差异显著（$P<0.05$），但各处理年度之间差异不显著（$P>0.05$）。从各放牧处理两年优良牧草的组成来看，对照、轻度放牧和中度放牧处理优良牧草地上生物量比例之间的差异不显著（$P>0.05$），但它们与重度放牧处理之间的差异显著（$P<0.05$），而且各处理年度之间的差异也不显著（$P>0.05$）。随着放牧强度的增加，株高较高的禾本科植物比例的减少提高了群落透光率，从而使下层植株矮小的莎草科植物，特别是阔叶植物截获的光通量增强，光合作用的速率提高、干物质积累增加，进而导致优良牧草地上生物量比例下降，阔叶草的比例上升。从各处理不同年度优良牧草比例变化来看，重度放牧处理放牧第二年比放牧第一年减小，中度放牧处理基本没有变化，轻度放牧和对照处理略有增加。另外，从表 8.8 也可以看出，随着放牧强度的增加，优良牧草比例的年度变化减小，且优良牧草比例的年度变化与放牧强度呈极显著的负相关（$R=0.928$，$P<0.01$）。

表 8.7 优良牧草组成及草地质量指数方差分析

项目	分析项目	平方和	*df*	*F*	*P*
优良牧草	处理间	1317.87	3	23.94	0.013
	年度间	0.74	1	0.040	0.850
草地质量指数	处理间	8.95	3	71.760	0.003
	年度间	0.013	1	0.308	0.618

表 8.8 优良牧草组成及草地质量指数的变化

项目	时间	对照	轻度放牧	中度放牧	重度放牧
优良牧草	放牧第一年	67.48 ± 9.97^{a}	66.98 ± 5.65^{a}	61.09 ± 6.01^{a}	42.21 ± 3.32^{b}
	放牧第二年	73.66 ± 10.20^{a}	70.91 ± 7.61^{a}	61.02 ± 7.00^{a}	34.60 ± 3.01^{b}
	年度变化	5.88 ± 0.99	3.93 ± 0.54	-0.07 ± 0.01	-7.61 ± 0.56
草地质量指数	放牧第一年	5.62^{Aa}	5.21^{Aa}	3.99^{Ab}	2.12^{B}
	放牧第二年	5.66^{Aa}	5.36^{Aa}	3.89^{Ab}	1.64^{B}
	年度变化	0.04	0.15	−0.10	−0.48

注：同一行内，不同大写字母表示差异极显著，不同小写字母表示差异显著。

为了比较不同放牧强度对草场质量的影响，除了可以用不同功能群植物地上生物量的比例及优良牧草比例直接度量草场植被的变化，也可以通过计算草地质量指数来描述植被变化。各放牧处理的草地质量指数之间的差异极显著（$P<0.01$），而年度之间的差异不显著（$P>0.05$）。随着放牧强度的增加，不同放牧处理各年度的草地质量指数下降，而且中度放牧处理的草地质量指数显著地低于轻度放牧和对照处理（$P<0.05$），重度放牧处理极显著地低于其他放牧处理（$P<0.01$）。草地质量指数的年度变化与放牧强度呈极显著的二次回归关系（$R^2=0.9883$，$P<0.01$）。因此，应该采用植被群落组成和草地质量指数的年度（纵向）变化来分析探讨放牧强度对植被群落组成的影响。

8.4.4　植物群落相似性系数变化

除了放牧强度，气候也会影响植物群落。对照处理中，植物群落的年度变化体现的是年度气候变化对植物群落的影响。因此，以对照处理植物群落为基准的相似性系数的年度变化，已消除了年度气候变化的影响，体现的是放牧的作用。所以相似性系数的年度变化可以用来说明放牧强度对植物群落年度变化的影响（周立等，1995d）。从表 8.9 可以看出，放牧第一年各放牧处理的相似性系数均较高且相差不大。但就相似性系数的年度变化而言，除轻度放牧处理外，中度放牧处理和重度放牧处理均有不同程度的下降，其中重度放牧处理下降幅度最大，其次为中度放牧处理。说明到了第二年除轻度放牧处理外，中度放牧处理和重度放牧处理植物群落都向偏离对照处理的方向变化（变化增大），而轻度放牧处理植物群落则接近对照处理。由于相似性系数已去除年度气候变化的影响，可以认为各放牧处理植物群落的年度变化是放牧强度不同的结果（周立等，1995d）。

表 8.9　放牧强度与植物群落相似性系数变化

放牧强度	轻度放牧		中度放牧		重度放牧	
	放牧第一年	放牧第二年	放牧第一年	放牧第二年	放牧第一年	放牧第二年
相似性系数	0.874	0.882	0.885	0.868	0.892	0.799
年度变化	0.008		−0.017		−0.093	

8.4.5　植被状态的度量指标

由于植被状态（优良牧草比例或草地质量指数）的变化就是植被放牧价值的变化，以对照处理为标准的相似性系数的年度变化或草地质量指数可作为度量植被整体年度变化的一个定量指标。由于计算相似性系数时，各个物种或类群及其丰富度的地位是相同的，它的变化表示任一物种或类群及其丰富度的相对变化。就草地质量指数而言，不同植物类群盖度的测定和适口性的判别受人为因素干扰很大，因此它也不是一个客观的指标。为了便于比较，将评价高山嵩草草甸植被状态的指标一并列于表 8.10 中。4 个指标与放牧强度之间均存在负相关关系，且轻度放牧的 4 个指标均为正值，表明轻度放牧区植被的放牧价值和牦牛生产力逐年改善，其植物群落与对照处理植物群落的差异逐年减小，草地质量（放牧价值）提高。中度放牧下，草地质量指数和牦牛个体增重的年度变化均为正值，但植物群落的相似性系数和优良牧草比例的年度变化均为负值。这说明中度放牧能改善高山嵩草草甸植被的放牧价值和牦牛生产力，但群落整体与对照处理的差异略有增大。重度放牧下，尽管其他 3 项指标均为负值，但牦牛个体增重的年度变化为正值，这与周立等（1995b）在藏系绵羊研究中的结论不完全一致。这可能是因为系统误差和测量误差造成牦牛个体增重的年度变化与草地的放牧价值和草地质量相反，也可能是因为牦牛在高山嵩草草甸放牧与其他家畜在消化、代谢等方面不同所致，还可能是因为高山嵩草草甸植被中某些特有植物的特殊化学成分在起作用（冯定远等，2000），尚需进一步深入研究。

表 8.10　高寒高山嵩草草甸暖季草场植被状态变化的度量指标

放牧强度 /（头 /hm^2）	植被变化指标			牦牛生产力变化指标
	相似性系数变化	优良牧草比例变化	草地质量指数变化	牦牛个体增重变化 /（kg/ 头）
轻度放牧（0.89）	0.0142	3.93	0.1500	10.0
中度放牧（1.45）	−0.0109	−0.07	0.1000	3.7
重度放牧（2.08）	−0.0509	−7.61	−0.4800	3.2

8.4.6　小结

通过上述分析，如果单独探讨植物群落整体的相对变化，相似性系数和草地质量指数是比较全面的指标。但相似性系数的变化与优良牧草比例变化指标不同，它与牦牛生产力变化没有直接的联系，不能反映草场放牧价值的变化。相比之下，草地质量指数的变化要比相似性系数的变化能更好地反映牦牛生产力的变化，因为草地质量指数把所有不同植物类群的盖度、适口性都考虑在内，能从整体上反映草场放牧价值的变化，但它仍与牦牛生产力没有太大联系，因为计算该指数使用的两个重要指标——群盖度的测定和适口性的判别，受人为因素的干扰很大。以上事实也说明重度放牧处理的植被放牧价值和草地质量逐年降低，植物群落也朝远离对照处理的方向变化，但中度放牧处理植物群落的相似性系数和优良牧草的比例基本维持不变，牦牛个体增重的年度变化仍然较大，草地质量指数也在增大。而且，草场不退化的放牧强度应该是持续最大生产力的放牧强度，它不但要求家畜生产力达到最大，而且要能维持草场和家畜生产力的年际相对稳定，甚至应该向更好的方向发展。因此，草场不退化放牧强度应在中度放牧和重度放牧之间。当放牧强度为 1.86 头 /hm^2 时，基本能维持优良牧草比例和牦牛个体增重年度不变，即放牧强度为 1.86 头 /hm^2 时，大约是高山嵩草草甸暖季草场不退化的最大放牧强度。

8.5 最大经济效益下的放牧强度

放牧行为存在多种目的，包括维持草地生态平衡、保持放牧传统文化及提供畜产品。畜产品交易是放牧行为最大的经济来源。而草地是土 - 草 - 畜 - 人相结合的复杂系统，若简单追求单位面积经济效益最大化，即畜产品产量最大化，则需要提高放牧强度，不可避免地对草地生态造成严重甚至不可逆转的影响。畜牧业经济效益的评价与核算，要树立市场经济观念（孙福忠等，1999），要重视放牧周期、产品价格对放牧经济效益的影响。高山嵩草草甸放牧牦牛，从犊牛至成品出售，放牧周期通常可达 5～7 年，价格变化对放牧经济效益的影响至关重要。从前文可以得知，牦牛个体增重与放牧强度存在线性关系，则可以通过放牧强度、价格、支出来对单位公顷牦牛经济效益进行核算，并且求得最大经济效益下的放牧强度（汪诗平等，1999）。本节参考并改进汪诗平最大经济效益下放牧率的测算方法，求得最大经济效益下的高山嵩草草甸牦牛放牧强度，并与生态最佳放牧强度进行对比分析。

8.5.1 最大经济效益下的放牧强度及效益值模型

设每公顷出售牦牛利润为 P，每公顷出售牦牛收入为 I，每公顷放牧牦牛的成本支出为 C，则有

$$P=I-C \tag{8.10}$$

根据试验所在地实际情况，按照出售牦牛活体进行核算。出售价为 S 元 /kg，初始体重为 W_b，放牧期增重为 W_g，放牧率为 x。则有

$$I=Sx(W_b+W_g) \tag{8.11}$$

式（8.11）可转化为

$$I=Sx(W_b+a-bx) \tag{8.12}$$

式中，a、b 为式（8.1）中回归方程的系数。

每公顷放牧牦牛的成本支出，通常包括购买每头牦牛支出、每头牦牛补饲支出 C_f、每头牦牛牲畜防疫支出 C_e、每公顷草场租赁支出 C_g、每头牦牛牧工劳务支出 C_l、每公顷网围栏支出 C_n 等。设牦牛购入价为 K 元 /kg，放牧时长为 n 年。则有

$$C=xKW_b+nx(C_f+C_e+C_l)+n(C_g+C_n) \tag{8.13}$$

要注意的是，购入价格 K，应当为初始购买时间 t 下的实际购入价格 K_t 在出售日期的价值，即 K_t 在出售日期的终值。设利率为 i，时间为 t，根据复利计算，则有

$$K=K_t(1+i)^t \tag{8.14}$$

根据式（8.10），则每公顷出售牦牛的利润 P 为

$$P=SxW_b+Sxa-Sbx^2-KxW_b-nx(C_f+C_e+C_l)-n(C_g+C_n) \tag{8.15}$$

若要获得最大利润，即 P 值最大，则有最大经济效益下的放牧率 x_m 为

$$x_m=\frac{W_b+a}{2b}-\frac{W_bK+n(C_f+C_e+C_l)}{2bS} \tag{8.16}$$

将 x_m 代入式（8.15），即可得出每公顷最大经济效益。

8.5.2 牦牛个体增重与放牧强度的回归方程

根据试验设计，短期放牧分别以放牧第一年与放牧第二年为研究对象，长期放牧以整个放牧期为研究对象。试验期全年放牧强度见表 8.11。

表 8.11 试验期全年放牧强度表

处理	试验用牛 / 头	草地面积 /hm²	放牧率 /（头 / hm²）
轻度放牧	4	9.69	0.41
中度放牧	4	5.84	0.68
重度放牧	4	4.13	0.97

根据表 8.1、表 8.11 及式（8.1），对放牧第一年、放牧第二年、整个放牧期全年牦牛个体平均增重与放牧强度进行回归分析，回归方程见表 8.12。

表 8.12 年度牦牛个体增重与放牧强度之间回归方程

放牧时间	回归方程	R^2	P
放牧第一年	$Y=99.69-67.98x$	0.983	0.070
放牧第二年	$Y=73.90-10.39x$	0.235	0.678
放牧期	$Y=172.94-77.68x$	0.898	0.207

8.5.3 短期放牧下最大经济效益的放牧强度及效益值核算

由于放牧试验样地在进行放牧试验前的放牧强度，均高于试验期重度放牧下的放牧强度，放牧第一年，3 个放牧强度均属于中轻度放牧，放牧第一年的试验结果只能反映重度退化草地上进行不同放牧强度放牧，牦牛个体平均增重的差异。同时放牧第二年的试验结果，能够更加清晰地反映草场自我恢复对放牧强度的影响。

取放牧第一年为研究对象。根据市场情况，牦牛售出价 S 及购入价格 K 均在 25 元 /kg 上下浮动，初始体重为 $W_b=100$kg，不存在补饲行为，$C_f+C_e+C_l\approx100$ 元，$C_g+C_n\approx65$ 元，短期放牧的放牧时长为 $n=1$。根据式（8.16），最大经济效益下的放牧强度 x_m 为

$$x_m=\frac{100+a}{2b}-\frac{100K+100}{2bS} \tag{8.17}$$

最大经济效益 P 为

$$P=100Sx_m+Sx_ma-Sbx_m^2-100Kx_m-100x_m-65 \tag{8.18}$$

由式（8.17）及式（8.18）可以看出，在其他成本固定的情况下，最大经济效益下的放牧强度和效益值，由草地营养水平 a、草地空间稳定性及恢复能力 b、出售价格 S 及购入价格 K 共同决定。

根据表 8.12 可知，$a=99.69$，$b=67.98$，则式（8.17）可转化为

$$x_m=1.469-\frac{50K+50}{67.98S} \tag{8.19}$$

同理，式（8.18）可转化为

$$P=100Sx_m+99.69Sx_m-67.98Sx_m^2-100Kx_m-100x_m-65 \tag{8.20}$$

由于放牧时间为一年，牦牛价格波动不大，出售价 S 及购入价 K 均取 24～26 元 /kg，以 0.2 元 /kg 设置间距。最大经济效益下的放牧强度 x_m 和最大经济效益值见表 8.13。

表 8.13　放牧第一年最大经济效益下的放牧强度　　（单位：头 /hm²）

购入价 /（元 /kg）	售出价 /（元 /kg）										
	24.0	24.2	24.4	24.6	24.8	25.0	25.2	25.4	25.6	25.8	26.0
24.0	0.703	0.709	0.715	0.722	0.728	0.733	0.739	0.745	0.751	0.756	0.762
24.2	0.697	0.703	0.709	0.716	0.722	0.728	0.733	0.739	0.745	0.751	0.756
24.4	0.691	0.697	0.703	0.710	0.716	0.722	0.728	0.733	0.739	0.745	0.750
24.6	0.684	0.691	0.697	0.704	0.710	0.716	0.722	0.728	0.733	0.739	0.745
24.8	0.678	0.685	0.691	0.698	0.704	0.710	0.716	0.722	0.728	0.733	0.739
25.0	0.672	0.679	0.685	0.692	0.698	0.704	0.710	0.716	0.722	0.728	0.733
25.2	0.666	0.673	0.679	0.686	0.692	0.698	0.704	0.710	0.716	0.722	0.728
25.4	0.660	0.667	0.673	0.680	0.686	0.692	0.698	0.705	0.711	0.716	0.722
25.6	0.654	0.661	0.667	0.674	0.680	0.686	0.693	0.699	0.705	0.711	0.717
25.8	0.648	0.654	0.661	0.668	0.674	0.681	0.687	0.693	0.699	0.705	0.711
26.0	0.642	0.648	0.655	0.662	0.668	0.675	0.681	0.687	0.693	0.699	0.705

由表 8.13 可以看出，放牧第一年，取得最大经济效益的放牧强度，基本与试验设计的中度放牧强度持平或略高于中度放牧强度。在购入价 K 不变的情况下，随着售出价 S 的升高，x_m 逐渐增大，呈正相关关系；在售出价 S 不变的情况下，随着购入价 K 的升高，x_m 逐渐降低，呈负相关关系。若 $K=S$，x_m 随着 K 与 S 的逐渐增大而缓慢增长，仅略高于试验设计的中度放牧强度。x_m 数值越大，表示放牧行为在经济学意义上越有效；若 $K>S$，放牧强度 x_m 均小于 $K<S$ 时的 x_m，且 K 与 S 的差额越大，x_m 变化越明显。因此，牦牛每千克的售出价与购入价差额越大，放牧行为越能取得经济效益。

表 8.14 更能清晰地看出，当 S 为 26 元 /kg，K 为 24 元 /kg 时，每公顷取得的经济效益最大，为 959.98 元。同时，在放牧强度相同的情况下，S 与 K 越大，经济效益越大。放牧强度较小时，若 S 与 K 数值较大，或者 $S-K$ 的数值较大，仍能取得更高的经济效益。同理，若 S 远小于 K，则 x_m 与 P 将出现负值，即放牧已经不能产生经济效益，此时可以尽可能地降低放牧人工、草地租赁、网围栏等费用，或者采用其他方式进行畜产品生产，如舍饲。

表 8.14　放牧第一年最大经济效益值　　（单位：元）

购入价 /（元 /kg）	售出价 /（元 /kg）										
	24.0	24.2	24.4	24.6	24.8	25.0	25.2	25.4	25.6	25.8	26.0
24.0	740.36	761.72	783.32	804.99	826.78	848.70	870.73	892.88	915.14	937.51	959.98
24.2	726.37	747.66	769.07	790.62	812.30	834.09	856.01	878.04	900.18	922.44	944.81
24.4	712.50	733.66	754.95	776.38	797.93	819.60	841.40	863.32	885.35	907.49	929.75
24.6	698.76	719.79	740.95	762.25	783.68	805.23	826.91	848.71	870.63	892.66	914.80
24.8	685.13	706.03	727.07	748.24	769.55	790.98	812.54	834.22	856.02	877.94	899.97

续表

购入价 /（元 /kg）	售出价 /（元 /kg）										
	24.0	24.2	24.4	24.6	24.8	25.0	25.2	25.4	25.6	25.8	26.0
25.0	671.63	692.40	713.31	734.36	755.54	776.85	798.28	819.84	841.53	863.33	885.24
25.2	658.25	678.89	699.67	720.59	741.64	762.83	784.14	805.58	827.15	848.83	870.64
25.4	645.00	665.50	686.15	706.94	727.87	748.93	770.12	791.44	812.89	834.45	856.14
25.6	631.87	652.24	672.75	693.41	714.21	735.15	756.21	777.41	798.74	820.19	841.76
25.8	618.86	639.09	659.47	680.00	700.67	721.48	742.43	763.50	784.71	806.04	827.49
26.0	605.97	626.07	646.32	666.71	687.25	707.94	728.75	749.71	770.79	792.00	813.34

放牧第一年最大经济效益下的放牧强度和放牧率印证了放牧最大经济效益不仅与草地营养水平、草地稳定性和恢复力、放牧人工成本及各类成本相关，更受买卖价格的影响。

8.5.4 长期放牧下最大经济效益的放牧强度及效益值核算

长期放牧下，以整个放牧期为研究对象。据市场情况，牦牛售出价 S 及购入价 K 在 25 元 /kg 上下浮动，由于时间较长，取 24～27 元 /kg 的价格区间，以 0.2 元 /kg 为梯度。初始体重为 $W_b=100$kg，不存在补饲行为，$C_f+C_e+C_l\approx100$ 元，$C_g+C_n\approx65$ 元，放牧时长为 $n=2$。根据表 8.11、式（8.15）及式（8.16），可得最大经济效益下的放牧强度 x_m 为

$$x_m=1.757-\frac{50K+100}{77.68S} \tag{8.21}$$

最大经济效益 P 为

$$P=100Sx+172.94Sx-77.68Sx^2-100Kx-200x-130 \tag{8.22}$$

与短期放牧的 x_m 及 P 相比，长期放牧情况下的 C_e、C_l、C_g、C_n 都随着放牧年限的增长而不断增加。通过计算长期放牧最大经济效益下放牧强度 x_m 和最大经济效益值见表 8.15 和表 8.16。

由表 8.13 和表 8.16 可以看出，短期放牧下最大经济效益的放牧强度和效益值核算中所表现出的规律，在长期放牧中更加明显地体现出来。由于放牧周期增长，K 与 S 之间的差额更为明显，不同价差带来的效益差别也更大。从表 8.15 可以看出，长期放牧最大经济效益下的所有放牧强度均大于试验设计的重度放牧强度。体现出单一追求最大经济效益的放牧行为，必然会导致放牧强度过大，引起草场退化等一系列生态问题。因此，单一追求经济效益最大化的放牧行为，不能实现“生产－生态－生活”可持续发展。

表 8.15　放牧期最大经济效益下的放牧强度

（单位：头 /hm^2）

购入价 /（元 /kg）	售出价 /（元 /kg）															
	24.0	24.2	24.4	24.6	24.8	25.0	25.2	25.4	25.6	25.8	26.0	26.2	26.4	26.6	26.8	27.0
24.0	1.060	1.065	1.071	1.077	1.082	1.088	1.093	1.098	1.103	1.108	1.113	1.118	1.123	1.128	1.133	1.137
24.2	1.054	1.060	1.066	1.071	1.077	1.082	1.088	1.093	1.098	1.103	1.108	1.113	1.118	1.123	1.128	1.132
24.4	1.049	1.055	1.061	1.066	1.072	1.077	1.083	1.088	1.093	1.098	1.103	1.108	1.113	1.118	1.123	1.128
24.6	1.044	1.049	1.055	1.061	1.067	1.072	1.078	1.083	1.088	1.093	1.098	1.104	1.108	1.113	1.118	1.123
24.8	1.038	1.044	1.050	1.056	1.061	1.067	1.072	1.078	1.083	1.088	1.094	1.099	1.104	1.108	1.113	1.118
25.0	1.033	1.039	1.045	1.051	1.056	1.062	1.067	1.073	1.078	1.083	1.089	1.094	1.099	1.104	1.109	1.113
25.2	1.028	1.034	1.039	1.045	1.051	1.057	1.062	1.068	1.073	1.078	1.084	1.089	1.094	1.099	1.104	1.109
25.4	1.022	1.028	1.034	1.040	1.046	1.052	1.057	1.063	1.068	1.073	1.079	1.084	1.089	1.094	1.099	1.104
25.6	1.017	1.023	1.029	1.035	1.041	1.046	1.052	1.058	1.063	1.068	1.074	1.079	1.084	1.089	1.094	1.099
25.8	1.011	1.018	1.024	1.030	1.035	1.041	1.047	1.053	1.058	1.063	1.069	1.074	1.079	1.084	1.089	1.094
26.0	1.006	1.012	1.018	1.024	1.030	1.036	1.042	1.047	1.053	1.058	1.064	1.069	1.074	1.089	1.085	1.089
26.2	1.001	1.007	1.013	1.019	1.025	1.031	1.037	1.042	1.048	1.053	1.059	1.064	1.069	1.075	1.080	1.085
26.4	0.995	1.002	1.008	1.014	1.020	1.026	1.032	1.037	1.043	1.048	1.054	1.059	1.065	1.070	1.075	1.080
26.6	0.990	0.996	1.003	1.009	1.015	1.021	1.026	1.032	1.038	1.043	1.049	1.054	1.060	1.065	1.070	1.075
26.8	0.985	0.991	0.997	1.003	1.010	1.015	1.021	1.027	1.033	1.038	1.044	1.049	1.055	1.060	1.065	1.070
27.0	0.979	0.986	0.992	0.998	1.004	1.010	1.016	1.022	1.028	1.033	1.039	1.045	1.050	1.055	1.060	1.066

表 8.16 放牧期最大经济效益值

（单位：元）

购入价 /（元 /kg）	售出价 /（元 /kg）															
	24.0	24.2	24.4	24.6	24.8	25.0	25.2	25.4	25.6	25.8	26.0	26.2	26.4	26.6	26.8	27.0
24.0	1962.84	2003.30	2043.86	2084.59	2125.41	2166.34	2207.38	2248.54	2289.79	2331.16	2372.62	2414.18	2455.84	2497.60	2539.45	2581.38
24.2	1941.71	1982.05	2022.52	2063.11	2103.82	2144.64	2185.58	2226.63	2267.78	2309.04	2350.41	2391.87	2433.43	2475.09	2516.85	2558.69
24.4	1920.68	1960.91	2001.26	2041.74	2082.33	2123.05	2163.88	2204.82	2245.87	2287.03	2328.29	2369.66	2411.12	2452.69	2494.34	2536.09
24.6	1899.76	1939.87	1980.10	2020.47	2060.95	2101.56	2142.28	2183.11	2224.06	2265.12	2306.28	2347.54	2388.91	2430.37	2471.94	2513.59
24.8	1878.94	1918.93	1959.05	1999.30	2039.68	2080.17	2120.78	2161.51	2202.35	2243.30	2284.36	2325.52	2366.79	2408.16	2449.62	2491.19
25.0	1858.23	1898.11	1938.11	1978.24	2018.50	2058.88	2099.39	2140.01	2180.74	2221.59	2262.54	2303.61	2344.77	2386.04	2427.41	2468.88
25.2	1837.63	1877.38	1917.27	1957.29	1997.43	2037.70	2078.09	2118.61	2159.23	2199.97	2240.82	2281.78	2322.85	2364.02	2405.29	2446.66
25.4	1817.14	1856.77	1896.54	1936.44	1976.47	2016.62	2056.90	2097.31	2137.82	2178.46	2219.21	2260.06	2301.03	2342.10	2383.27	2424.54
25.6	1796.75	1836.26	1875.91	1915.69	1955.61	1995.65	2035.82	2076.11	2116.52	2157.04	2197.69	2238.44	2279.30	2320.27	2361.30	2402.52
25.8	1776.48	1815.86	1855.39	1895.05	1934.85	1974.78	2014.83	2055.10	2095.31	2135.73	2176.26	2216.91	2257.67	2298.54	2339.51	2380.59
26.0	1756.30	1795.57	1834.97	1874.52	1914.19	1954.01	1993.95	2034.01	2074.20	2157.04	2154.94	2195.48	2236.14	2276.90	2317.78	2358.75
26.2	1736.24	1775.38	1814.66	1854.08	1893.64	1933.34	1973.16	2013.12	2053.20	2135.73	2133.72	2174.15	2217.70	2255.37	2296.14	2337.01
26.4	1716.28	1755.30	1794.46	1833.76	1873.20	1912.77	1952.49	1992.33	2032.29	2114.51	2112.59	2152.92	2193.37	2233.93	2274.59	2315.37
26.6	1696.43	1735.32	1774.36	1813.53	1852.86	1892.31	1931.91	1971.63	2011.49	2093.40	2091.57	2131.79	2172.13	2212.58	2253.15	2283.82
26.8	1676.69	1715.45	1754.36	1793.42	1832.62	1871.96	1911.43	1951.04	1990.78	2072.38	2070.64	2110.76	2150.99	2191.34	2231.80	2272.37
27.0	1657.06	1695.69	1734.47	1773.40	1812.48	1851.70	1891.06	1930.55	1970.18	2051.47	2049.81	2089.82	2129.94	2170.19	2210.54	2251.01

8.5.5 生态最佳放牧强度与最大经济效益的放牧强度对比分析

由前文可知，在讨论放牧强度时，通常有两个相关概念，分别是生态最佳放牧强度和经济效益最大的放牧强度。生态最佳放牧强度为 $a/2b$，则在放牧第一年，生态最佳放牧强度为 0.73 头 /hm^2；在整个放牧期，生态最佳放牧强度为 1.11 头 /hm^2。对照表 8.13～表 8.16，都能找到近似的多个 x_m 及 P 与之对应。说明生态最佳放牧强度不一定是经济效益最大的放牧强度，还应当结合价格进行综合分析。

8.5.6 小结

（1）其他成本既定的情况下，最大经济效益下的放牧强度和效益值，由草地营养水平 a、草地空间稳定性及恢复能力 b、售出价 S 及购入价 K 共同决定。

（2）放牧第一年，取得最大经济效益的放牧强度，基本与试验设计的中度放牧强度持平或略高于中度放牧强度。

（3）最大经济效益下的放牧强度 x_m 及效益值 P，与购入价 K 及售出价 S 的差值有密切的关系。当 $K<S$ 时，随着差额增大，x_m 逐渐增大，同时 P 值也逐渐增大，经济效益良好。反之，若 S 远小于 K，则 x_m 与 P 将出现负值，放牧已经不能产生经济效益。此时应尽可能地降低放牧人工、草地租赁、网围栏等费用，或采用其他方式进行畜产品生产，如舍饲。

（4）即使相同的放牧强度，在 K 与 S 不同时，也会有不同的经济效益。

（5）单一追求最大经济效益的长期放牧行为，必然会导致放牧强度过大，引起草场退化等一系列生态问题。因此，需要进行放牧管理，实现可持续发展。

（6）最佳生态放牧强度不一定能取得最大放牧经济效益，还应当结合价格变化进行综合分析。

8.6 讨论与结论

经营草场的主要目的是获得尽可能多的家畜生产力，家畜生产力的大小由放牧强度和家畜个体生产力共同决定（周立等，1995a；Mishra，et al.，2001；罗惦等，2017）。因此，评价高山嵩草草甸植被变化，应该以放牧强度下牦牛生产力的变化为标准。这等价于以该放牧强度下牦牛生产力的变化作为标准。如果植被的变化使得牦牛个体生产力提高，植被就会向好的方向发展；相反，植被就会向坏的方向发展。高山嵩草草甸植被的状态可以直接用牧草的数量和质量表示，因为它们基本上决定了任意放牧强度下的家畜生产力或家畜个体生产力（杜国祯和王刚，1995；周立等，1995a；李永宏等，1999；仁青吉等，2009）。相反，任意放牧强度下的家畜个体生产力也能反映植被状态，两者相互对应，进而家畜个体生产力的年度变化与高山嵩草草甸植被状态的年度变化也相互对应，所以两者可以相互表示。家畜个体生产力逐年提高或降低，表明高山嵩草草甸植被状态逐年改善或变劣，反之亦然。

然而，草畜系统是一个受人为或气候等因素的影响而不断变化的系统，影响的强度会改变整个系统的状态和变化趋势。年际间、月份间的气候状况和牧草的生长情况会导致家畜体重曲线的差异和负载能力的变化，即使固定的放牧强度在不同的年份或月份其牧草利用率也会有波动。因此，放牧强度是相对变化的，在确定持续最大生产力放牧强度时应尽可能选择较多的气候类型和试验点，同时也要有足够的试验时间。因此，放牧强度与家畜生产力的关系及优化放牧方案的确定，应将多年试验资料结合气候变化格局加以综合分析。但是，仅以家畜个体增重和每公顷增重为目标来探讨草地放牧系统，不能反映草场随着放牧强度变化的任何信息（李永宏等，1999）。利用放牧家畜引起草场生物量和植被结构的变化，判断植被的变化趋势，取决于采用什么标准度量。有些学者以草场地上净初级生产力为标准，将最大净初级生产力的放牧强度作为最适放牧强度（汪诗平等，1999；Williamson et al.，1989），有些学者以草场地上净初级生产力为标准，将最大净初级生产力时的放牧强度作为最适放牧强度（汪诗平等，1999；Williamson et al., 1989），还有学者根据单位面积（公顷）家畜增重和放牧之间的关系，以及放牧与牧草现存量的关系，作为确定最适放牧的标准。在实际应用中，最终采用哪一个标准，必须依草场的使用目的而定。通常，草场具有良好的生产力和恢复力，是人们经营草场的目的。然而即使在这种度量标准下，仍需建立植被变化和家畜生产力之间的关系，以度量和解释草场植被状态。当前度量草场植被状态主要依据两个标准：一种是植被演替尺度标准；另一种是家畜生产力标准（Wilson, 1986）。近年来，以家畜生产力为标准衡量植被的变化被大多数学者所接受。为此，建立植被变化度量指标，以草场植被群落结构的年际变化，确定高山嵩草草甸不退化的最佳放牧强度，势在必行。

1. 最佳放牧强度和草场最大负载能力

牦牛最大生产力放牧强度恰好是草场最大负载能力的一半，因此讨论二者之一即可。草场的最大负载能力依赖于放牧期间草场的营养水平和草场关于放牧强度的空间稳定性及恢复能力。由于暖季草场放牧期正处于牧草生长期，牧草营养丰富，而且牧草不断得到补充；而冷季草场放牧期处于牧草枯黄期，牧草营养大幅度下降，且被食牧草得不到任何补充，因此暖季草场的负载能力远大于冷季草场。这是受特殊地理条件和环境因素的影响，在高寒牧区长期的牧业生产中形成的两季草场轮牧制度。因此，两季草场最大负载能力的差异（暖季：冷季＝4.6：1）和悬殊的牦牛最大生产力（暖季：冷季＝6.1：1）是高寒高山嵩草草甸草场长期形成的固有特征。

最佳放牧强度应该是持续最大生产力的放牧强度，不但要求家畜生产力达到最大，而且要能维持草场和家畜生产力的年际相对稳定，甚至应向更好的方向发展。因此，草场最佳放牧强度和不退化的最大放牧强度应根据草场本身的具体条件和动态特征加以评价。

2. 优良牧草比例与牦牛生产力的关系

牦牛个体增重应该是优良牧草年度比例和牧草生物量年度变化的函数。但是，放牧区牧草生物量的年度差异不显著，只有优良牧草的比例是暖季草场牦牛个体增重年度变化的主要决定因素。对于其他类型的草场或放牧时间比较长的放牧试验数据，不同放牧强度下各放牧处理牧草生物量可能随着放牧强度的不同而呈明显的年度变化，生物量可能成为影响放牧家畜个体增重的主要因素之一（Jones，1981；Wilson，1986；Williamson et al.，1989；蒋文兰和瓦庆荣，1995；周立等，1995a，b，c；李永宏等，1999；汪诗平等，1999；许岳飞等，2012）。因此，有关牦牛放牧对草场生物量、牧草的补偿和超补偿生长能力及草畜之间的互作效应尚需进一步深入、系统地研究和探讨。

3. 决定高寒高山嵩草草甸放牧强度的标准

（1）评价高寒高山嵩草草甸植被变化，应以不同放牧强度下牦牛生产力的变化为标准，即以该放牧强度下牦牛生产力的升降作为标准。如果植被的变化使牦牛个体生产力提高，植被就向好的方向变化；相反植被则向坏的方向变化。

（2）高山嵩草草甸植被的状态可以直接用牧草的数量和质量表示，因为二者基本决定了任意放牧强度下的家畜生产力或家畜个体生产力。相反，在任意放牧强度下的家畜个体生产力也能反映植被状态，两者相互对应。家畜个体生产力与高山嵩草草甸植被状态的年度变化也相互对应，所以两者可以相互表示。家畜个体生产力逐年提高或降低，表明高山嵩草草甸植被状态逐年改善或变劣，反之亦然。

（3）试验结果表明，各放牧区的年度生物量之间差异不显著，因此高山嵩草草甸植被状态的变化就是牧草质量（优良牧草比例）的变化，从而牧草质量的年度变化决定了各放牧处理牦牛个体生产力的年度变化，反之，牦牛个体生产力的年度变化决定不同放牧处理牧草质量的年度变化。因此，优良牧草比例增加，表明高山嵩草草甸植被向好的方向变化，反之表明植被向坏的方向变化。这样直接度量优良牧草比例的年度变化，即可以确定植被状态的年度变化，进而也可以确定牦牛生产力的年度变化。优良牧草比例是植被属性，而牦牛个体生产力是家畜生产力属性，从而两个不同的属性指标反映草场状态的两个方面，但可以通过不同放牧强度下牦牛个体生产力的增减间接确定高山嵩草草甸植被改善或变劣。综上所述，放牧强度为 1.86 头 /hm^2 时，基本能维持优良牧草比例和牦牛个体增重年度不变，可以认为 1.86 头 /hm^2 的放牧强度是维持高山嵩草草甸暖季草场不退化的最大放牧强度。

（4）植被状态的度量指标。植被和家畜生产力变化是草场的两种不同属性。但植被变化是草场变化的最直接表现，也是导致其他属性如土壤营养状况和家畜生产力变化的基本因素。因此，在家畜生产力指标之下，如果要直接度量草场植被的变化，首先应度量不同植物类群的变化，也就是从描述植被变化的指标转移到以家畜生产力评价植被变化的指标，从而既可以描述植被变化，也能描述家畜生产力的状况。另外，为了比较放牧强度对草场质量的影响，也可以计算草地质量指数（杜国祯和王刚，1995）。由于植被状态的变化（优良牧草比例变化或草地质量指数）就是放牧价值的变化，以对照区为标准的相似性系数的年度变化或草地质量指数可作为度量植被整体年度变化的一个定量指标。由于计算相似性系数时，各个物种或类群及其丰富度的地位是相同的，它的变化表示任何物种或类群及其丰富度的相对变化。但对草地质量指数而言，不同植物类群盖度的测定和适口性的判别受人为因素的干扰太大，因此它也不是一个很客观的指标。试验结果表明，牦牛个体增重的年度变化也比较大（董全民等，2003b），这与周立等人在藏系绵羊上的结论不完全一致。可能是系统误差和测量误差造成牦牛个体增重的年度变化与草地的放牧价值和草地质量相反，也可能是牦牛在高山嵩草草甸放牧与其他家畜在消化、代谢等方面不同所致，还可能是由于高山嵩草草甸植被中一些特有植物的特殊化学成分在起作用（冯定远等，2000），尚需进一步地研究。

9 牦牛牧食行为

行为生态学是一门由生态学和行为学交叉形成的边缘学科（蒋志刚和王祖望，1997）。行为生态学的起源，最早可追溯到达尔文时期，行为生态学成为一门独立的学科则是在20世纪80年代。1976年*Behavioral Ecology and Socioliology*的创刊发行和1986年第一次国际行为生态学大会的举行都是行为生态学成为一门独立学科的标志性事件。早期的行为生态学思想主要基于对动物行为、生态学和生物进化的研究（蒋志刚和王祖望，1997），目前行为生态学研究的一大范畴是关于动物觅食策略的研究。

在草地放牧生态系统中，草畜是矛盾的主体，形成对立统一关系。牧场为家畜提供了食物和活动空间，家畜则通过采食、践踏、排泄等活动影响牧草生长。就整个放牧生态系统而言，家畜牧食行为是主导因子，草地畜牧业经营管理措施对于草地利用和家畜生产具有调控作用。放牧生态从理论和管理实践的角度，重点分析、调控放牧生态系统中诸因子的关系，提高草地利用率和畜产品的转化率。了解家畜的牧食行为对于指导放牧管理、制定放牧策略具有重要意义。

放牧家畜的牧食行为是对草地状况的综合反应，是研究放牧家畜与所处草地及其环境相互关系的学科。家畜牧食行为是“草畜”关系中，第一性生产力向第二性生产力转化环节的重要影响因素，决定着家畜的生产性能（汪诗平，1997；丁路明等，2009；乌日娜等，2009），家畜牧食行为是制定放牧管理制度、提高放牧管理效率的重要依据。

9.1 家畜牧食行为及测定方法

9.1.1 家畜牧食行为

随着放牧生态学的发展，家畜的牧食行为日益受到重视（Hodgson et al.,

1994）。家畜牧食行为研究已经成为当前放牧生态学乃至草地生态学中最活跃的领域。家畜牧食行为不仅以个体与社群方式体现，也密切联系家畜的心理和生理基础。通过对家畜牧食行为的研究，能够更多地了解家畜如何利用环境，这将会显著提高草地和牧草的管理水平，为制定放牧策略与草地管理提供坚实的理论基础。家畜牧食行为包括游走、采食、反刍、卧息、站立、嬉戏和排泄，其中主要行为由采食和反刍构成，其他行为都取决于采食行为。

许多研究表明，家畜牧食行为受到植物组成、草地质量、牧草高度和放牧压力的影响。汪诗平等（1997）的研究表明草层高度对日采食量有一定的影响，但它们之间的关系并非是呈线性增加的，而是当草层高度达到 6cm 左右时，日采食量变化较小，日采食量达到最大或接近最大水平，约为 2.48kg DM/（天・羊）（DM，dry matter，干物质）。在放牧初期，采食量、进食速度和每口采食量都随地上生物量的增加而有较大幅度的增加，当地上生物量为 40～70g DM/m^2 时，三者保持相对稳定（汪诗平等，1997）。畜群大小对家畜的采食行为具有非常重要的影响。研究表明，小群绵羊比大群绵羊要花费更多时间采食，在小于 4 只的畜群里，牧草的采食量也会降低（Penning et al.，1993），因此对于研究牧食行为来说，最小的畜群数量是 3 只，但是 4 只更为合适，最佳的管理措施目标是使家畜在最短的时间内获取足够的饲草。

9.1.2　家畜采食行为

家畜采食的草地具有多种牧草，了解家畜在这种环境下的辨别行为尤为重要（Hodgson et al.，1994）。许多资料已经记载了不同草地对家畜选择性采食行为的影响（Kenney et al.,1984；Illius et al.,1992）。一般选择性采食可以分为两部分：主动选择性采食和被动选择性采食（Hodgson，1979）。影响放牧家畜选择性采食的植物因素很多，大致包括：①植物种类；②化学组成；③物理或形态特征；④物候期或成熟度；⑤相对可利用性；⑥植物的气味和味道；⑦接近的难易程度等。放牧家畜采食的牧草比供采食的草地牧草含有更低的茎叶比和更少的枯落物（Chacon and Stobbs，1976；Arnold，1981）。这表明家畜为了选择更多符合需要的植物部分而限制了摄取饲草的数量。选择性采食几乎总是能引起所采食饲草中营养含量的提高（Arnold，1964），同时植物也能阻碍家畜采食富含营养的部分（如含有刺等），降低食物的质量。

对于家畜来说，在以喜食物种为主的草地上采食比在以非喜食物种为优势种的草地上采食更有效率（Arnold，1987）。在自然条件下，喜食性总是根据草丛结构、优良牧草和植物部分的可利用性的变化而改变。通常，草地越广阔，变化越多，家畜选择的机会也越多，这主要是因为植物种类丰富，而且放牧压力降低。当放牧率小时，食物充足，家畜可以自由地选择食物；相反，当食物不足时，放牧家畜被迫采食不喜食的食物。多种植被类型可以为家畜提供选择多种物种的机会，同时也会提供更多的有营养的饲草。因此，放牧条件下，草丛的特征对放牧采食影响巨大。家畜的选择性采食不仅取决于饲草质量和适口性，也受到采食牧草的难易程度和饲草可利用性的影响（Logue，1986）。

9.1.3 家畜牧食行为的测定方法

早期的家畜牧食行为研究主要基于人工直接观测，如单口采食率和采食时间等。这种跟群放牧全日制观察法在早期研究中以所需设备少、时间短等优点为研究者们提供了大量有价值的数据，很长时间以来是研究家畜牧食行为的主要方法，但是这种方法需要耗费大量的人力，而且易影响所观测家畜的正常行为。因此，自 20 世纪 70 年代末 80 年代初以来，诸多研究者致力于研制各种仪器设备来记录动物牧食行为。从最早的“视频记录”到现在广泛使用的 IGER 记录仪、GPS 定位仪及 Acoustic 技术等，家畜牧食行为的研究因为技术和设备的改进而得到极大的推进。

早在 20 世纪 60 年代，已有研究者使用“震动记录器”来记录动物采食过程中头部的运动（Allden，1962）。然而，它记录的数据很难进行分析，而且只能记录采食时间，不能区分非采食行为。但“震动记录器”的使用是动物行为研究的一大进步，而且已经得到广泛的应用（Stobbs，1970；Sarker and Holmes，1974；Castle et al.，2010）。Nichols 和 De La（1966）采用带有电极的心率传送器记录绵羊的采食时间及其下颚的运动模式。这个仪器的缺点是在记录过程中需要大量的纸张，而且数据需要大量人力进行人工翻译。Chambers 等（1981）研制出一种水银转换器用于记录绵羊和牛的头部运动、放牧位置，同时用一种加速计监测采食时的头部活动。20 世纪 80 年代中期，Penning 等（1984）开始使用晶体记录器代替磁带式记录器。Rutter 等（1997）改良了晶体记录器，使其更加完善。随着记录器的不断发展和完善，存储器小型化，供电力增强，研制新的软件不仅可以分析采食和反刍行为，还可以分析动物的复杂行为（Rutter，2000）。新改进的记录器除可以记录采食和反刍行为，还可以同时记录牧食动物的卧息、游走和站立等行为（Champion et al.，1997）。IGER 记录仪是由英国草地与环境研究所发明和研制的一种数字化的记录自由放牧家畜的下颌活动及行走、站立、卧息等行为的记录仪，具有精确性高和使用方便的优点，但价格昂贵，不利于推广使用。

GPS 和 GIS 技术在近几年被广泛应用于家畜的行为研究中，可以准确地定位放牧家畜所在的位置，自动记录家畜的行走路径、行走速度、行走时间及休息时间，而且不会影响家畜的正常行为，有较高的实用性。

本章通过人工观测记录法、IGER 记录仪、GPS 和 GIS 技术 3 种具有代表性的牧食行为研究方法，对青藏高原高寒草甸－牦牛放牧生态系统中的牦牛牧食行为进行了观测、记录和比较分析，其中人工观测记录法主要用于研究牦牛在夏季草场、秋季草场和冬季草场的昼间牧食行为，IGER 记录仪主要用于夏秋草场和冬季草场牦牛的 24h 牧食行为，而 GPS 和 GIS 技术则主要用于研究冬季草场和夏季草场牦牛活动的空间分布和牧食行为规律。

9.2 基于人工观测记录法的牦牛昼间牧食行为研究

9.2.1 研究区域概况

牦牛的昼间牧食行为和 24h 牧食行为的研究均在青海省三角城种羊场草场进行，其中昼间牧食行为研究在夏季、秋季和冬季草场进行，而 24h 牧食行为研究在秋季草场和冬季草场进行。

夏季草场位于祁连山谷地，属于高寒草甸和沼泽地，以沼泽地为主。植被以高山嵩草和矮嵩草为主要草种，群落总盖度可达 99%。由表 9.1 可知，矮嵩草、高山嵩草是草地上的主要优势种，针茅和矮生多裂委陵菜是亚优势种。矮嵩草和高山嵩草的干重分别为（44.64 ±9.47）g/m^2 和（29.52±8.10）g/m^2，盖度分别为（53.83±6.56）% 和（32.00±7.47）%。但矮嵩草和高山嵩草的平均高度都不高，分别为（3.03±0.38）cm 和（1.50±0.14）cm。

表 9.1　夏季草场牦牛放牧地牧草重量、高度、盖度、频度和优势度（均值 ± 标准误差）

种名	鲜重 /（g/m^2）	干重 /（g/m^2）	高度 /cm	盖度 /%	频度 /%	优势度
矮嵩草 *Kobresia humilis*	85.20±19.79	44.64±9.47	3.03±0.38	53.83±6.56	96.7	0.2290
高山嵩草 *Kobresia pygmaea*	51.47±12.75	29.52±8.10	1.50±0.14	32.00±7.74	86.7	0.1354
针茅 *Stipa capillata*	13.60±4.67	5.90±2.73	7.43±0.84	8.17±4.71	63.3	0.0865
矮生多裂委陵菜 *Potentilla multifida* var. *nubigena*	16.47±4.53	6.45±1.75	1.28±0.19	25.17±5.09	100.0	0.0836
急弯棘豆 *Oxytropis deflexa*	7.04±0.52	1.30±0.32	3.96±0.42	0.83±0.87	70.0	0.0509
兰石草 *Lancea tibetica*	11.07±1.81	11.60±2.60	0.48±0.09	6.67±2.45	83.3	0.0568

续表

种名	鲜重 / (g/m^2)	干重 / (g/m^2)	高度 /cm	盖度 /%	频度 /%	优势度
美丽风毛菊 *Saussurea pulchra*	21.73±3.49	9.19±2.11	0.87±0.14	5.83±1.70	83.3	0.0537
矮火绒草 *Leontopodium nanum*	13.07±3.53	4.08±0.95	1.00±0.14	10.67±2.70	90.0	0.0521
金露梅 *Potentilla fruticosa*	9.60±2.39	3.04±1.20	2.90±0.56	0.50±0.22	33.3	0.0345
草地早熟禾 *Poa pratensis*	7.73±0.98	1.88±0.53	1.52±0.69	10.33±2.64	66.7	0.0440
高山唐松草 *Thalictrum alpinum*	12.10±2.22	5.70±1.81	0.99±0.12	15.50±2.32	43.3	0.0475
蒲公英 *Taraxacum mongolicum*	9.00±0.82	1.36±0.36	1.26±0.16	0.10±0.16	50.0	0.0272
鳞叶龙胆 *Gentiana squarrosa*	7.20±0.24	0.47±0.12	1.58±0.11	1.50±0.61	50.0	0.0253

秋季草场位于青海湖畔，由于地面水位较高，属于湿地。植被优势种为薹草和高山嵩草。两个优势种干重分别为（38.18±6.58）g/m^2 和（39.70±5.30）g/m^2；群落总盖度为 88%，薹草的盖度为（28.4±6.39）%，高山嵩草的盖度为（64.4±5.56）%；薹草的高度达到（9.41±0.25）cm，高山嵩草的高度达到（3.72±0.16）cm（表 9.2），比较适宜牦牛采食，因此秋季草场是产草量和草品种较好的草场。

表 9.2　秋季草场牦牛放牧地牧草重量、高度、盖度、频度和优势度（均值 ± 标准误差）

种名	鲜重 / (g/m^2)	干重 / (g/m^2)	高度 /cm	盖度 /%	频度 /%	优势度
薹草 *Carex* sp.	77.00±18.91	38.18±6.58	9.41±0.25	28.4±6.39	87.0	0.1878
高山嵩草 *Kobresia pygmaea*	103.08±15.27	39.70±5.30	3.72±0.16	64.4±5.56	100.0	0.1753
狗尾草 *Setaria viridis*	4.00±1.21	2.97±1.23	32.46±0.79	2.4±3.02	70.0	0.1615
鹅绒委陵菜 *Potentilla anserina*	60.93±17.38	20.31±5.39	5.03±0.18	10.4±6.98	80.0	0.0705
二裂委陵菜 *Potentilla bifurca*	9.37±2.82	2.72±0.86	2.63±0.21	10.5 ±3.24	80.0	0.0530
蒲公英 *Taraxacum mongolicum*	12.80±3.25	2.29±0.57	3.42±0.15	2.2±1.43	80.0	0.0456
水麦冬 *Triglochin palustre*	15.93±7.54	3.40±1.68	2.59±0.13	5.2±4.08	53.3	0.0379
针茅 *Stipa capillata*	11.38±4.75	6.10±2.53	6.48±0.41	2.1±3.35	36.7	0.0217

冬季草场与秋季草场毗邻，位于干旱坡地，属干草原。在冬季草场，牧草全部枯黄，地上干物质量为（29.27±3.77）g/m^2，植被总盖度为（71.33±2.01）%。牦牛主要采食地上干枯的薹草和针茅，其高度分别为（7.63±1.74）cm 和（7.74±1.12）cm。

9.2.2 牦牛昼间牧食行为

牦牛昼间牧食行为观察采取固定一牧户，选取 6 头年龄、体重大致相同的成年泌乳牦牛作为观测对象。在自由放牧条件下（夏秋季牦牛夜间在外放牧，冬季夜间栓系），从早晨（9:00）挤奶结束至傍晚（18:30）归牧（挤奶）；进行跟踪观测（雨天除外），并详细记录牦牛的采食、卧息、反刍、站立和游走行为。

由表 9.3 可以看出，牦牛在夏季草场昼间采食的时间最长，平均为（337.45±39.96）min，而且在白天没有观测到卧息和反刍行为。游走时间要长于站立时间。牦牛的牧食行为主要和草地状况有关，夏季草场的草种丰富，以优质牧草（矮嵩草和高山嵩草）为优势草种。加之当地水热条件丰富，属于优良草场，但由于放牧压力过大，草地被过度啃食，植被普遍低矮，难以为牦牛提供充足的饲草。牦牛以最大限度的时间进行采食，而用于反刍和其他活动的时间相对减少。由于长期适应的结果，牦牛和羊一样能够用它们的门齿和下唇啃食低矮牧草，在牧草高度为 2cm 左右时，仍然能够采食牧草。由于单口采食量的降低，牦牛只能通过延长采食时间以获取最大量的营养物质。在观测中还发现，由于牧草供给不足，牦牛群自动向其他远距离草场转移，故游走时间较多，达（18.15±4.42）min，需要人工截留，可见牦牛的社群性及自我适应能力较强。除采食行为外，对于反刍家畜，反刍行为是其第二大行为，在夏季草场牦牛白天行为的观测中，几乎没有观测到牦牛反刍行为。其主要原因之一是放牧压力过大，牦牛不能够获取足够的饲草，故将大部分时间用于采食。本来应该是膘情较好的季节，牦牛都普遍显得瘦弱。放牧一个月后，通过观测计算得出每平方米草地有 1.52～1.71 个粪堆，可见放牧压力之大。

表 9.3 牦牛在夏季、秋季和冬季草场的牧食（行为均值 ± 标准误差）（单位：min）

试验样地	采食	卧息	反刍	站立	游走
夏季草场	337.45±39.96	—	—	2.10±0.25	18.15±4.42
秋季草场	301.82±27.91	62.82±9.58	86.22±14.24	73.57±13.42	43.33±12.33
冬季草场	304.57±12.24	134.36 ±16.61	53.84±13.93	44.00±11.58	20.50±4.05

秋季草场，牦牛在白天的反刍、站立和游走的时间，均长于夏季草场和冬季草场。秋季草场位于青海湖畔，面积较大，水热条件好，牧草生长旺盛，品质较好，牦牛可以在相对较短的时间内饱食，饱食后一般就开始反刍，反刍一段时间后又继续采食。因此，在秋季草场牦牛就有较多的时间进行反刍、站立和游走。

另外，秋季牦牛正处于发情期，所以站立和游走的时间比较多。

冬季草场，牦牛在白天的卧息时间较长，达（134.36±16.61）min。其主要原因可能是，冬季牧草干枯，品质下降，适口性降低，故采食时间相对减少，而卧息时间相对增加。另一个原因是冬季寒冷，风大，中午太阳照射时，牦牛喜欢在阳坡卧息，以获得热量。

由表 9.4 可以看出，牦牛在秋季排粪和排尿次数最多，主要是由于秋季草场牧草丰盛，牦牛易于吃饱，易于消化。另外，秋季草场属于湿地，地面水的平均深度达 20～30cm，牦牛采食的牧草中含有大量水分，所以排尿次数相对较多。而在夏季草场，放牧压力过大，牧草供给不足，牦牛很难吃饱，故排泄次数减少。在冬季草场，牧草干枯，缺少水分，每天定时饮水（下午 16:00～17:00），故排尿次数相对减少。

表 9.4　牦牛在夏季、秋季和冬季草场排泄行为的比较（均值 ± 标准误差）

昼排泄次数	夏季草场	秋季草场	冬季草场
昼排粪次数	2.0±0.4	4.0±0.3	3.0±0.3
昼排尿次数	1.0±0.6	4.0±0.2	1.0±0.2

9.2.3　小结

（1）牦牛在夏季草场的昼采食时间要长于秋、冬季草场，夏季草场为（337.45±39.96）min，秋、冬季草场分别为（301.82±27.91）min 和（304.57±12.24）min。秋季草场牧草状况最佳；夏季草场由于放牧压力过大，采食严重；冬季草场牧草干枯，营养价值降低。

（2）夏季草场没有观察到牦牛的昼卧息和反刍行为，牦牛在秋季草场的昼反刍时间为（86.22±14.24）min，长于冬季草场的（53.84±13.93）min；而在冬季草场的昼卧息时间要长于秋季草场，冬季为（134.36±16.61）min，秋季为（62.82±9.58）min。

（3）牦牛在夏、秋、冬三季草场的昼站立时间分别为（2.10±0.25）min、（73.57±13.42）min、（44.00±11.58）min；昼游走时间分别为（18.15±4.42）min、（43.33±12.33）min、（20.50±4.05）min。可见，牦牛在秋、冬季草场的昼站立时间远长于夏季草场，秋季草场牦牛的昼站立和游走时间在三季草场中为最长。

（4）牦牛在夏、秋、冬三季草场的昼排粪次数分别为（2.0±0.4）次、（4.0±0.3）次、（3.0±0.3）次；排尿次数分别为（1.0±0.6）次、（4.0±0.2）次、（1.0±0.2）次。牦牛在秋季草场的昼排泄次数最多，在冬季草场次之，在夏季草场最少。

9.3 基于 IGER 行为记录仪法的牦牛 24h 牧食行为研究

9.3.1 牦牛 24h 牧食行为

牦牛 24h 牧食行为在秋季草场和冬季草场进行。秋季草场和冬季草场的地上干物质重分别为 138.56g/m^2 和 158.79g/m^2；群落平均高度分别为 8.22cm 和 7.49cm。秋季草场放牧时牧草尚未枯黄，草地水分状况好，牧草长势旺盛，植被优势种为薹草和高山嵩草。冬季草场牧草枯黄，主要可食牧草为薹草。秋季草场牦牛放牧时牧草还处于生长期，而冬季草场牧草停止生长并干枯，所以秋季草场牧草的营养价值较高，其粗蛋白的含量要高于冬季草场牧草，而酸性洗涤纤维和中性洗涤纤维的含量都低于冬季草场牧草（表 9.5）。

表 9.5　主要牧草样品的有机质（OM）、粗蛋白（CP）、酸性洗涤纤维（ADF）和中性洗涤纤维（NDF）含量（均值 ± 标准误差）

试验样地	种名	OM/%	CP/%	ADF/%	NDF/%
秋季草场	薹草	90.90±0.33	10.59±0.28	25.07±0.49	50.23±0.08
	高山嵩草	92.64±0.41	17.01±0.20	27.58±0.33	59.65±0.07
冬季草场	薹草	93.82±0.23	8.96±0.12	33.77±0.63	65.68±0.52

注：CP、ADF 和 NDF 以风干样为基础计算；OM 以干物质为基础计算。

牦牛在秋季草场的总采食和反刍时间分别为（450.00±93.58）min 和（325.00±53.74）min；在冬季草场的总采食和反刍时间分别为（439.00±25.43）min 和（380.00±33.62）min（表 9.6）。秋、冬季草场的采食和反刍时间没有显著性差异（$P>0.05$）。牦牛在冬季草场的非采食下颚活动数和每分钟采食口数显著高于秋季草场（$P<0.05$）。牦牛在秋季草场全天放牧，主要采食活动从 8:00 至 20:00 左右，夜间采食活动较少。在冬季草场，牦牛夜间拴系，采食活动主要从 7:00 至 18:30 左右。秋、冬季草场牦牛的反刍行为主要在夜间进行。尤其在冬季草场，除午后和傍晚的零星反刍行为外，白天其他时间几乎观测不到反刍行为。

表 9.6　秋、冬季草场牦牛 24h 行为记录（均值 ± 标准误差）

牦牛行为		秋季草场	冬季草场
牧食行为	总放牧时间 /min	524.00±91.58^a	475.00±26.99^a
	总采食时间 /min	450.00±93.58^a	439.00±25.43^a
	总下颚活动数	22 136.00±4 445.41^a	26 078.00±1 718.87^a

续表

牦牛行为		秋季草场	冬季草场
牧食行为	总采食口数	19 156.00±3 927.63[a]	20 844.00±1 457.49[a]
	非采食下颚活动数	2 979.00±631.15[b]	5 234.00±527.45[a]
	采食餐数	18.00±5.32[a]	10.00±1.48[a]
	每分钟采食口数	43.00±1.01[b]	47.00±1.05[a]
反刍行为	总反刍时间 /min	325.00±53.74[a]	380.00±33.62[a]
	总反刍数	351.00±44.16[a]	308.00±19.69[a]
	每反刍食团的咀嚼数	53.00±6.15[a]	57.00±2.99[a]
其他行为	其他行为总时间 /min	665.00±133.69[a]	621.00±48.81[a]
	总下颚活动数	47 698.00±3 642.11[a]	45 029.00±2 164.49[a]

注：同行不同小写字母表示差异显著，$P<0.05$。

牦牛在秋季草场的干物质采食率为（48.87±4.80）g/min，显著高于冬季草场的（24.84±2.91）g/min；在秋季草场的单口采食量（鲜重、干物质重、有机质）也显著高于冬季草场（$P<0.05$，表 9.7）。冬季草场牦牛的 1h 内未知体重损失率虽然高于秋季草场，但差异不显著，两个草场间的鲜草采食率也没有显著性差异（$P>0.05$）。

表 9.7　秋、冬季草场牦牛短期（1h）采食率的测定（平均数 ± 标准误差）

采食率	秋季草场	冬季草场
未知体重损失率	9.72±5.10[a]	16.71±3.41[a]
采食率（鲜重：FM）/（g/min）	85.74±8.41[a]	67.13±7.88[a]
采食率（干物质重：DM）/（g/min）	48.87±4.80[a]	24.84±2.91[b]
采食下颚活动率（GJM）/min	48.37±1.43[a]	55.09±5.59[a]
单口采食量（鲜重：FM）/（g/bite）	2.03±0.23[a]	1.33±0.07[b]
单口采食量（干物质重：DM）/（g/bite）	1.15±0.13[a]	0.49±0.03[b]
单口采食量（有机质：OM）/（g/bite）	1.06±0.12[a]	0.46±0.03[b]

注：同行不同小写字母表示差异显著，$P<0.05$。

9.3.2　小结

牦牛在秋、冬季草场的 24h 采食时间差异不显著，但在秋季草场牦牛的干物质单口采食量显著高于冬季草场。冬季草场牦牛的采食时间比较集中，白天除中午短暂的非采食行为外，其他大部分时间都在采食。

9.4　基于 GPS 和 GIS 的牦牛牧食行为规律研究

9.4.1　研究区域概况

基于 GPS 和 GIS 技术对牦牛在冬春草场和夏秋草场的牧食行为规律的研究主要在青海省果洛藏族自治州玛沁县和青海省海南藏族自治州贵南县进行。

玛沁县的试验设在大武镇，该地区多年平均降水量约为 490mm，植被类型以高山灌丛草甸和高山草甸为主，冬春草场放牧时间为每年 10 月到次年 5 月，草场平均海拔约为 3703m，小气候、生态条件较为优越，避风向阳，牧草返青较早，以高山嵩草、紫花针茅和矮嵩草等为群落优势物种。夏秋季草场放牧时间为每年 6～10 月，草场平均海拔约为 3738m，远离牧民定居点。

贵南县的试验设在森多乡，该地区多年平均降水量为 404mm，年平均温度为 2.3℃，月平均温度于 1 月最低，为－12.8℃，于 7 月最高，为 15.6℃。

9.4.2　放牧家畜空间移动及牧食行为研究——以玛沁县为例

1）放牧家畜牧场内牧食行为监测设备安装

在 3 头试验牦牛的背部分别配置 GPS3300 家畜跟踪定位装置，对牦牛的放牧活动进行定位跟踪研究，试验牦牛与牛群不分离。3 头试验牦牛所携带的 GPS 编号分别为 G2790、G2791 和 G2794，该装置每 5min 记录一次家畜的空间位置坐标，在试验结束后，下载并保存 GPS 记录的数据。夏季草场试验于 2014 年 6～8 月进行。试验期内进行自由放牧（夜间栓系），从早晨（9:00）挤奶结束至傍晚（18:00）归牧（挤奶）。牦牛放牧行为依据 Putfarken 等（2008）的研究结果进行分类：假设动物在 5min 内的游走距离短于 6.0m（相当于移动速度为 0.02m/s），认为动物是在休息，当动物在 5min 内的游走距离为 6.0～100.0m 时（相当于移动速度为 0.02～0.33m/s），认为动物在采食；当游走距离长于 100.0m 时（相当于移动速度＞0.33m/s），认为动物是在游走或奔跑。

2）牧场内牦牛的空间动态分布

从地理空间数据云下载试验区 6～8 月的 TM 影像作为夏季草场的底图，将 3 头试验牦牛的 GPS 数据通过 ArcGis 软件加载到 TM 影像中，得到试验牦牛在夏季草场的动态空间分布格局图（图 9.1 和图 9.2）。

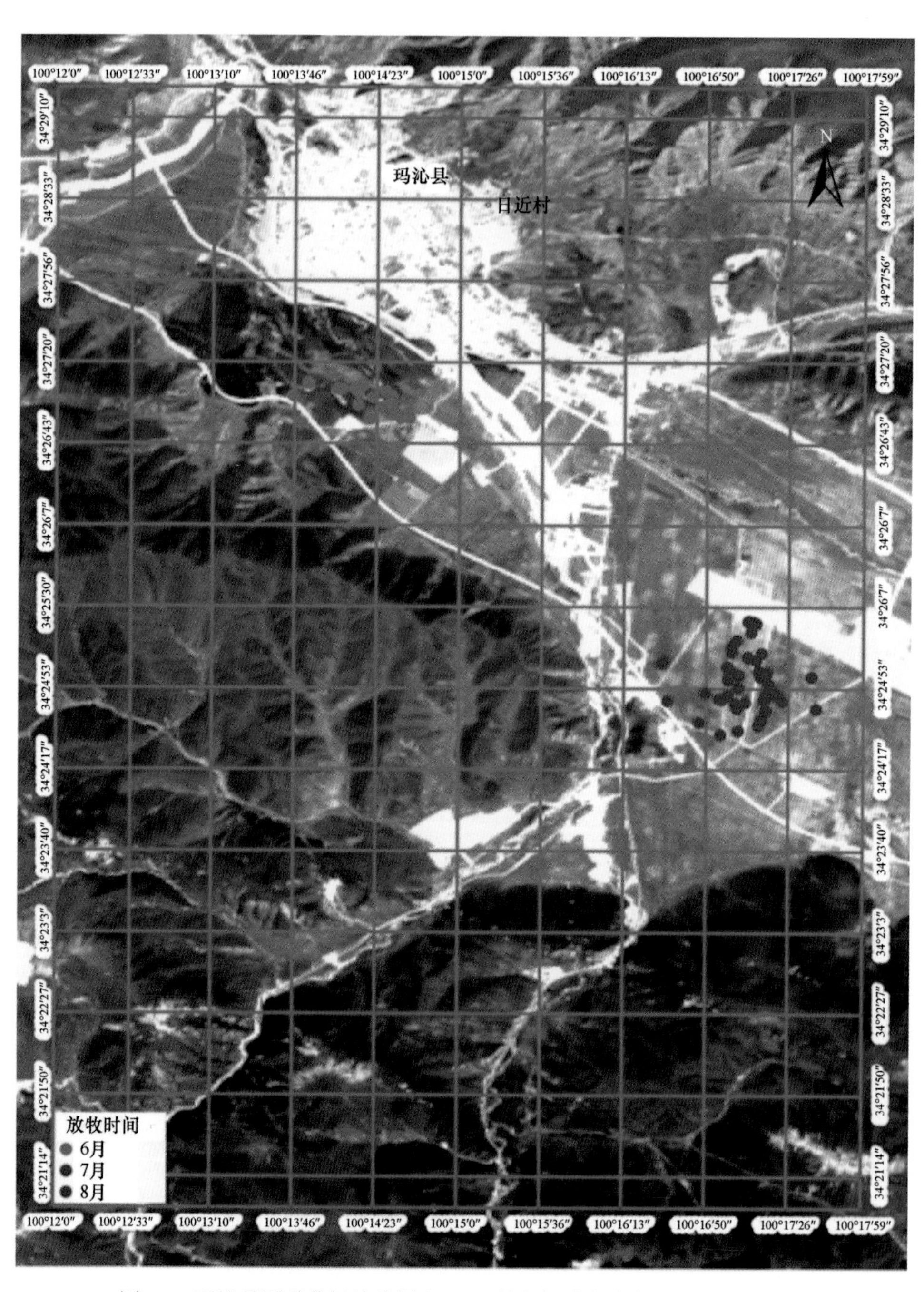

图 9.1　玛沁县夏季草场放牧牦牛 6～8 月空间动态分布（董全民等，2017）

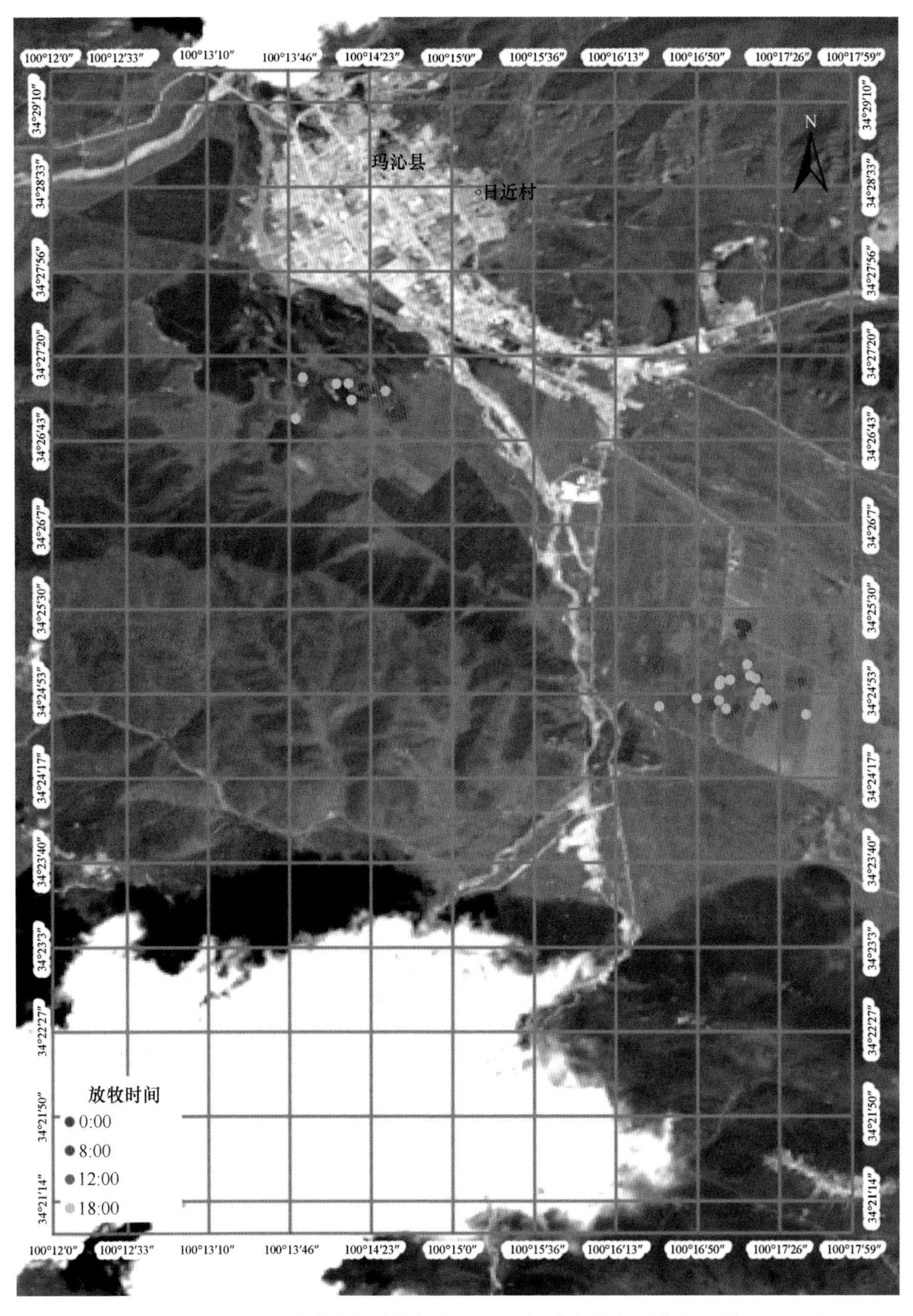

图 9.2　玛沁县夏季草场放牧牦牛 24h 空间动态分布（董全民等，2017）

3）牦牛空间移动及牧食行为

在试验期间，日平均气温的变化呈抛物线形，6～7 月气温逐渐升高，7～8 月气温又开始降低。整个试验期内的日平均气温在 8～18℃变化（图 9.3）。牦牛的等热区为 8～14℃，表明在果洛藏族自治州大武镇，6～8 月的外界气温比较适合牦牛的放牧采食活动。

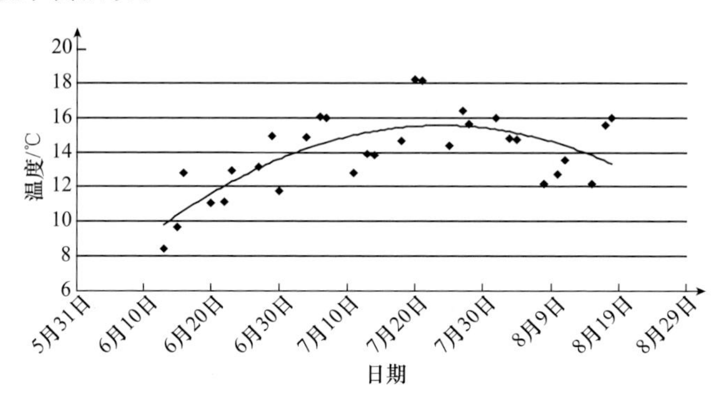

图 9.3　2014 年试验期内日平均气温趋势图（董全民等，2017）

每日气温的变化总体趋势是，早上 8:00～9:00 气温开始升高，到下午 2:00～3:00 气温达到最高值，到晚上 8:00 左右气温开始缓慢降低，直至次日凌晨 4:00～6:00。根据牦牛的等热区，在 6～8 月白天 9:00 到次日凌晨 0:00，外界气温都适合牦牛采食。总体而言，7～8 月后半夜（0:00 到次日早晨 8:00）气温也适合牦牛的室外活动（图 9.4）。

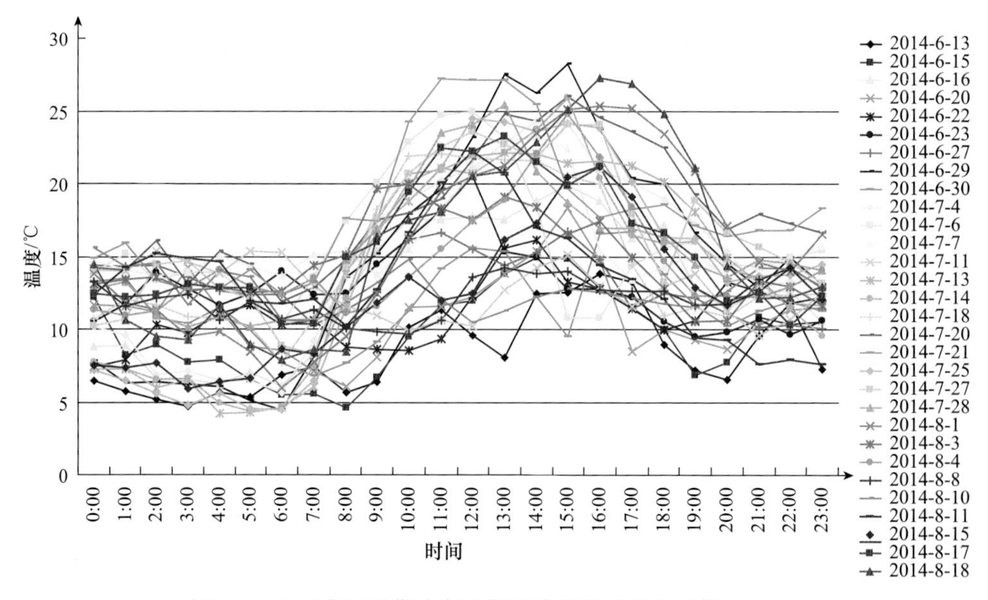

图 9.4　2014 年试验期内每日气温变化图（董全民等，2017）

试验中的2头牦牛日平均游走距离表现为在7月和8月长于6月，而7月不同日期间的变化也比较大（图9.5和图9.6）。试验期内，日平均游走距离在3～13km。7月和8月牦牛较长的游走距离一方面表明这一时期草场状况较好，牦牛有较高的选择采食性；另一方面，7月和8月也是牦牛的发情、配种的季节，因此导致较高的活动量。

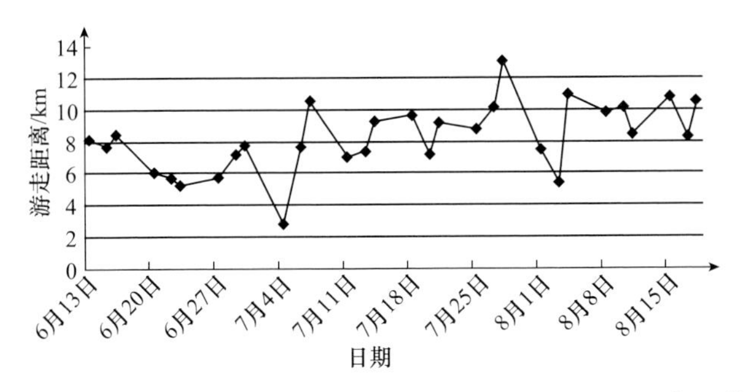

图9.5　2014年试验期内牦牛（编号2791）日平均游走距离（董全民等，2017）

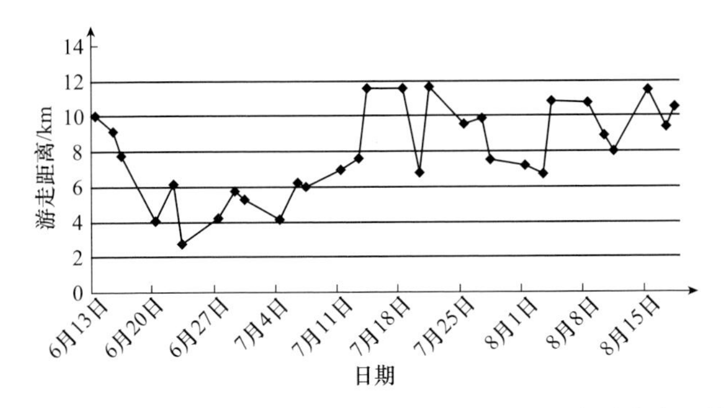

图9.6　2014年试验期内牦牛（编号2794）日平均游走距离（董全民等，2017）

牦牛在6～8月的日平均游走距离表现为早晨和傍晚两个活动高峰，第一个高峰为6:00～10:00，第二个高峰为18:00～20:00，尤其是6:00～10:00活动更为剧烈，而且上午的游走活动量在8月最高，6月最低（图9.7和图9.8）。表明上

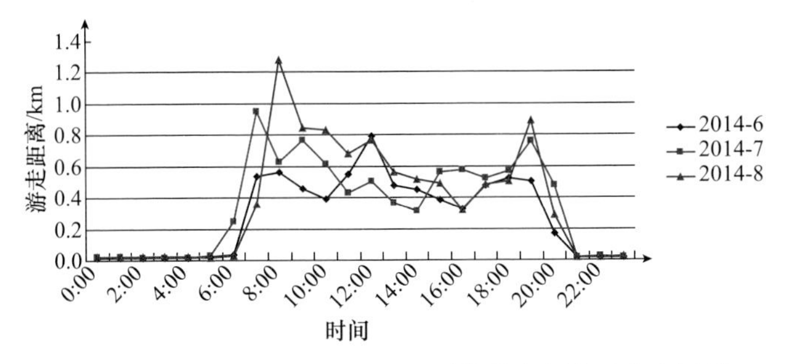

图9.7　牦牛（编号2791）在6～8月日平均游走距离（董全民等，2017）

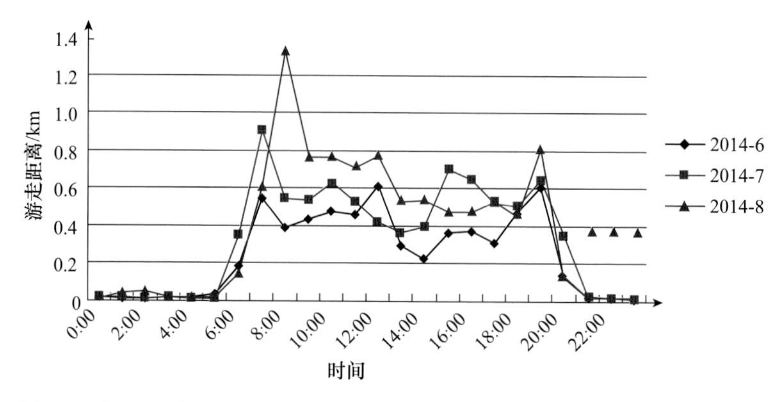

图 9.8 牦牛（编号 2794）在 6～8 月日平均游走距离（董全民等，2017）

午是牦牛放牧的关键时段，充分利用好上午的牦牛牧食时间，对于牦牛获得充足的采食是非常重要的。

9.4.3 放牧家畜空间移动及牧食行为研究——以贵南县为例

1）放牧家畜牧场内牧食行为监测设备安装

在 12 头试验牦牛的背部分别配置 GPS3300 家畜跟踪定位装置，对牦牛的放牧活动进行定位跟踪研究，试验牦牛与牛群不分离。12 头试验牦牛的编号见表 9.8。定位装置分别以 5min/ 次和 10min/ 次的频率记录家畜的空间位置坐标，在试验结束后，下载并保存 GPS 记录的数据。试验于 2015 年 4～8 月进行。试验期内进行自由放牧（夜间拴系），从早晨（9:00）挤奶结束至傍晚（18:00）归牧（挤奶）。牦牛放牧行为的分类依据与玛沁县牧场牦牛牧食行为的分类依据相同。

表 9.8 贵南县草场用于试验的家畜情况（董全民等，2017）

编号	年龄	生理情况	草场	记录日期（年 - 月 - 日）	记录频率
2790	6	干奶	冬春草场	2015-4-3～2015-6-13	5min 和 10min
2791	6	带 2 岁牛犊	冬春草场	2015-4-3～2015-6-13	5min 和 10min
2792	6	带 2 岁牛犊	冬春草场	2015-4-3～2015-6-13	5min 和 10min
2793	6	带 2 岁牛犊	冬春草场	2015-4-3～2015-6-13	5min 和 10min
2794	6	带 2 岁牛犊	冬春草场	2015-4-3～2015-6-13	5min 和 10min
2795	6	干奶	冬春草场	2015-4-3～2015-6-13	5min 和 10min

续表

编号	年龄	生理情况	草场	记录日期（年-月-日）	记录频率
2790	6	干乳牦牛，2014 年产犊，断乳	秋季草场	2015-6-14～2015-8-18	5min 和 10min
2791	4	泌乳牦牛，2015 年初产牛犊	秋季草场	2015-6-14～2015-8-18	5min 和 10min
2792	7	干乳牦牛，2014 年产犊，断乳	秋季草场	2015-6-14～2015-8-18	5min 和 10min
2793	8	泌乳牦牛，带 1 岁牛犊	秋季草场	2015-6-14～2015-8-18	5min 和 10min
2794	6	干乳牦牛，2014 年产犊，牛犊死亡	秋季草场	2015-6-14～2015-8-18	5min 和 10min
2795	8	泌乳牦牛，带 1 岁牛犊	秋季草场	2015-6-14～2015-8-18	5min 和 10min

2）草场内牦牛的空间动态分布

将地理空间数据云下载试验区 4～8 月的 TM 影像作为草场的底图，将 12 头试验牦牛的 GPS 数据通过 ArcGis 软件加载到 TM 影像中，得到试验牦牛在草场采食的空间分布格局图（图 9.9 和图 9.10）。

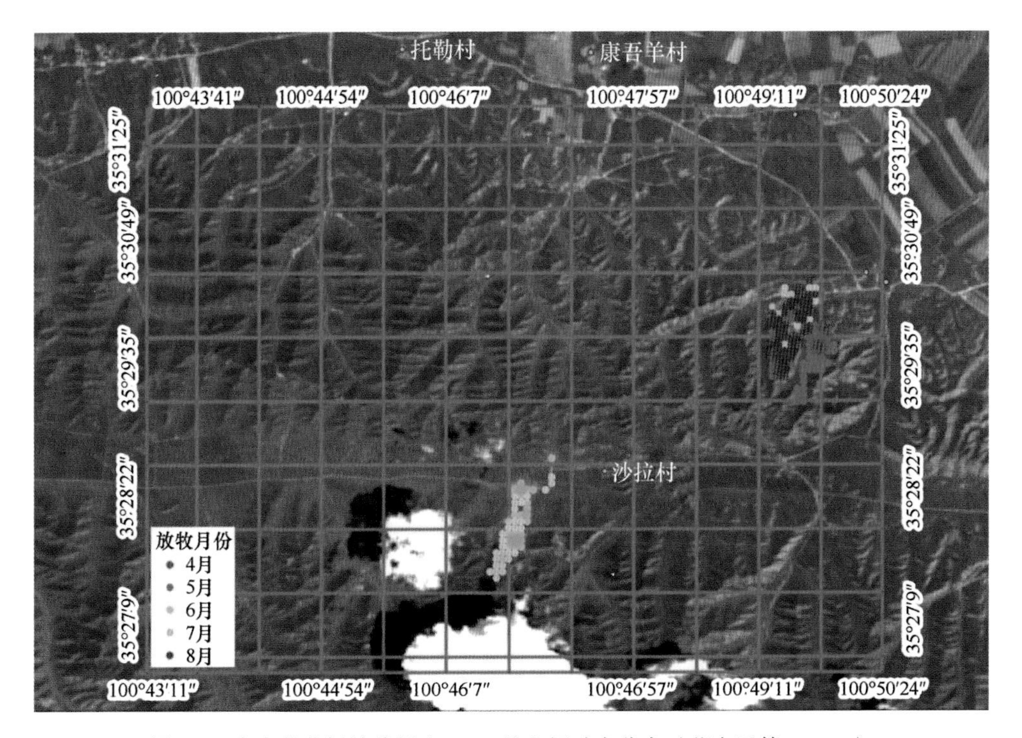

图 9.9 贵南县草场放牧牦牛 4～8 月空间动态分布（董全民等，2017）

3）牦牛空间移动及牧食行为

在贵南县 4～8 月试验期间，日平均气温呈上升趋势（图 9.11）。但不同月份

图 9.10　贵南县草场 24h 牦牛空间动态分布（董全民等，2017）

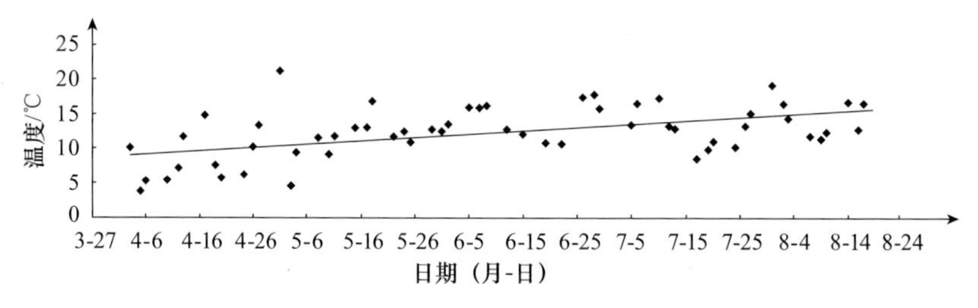

图 9.11　2015 年试验期内 4～8 月日平均气温变化（董全民等，2017）

之间气温变化具有差异，在 4 月日平均气温波动幅度比较大，处于 5～12℃。而 5 月日平均气温变化相对平缓，处于 10～13℃，6 月日平均气温处于 10～15℃。到 7 月日平均气温又出现较大的变化浮动，低温为 10℃，高温达到 18℃。4 月属春季末期，气候变化比较大，经常出现大风，并时而伴有小雪或阵雪，日平均气温变化比较大，因此在经历长期的冬春枯草、缺草季节，到 4 月牦牛体质比较弱，抵抗力下降，剧烈的气候变化容易导致疾病的发生，而 4 月又是牦牛开始产犊的时期，在这一时期注意家畜的防寒保暖及营养状况，可减少经济损失。5～6 月气温恒定，有利于牧草的返青、生长。7 月虽然是牧草生长的旺盛期，但由于正处雨季，晴天、阴天或雨天的气温差异比较大。由于牦牛的适宜等热区为

8～14℃，贵南县 5～8 月的日平均气温适宜牦牛的采食放牧活动。

在试验监测期间，4～8 月，环境温度总体表现出直线上升的趋势，与放牧季节呈显著正相关，其中编号 2790、2791、2792 的 3 头试验牦牛所测得的环境温度与放牧季节之间的回归系数均在 0.78 以上。整个试验期间，气温的变化维持在 4.2～13.8℃。

牦牛在 4 月和 6 月日平均游走距离比较长，而在 7 月最短（图 9.12）。4 月是贵南县牧草返青季节，牦牛在这一时期采食、觅食活动比较剧烈。6 月是牧草生长期，气候适宜，日平均气温为 15℃左右，处于牦牛等热范围之内，因此适宜牦牛的室外采食活动，加之这一时期牧草幼嫩，适口性好，牦牛经历冬春长期饥饿，通过 6 月的采食以恢复体况。到了 7 月，由于牦牛体况基本恢复，牧草生长状况较好，牦牛不需要通过长距离或长时间的游走采食。可见，7 月也是牦牛体况恢复的重要时期。

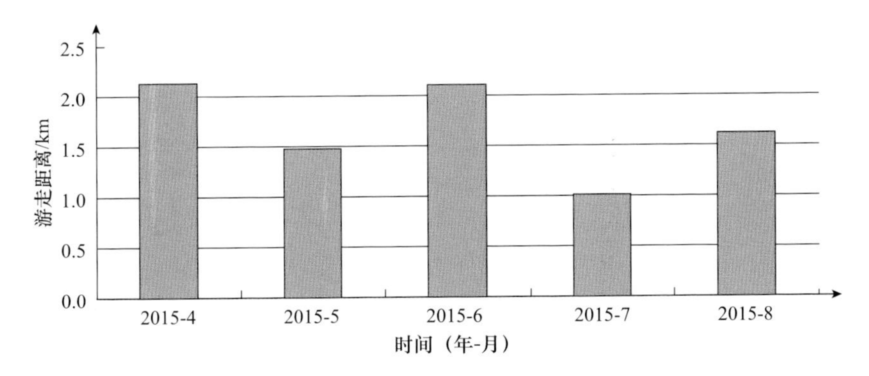

图 9.12　贵南县 4～8 月放牧牦牛日平均游走距离（董全民等，2017）

与玛沁县研究结果相比，贵南县试验牦牛没有表现出明显的夜息规律（图 9.13），主要原因是贵南县草场状况比玛沁县差，牦牛仅通过昼间采食不能获取足够的食物，夜间依然需要较多、较强的采食活动，可见贵南县试验牦牛的能量消耗较大，可通过减少家畜数量及适当补饲解决该问题。4 月贵南县牦牛平均

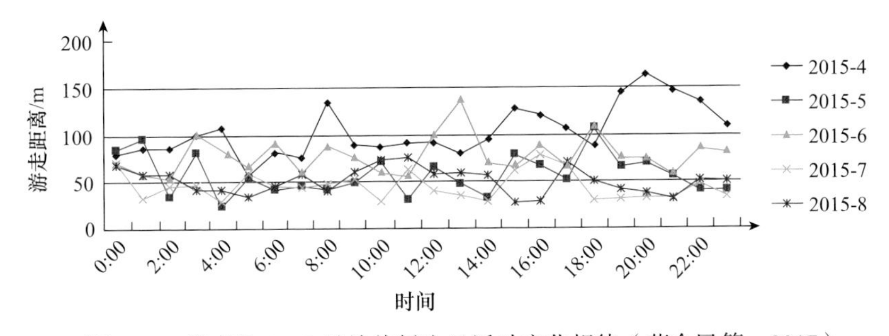

图 9.13　贵南县 4～8 月放牧牦牛日活动变化规律（董全民等，2017）

日游走距离长于其他月，但主要表现在 18:00～23:00，牦牛出现较强的活动现象。4 月牧草返青季节是导致牦牛较强活动规律的主要原因。

通过对编号 2790、2791、2794 的试验牦牛 24h 不间断的追踪定位监测，发现牦牛 24h 活动总体呈现双峰型变化规律，第一个活动波峰出现在 9:00～11:00，第二个波峰出现在 17:00～19:00。活动量最大时刻牦牛的游走距离达到 1.57km/h，夜间 22:00 到次日凌晨 6:00，牦牛的游走距离均不超过 0.2km/h（图 9.14）。

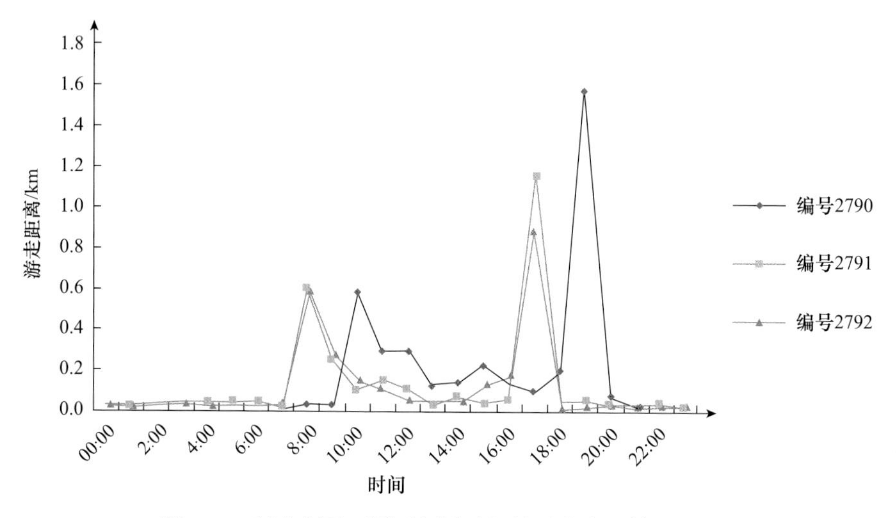

图 9.14 牦牛每天不同时刻活动规律（董全民等，2017）

4）牦牛采食行为时间分配规律

试验期间，5 月、6 月泌乳组牦牛的站立和躺卧行为所用时间的比例明显高于断奶组，采食行为所用时间的比例低于断奶组；8 月则恰好相反，泌乳组牦牛的站立和躺卧时间均低于断奶组，而采食时间高于断奶组。游走所用时间的比例，在泌乳组和断奶组之间没有明显的差异。出现该结果可能是由于 5 月、6 月牦牛处于冬春草场，牧草的生物量及粗蛋白含量相对夏季草场较低，不能为草食动物提供充足的能量，牛犊需要通过增加吮奶时间和次数保证足够的维持代谢能摄入，因此泌乳组牦牛的站立和躺卧时间均长于断奶组，而夏季草场草地状况良好，牛犊可以独立摄取足够的饲草料，另外母牛为了产奶及秋季增膘的需要，采食行为所用时间的比例明显增加（图 9.15）。

5）不同季节草场牦牛采食空间分布格局

牦牛在冬季草场（4 月）的活动范围非常集中（图 9.16），而在夏季草场（8 月）则沿着河谷地带呈条带状分布，并且在河滩地分布最密集（图 9.17），这也

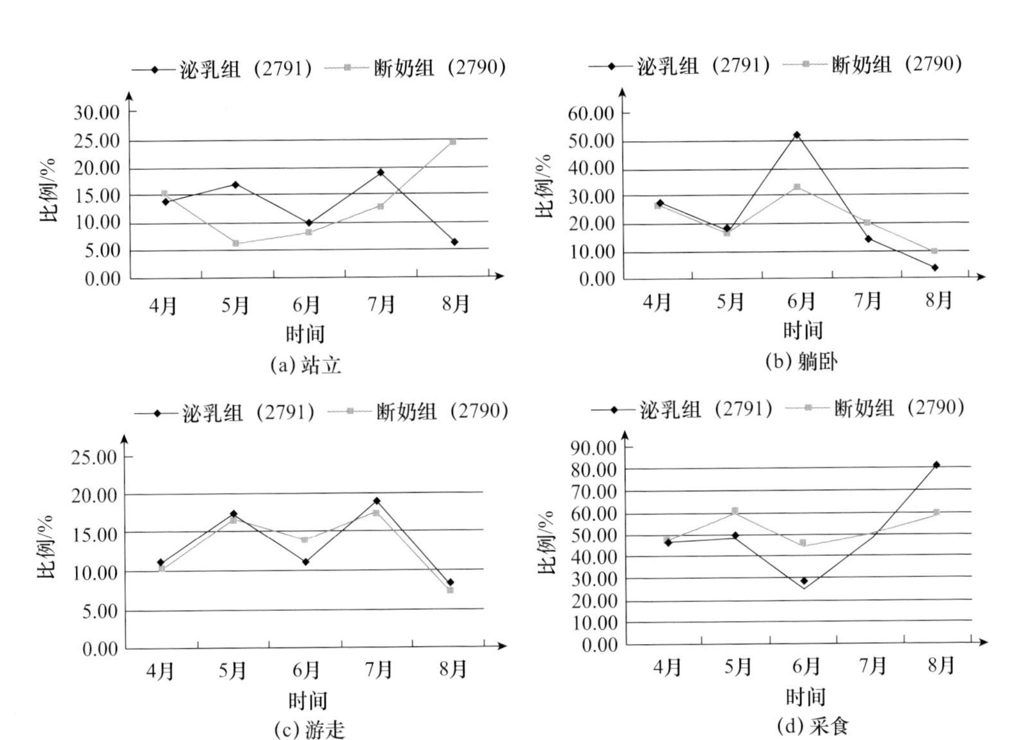

图 9.15 牦牛采食行为的分配比例（董全民等，2017）

图 9.16 贵南县冬季草场放牧牦牛空间分布格局（董全民等，2017）

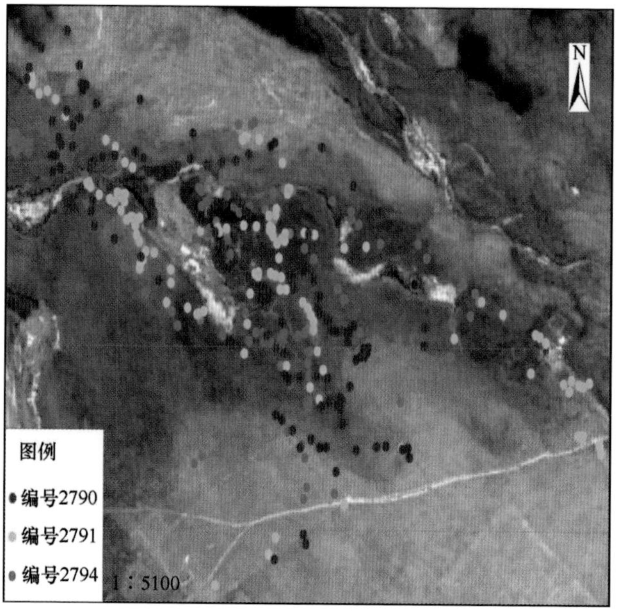

图 9.17　贵南县夏季草场放牧牦牛空间分布格局（董全民等，2017）

反映了牦牛作为食草动物，有追逐水草而栖息的生活习性。总体来看，试验牦牛的放牧活动表现出群居特性。

6）不同季节牧场牦牛放牧行为时间的分配比例

试验期内，夏季草场上牦牛各主要放牧行为的总体时间分配顺序依次是采食（504.90±4.13min）>游走（75.45±6.43min）>卧息（55.10±0.03min），并且这 3 个行为之间差异显著（$P<0.05$）；冬季草场上牦牛卧息时间（355.80±10.05min）显著多于采食时间（243.10±8.00min，$P<0.05$；表 9.9）。冬季草场牦牛于 13:00 的采食时间最短，卧息时间最长，14:00 的采食时间最长，卧息时间最短，然后采食时间逐渐变短，直到归牧前 17:00，采食时间又达到一个高峰（图 9.18）；在夏季草场 10:00、12:00、18:00 这 3 个时刻没有观察到牦牛的游走行为，游走时间的最大值出现在 11:00，用于卧息的时间在 14:00 达到最大，在 18:00 牦牛的采食时间达到最大，而在 11:00 牦牛的采食时间最短（图 9.19）。

表 9.9　牦牛各季节草场放牧行为观测（董全民等，2017）

试验样地	游走 /min	采食 /min	卧息 /min
夏季草场	75.45 ± 6.43^{b}	504.90 ± 4.13^{a}	55.10 ± 0.03^{c}
冬季草场	0^{c}	243.10 ± 8.00^{b}	355.80 ± 10.05^{a}

注：同行不同小写字母表示差异显著，$P<0.05$。

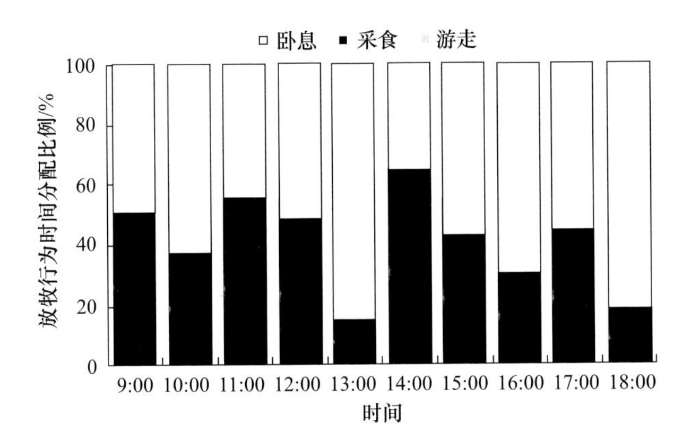

图 9.18　冬季草场牦牛放牧行为观测（董全民等，2017）

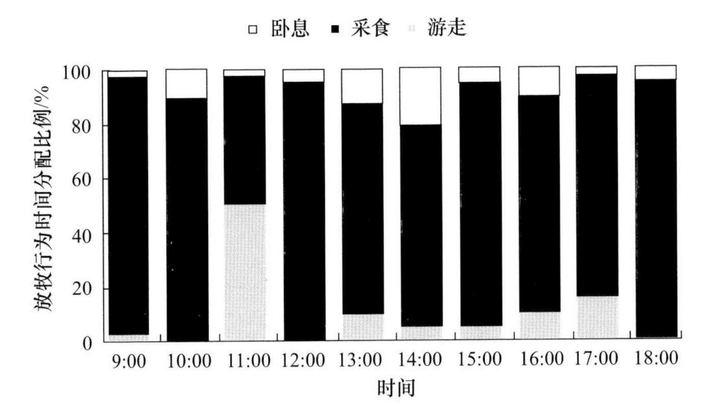

图 9.19　夏季草场牦牛放牧行为观测（董全民等，2017）

9.4.4　小结

（1）玛沁县在 6～8 月的日平均气温适合牦牛的室外牧食活动，7 月、8 月的夜间气温也在牦牛的等热区内，因此 7 月、8 月可以考虑对牦牛 24h 放牧的管理措施。7 月、8 月牦牛的活动量较高，可以考虑采用小区轮牧的方式，降低活动量，减少能量损耗。同时，此时是牦牛的发情、配种时期，注意合理搭配畜群，提高受种率。6～8 月的上午是牦牛放牧采食活动剧烈的时段，根据草场合理安排牦牛的圈外采食活动，以获取较大的日采食量，如早晨提早放牧、提早挤奶或改为傍晚挤奶、上午控制牦牛的采食范围等措施，在降低牦牛体能损耗的同时，提高日采食量。

（2）贵南县牦牛的游走距离总体较玛沁县长，主要原因是贵南县草场质量差、草场面积小。表明贵南县草场的放牧压力过大，需采取减牧及半舍饲技术减轻放牧压力。4 月是贵南县牧草返青时期，牦牛日活动量剧烈，如果不加以控制，容易导致家畜春乏、易病，甚至死亡。尤其对于弱小牦牛，很难度过这段时期，需要备足补饲料，并限制牦牛日采食时间和采食范围。

（3）冬季草场初牧（9:00、10:00）和归牧前（17:00、18:00）外界气温在牦牛的等热区内，适合牦牛进行牧食活动。夏季草场牦牛的游走距离明显长于冬季草场，活动量较大，此时是牦牛的发情、配种的时期，可以考虑采用小区轮牧的方式，降低活动量，减少能量损耗。初牧和归牧前是牦牛放牧采食的剧烈活动时间，另外在夏季的 13:00 左右也会出现一个采食高峰。牦牛的放牧行为符合晨昏活动格局，总体上表现出采食—休息—反刍—采食的活动规律。

9.5 讨论与结论

牦牛最主要的放牧行为包括采食、卧息、反刍、游走等，其在草场上的游走距离主要受气候、草地状况、生理状态等因素的影响。草地状况和牧草品质能够显著地影响牦牛的牧食行为，只有当牧草供应充足的前提下，生理状况才可能是影响牦牛牧食行为的主要因素。高温环境下，牦牛有意地厌食以减少热负荷，低温环境下，牦牛增加采食量以维持其正常生长需要（杜英，1985）。寒冷环境下，牦牛体热散失的多少，与风速、湿度等有关。当环境温度远低于体温时，牦牛会借提高新陈代谢量来增加产热，从而维持体温恒定（张容昶，1992）。玛沁县属于高寒牧区，暖季草场牧草生长季短，由于水热条件较好，草种丰富，以优质莎草科牧草为优势草种。但由于放牧压力过大，草地被过度啃食，难以为家畜提供足够的饲草，所以牦牛以最大限度的时间和空间进行采食，而用于卧息和反刍的时间相对减少（丁路明，2007）。这也是夏季草场牦牛采食的空间格局比较分散的原因。冬季草场牧草稀疏，难以满足牦牛的需求（杨福囤等，1981）。在冬季可通过夜间补饲来维持牦牛正常的营养需求，另外放牧牦牛通过增加卧息时间，减少能量的额外消耗，因此在冬季草场牦牛的活动范围非常集中，并且几乎没有观察到牦牛的游走行为。这是牦牛对饥饿的一种生理调节，是对冬季草场这一严酷的生态环境的适应性表现。无论是冬季草场还是夏季草场，牦牛的游走距离在 12:00～13:00 最短，原因有可能是牦牛经过 11:00 的采食高峰后开始对其采食的牧草进行一个短暂的反刍，而游走距离在 14:00 出现峰值可能是由于牦牛在 13:00 经过卧息和反刍后又开始积极采食。

许多有蹄类动物在进化稳定对策作用下，形成比较固定的晨昏活动格局（刘国库等，2011），本章试验结果发现玛沁县自由放牧牦牛也遵循这一活动规律。早晨（9:00）初牧和下午（18:00）归牧前牦牛的游走距离最长，均高于其他定牧时刻。该试验结果，与丁路明（2007）的研究结论（牦牛在青海三角城区秋季草场的白天采食活动的主要发生时间为8:00～20:00）是相似的。这主要是由于初牧时牦牛处于饥饿状态，比较贪食，采食速度快，故观察到牦牛较长的游走距离；经过频繁而单调的觅食动作，口腔肌肉疲劳，到定牧时觅食速度有所降低，经过卧息、反刍后到归牧前牦牛又开始积极觅食（汪玺，2003），为夜间反刍提供足够的牧草。另外，也可能因为清晨气温较低、蚊虫较少，牧草上的露水刚刚消失，适口性好，牦牛比较喜欢到处觅食；傍晚游走距离之所以出现高峰，可能是因为牦牛在白天进行了大量的采食活动，比较渴，需要寻找水源进行饮水。牦牛在13:00左右出现1个小的取食高峰，这可能是因为夏季昼间时间较长，而且牦牛活动的空间尺度较大，2次取食无法满足牦牛的日间活动需求，所以在午间温度达到最高值之前有少量的进食补充。

GPS技术手段改变了追踪定位放牧家畜的方法，它可以准确地定位放牧家畜所在的位置、海拔及当地的温度，GPS的使用过程不影响家畜的正常行为，对家畜没有副作用，但是运用GPS数据计算家畜活动距离时，随着放牧时间的延长和采样频率的加快，GPS数据的误差也会加大（乌日娜等，2009）。另外，平坦和开阔的地形条件及试验期间的良好的气象条件对于提高卫星信号强度和质量，获取精准的GPS数据也有极大的影响。电子计步器能够统计家畜的步数，测量其活动的剧烈程度，并且能够区别家畜站立和卧息的位置（Ungar et al.，2011）。如果在进一步试验与研究中将电子计步器和GPS领夹配合使用的话，所收集GPS数据的用途将得到极大的扩展。依据Putfarken等（2008）的研究结果，对于牦牛放牧行为分类，其缺点是缺乏人为观测试验对其分类结果进行校正检验。GPS领夹重量不宜过重，否则会影响牦牛正常的放牧行为。GPS数据两个记录点间的距离是基于西安80基准面的高斯－克吕格3度分带平面投影计算得到的，与牦牛实际活动距离存在一定差异，对试验结果可能会产生一定的影响。本章选择5min为GPS数据记录时间间隔，因为时间间隔过长会导致一些牦牛活动（如饮水）数据不能被记录，而由于GPS设备电池容量的限制，时间间隔过短则需要频繁更换电池（Ungar et al.，2011），不利于试验的顺利进行。总之，对家畜追踪定位智能化数据的获取及对数据精准度的提高仍然是这一领域研究的主要目标（Turner et al.，2000）。

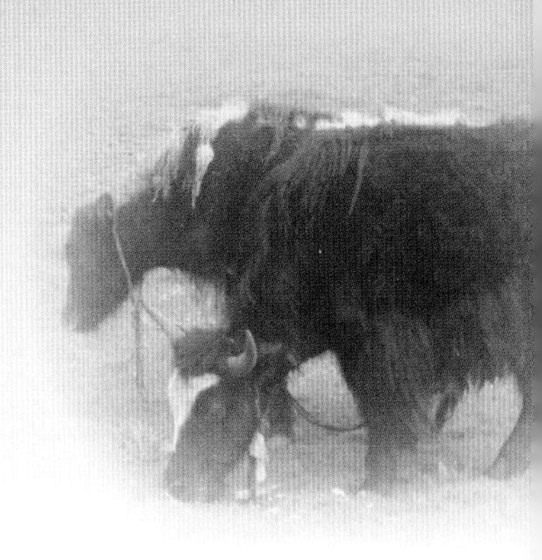

10 放牧系统优化

目前，在我国家庭草地承包责任制的放牧制度下，牧民追求高收入、高增长、重放牧、轻生态的理念，放牧草地普遍压力过大，放牧系统初级生产力降低，从而影响了次级生产力。高压放牧下，整个草地放牧系统难以维持，长此以往，必将影响草畜生态的可持续发展。基于牦牛放牧生态系统的重要地位及现状，优化当前放牧系统迫在眉睫。随着牦牛数量的逐年增加，以及放牧草场的严重退化，传统的自由放牧已不再适应目前的生产现状，而应该根据现有草地及家畜状况，以现代畜牧业发展理念为指导，通过主动控制放牧强度，采用更合理的放牧制度；通过有计划的混合放牧系统控制放牧草地生物群落；通过人工草地的建植，增加人工饲草供给模式，改善饲草料供求的时空分布，缓解草畜矛盾；通过实时调控家畜周转出栏及调整畜群结构；通过对家畜进行补饲，人为调控家畜营养摄入；通过放牧＋舍饲、牧区放牧－农区舍饲育肥及异地育肥等措施，降低草地放牧压力，同时提高牦牛生产效率，转变畜牧业的经营方式，优化高山嵩草草甸－牦牛放牧生态系统，实现经济效益与生态效益的双赢。

10.1 高寒天然草地放牧强度调控

草地畜牧业是青藏高原地区经济的重要组成部分，约有 1.3 亿 hm^2 的牧场和 7000 万的家畜（贺有龙等，2008）。青藏高原是典型的以家庭牧场为单位的小户粗放经营的代表。青藏高原敏感脆弱的生态系统发挥着重要的生态服务功能，同时也维持着世界最大游牧人口（超过 980 万藏区牧民）的生计（Shang et al., 2014）。青藏高原天然草地不仅是当地群众生存和经济发展的基础，而且在维持区域生态环境、孕育少数民族文化等方面起着重要作用，是我国重要的生态环境屏障，具有十分重要的生态学意义。牧草和家畜是放牧生态系统的主体，它们相互影响，相互制约。草地为家畜提供饲草，家畜则通过采食、践踏、排泄等活动影响牧草生长，它们处于一个矛盾的统一体中。

青藏高原地区对高寒草甸最普遍、最简单、最经济的利用方式是放牧牦牛和藏系绵羊，然而放牧对草地植物既有抑制作用，又有促进作用，从而改变草地的生产力和生物多样性（Wu et al.，2009）。“中度干扰假说”认为适当的放牧可以维系或优化草地群落植物的多样性，进而影响草地的生产力和群落结构，还可以保持良好的草地功能多样性，提高草地产草量，促进草地的稳定性和可持续发展（Tilman and Downing，1994）。然而，过度放牧不仅导致草地群落发生逆向演替，而且使高寒草甸植被在种类、结构、功能等方面发生退化，造成生产力下降，严重影响草地生态系统的功能（江小蕾等，2003；董全民等，2012）。草地功能的发挥和维持，必须要求将草地利用控制在一定的可承受范围内。近年来，青藏高原草地退化问题日益严重，而超载放牧是引起草地退化的主要原因，直接影响植物群落的结构、土壤理化性质及养分循环。在大气候环境一致的区域，放牧强度对植物群落的影响大于其他环境因子，放牧强度和频率直接影响草地植物群落结构和植物多样性，进而影响家畜生产力、草地恢复力和稳定性（付伟等，2013；Shang et al.，2014；董全民等，2014）。调控草地放牧强度，是优化草地放牧系统，维持草地生态系统平衡的重要措施。以草地生态系统最优模型为科学管理的依据，调控草地放牧强度，能使草地既满足最大的经济效益，又实现草地的生态功效，实现草地畜牧业的可持续发展。

10.1.1 高寒天然草地放牧系统草畜平衡

影响青藏高原草地放牧系统可持续发展的最大问题就是饲草供应和家畜生产的矛盾。在青藏高原的放牧生态系统可持续发展中，草畜平衡是核心。草畜平衡是指为保持草地生态系统良性循环，在一定区域和时间内，使草地和其他途径提供的饲草料总量与饲养牲畜所需的饲草料总量保持动态平衡。草地畜牧业要持续发展，就必须构建保证草畜处于平衡状态的长效机制，建立和推行草畜平衡管理制度，合理利用草地，改善生态环境，实现可持续发展，对草原畜牧业发展和生态环境保护具有极为重要的意义。2002 年，我国颁布了农业行业标准《天然草地合理载畜量的计算》（NY/T 635—2002），2005 年 3 月 1 日已正式实施《草畜平衡管理办法》，极大地促进了对草畜平衡的监督与管理。草地可持续利用的关键是引导牧民成为理性生产者，最优放牧策略必须对不断变化的草地做出快速反应，科学地确定草地载畜量和放牧率，实现草畜平衡，实现草地的可持续利用（徐敏云和贺金生，2014）。

草畜平衡是草地可持续利用、草地畜牧业可持续发展的前提。2010 年，国家基于退牧还草工程在内蒙古、新疆、西藏、青海等 8 个主要牧区省（区）建立了草原生态保护补助奖励机制。对禁牧进行补助，对禁牧区域以外的牧户承包草原，在核定合理载畜量的基础上实施草畜平衡管理，并给予未超载放牧的牧民每亩 1.5 元的草畜平衡奖励（1 亩≈666.67m^2），标志着我国对牧户的生态补偿政策进入一个新阶段（李金亚等，2014）。党的十八大以来，提出推进生态文明，建设美丽中国，以及不断出台各种政策及文件强调建立完善的生态补偿机制、发展生态友好型农业。草畜平衡是草地农业生态系统中动物生产与植物生产两个层次复杂的耦合，是实现草地与家畜，即草地生态效益与经济效益之间平衡的必要手段。这不但需要调控适宜的载畜量，还需要通过不同的人工主动调控手段来提高草地的初级生产力。但是，草畜平衡不仅是增减放牧家畜的数量，它还涉及牧民的经济利益。因此，草畜平衡问题的实质是“草－畜－人”三者之间的平衡。草畜平衡的关键是管理，管理的前提是监测，监测就是获取草原的动态信息，如草地的生产力、退化程度、放牧强度、放牧牲畜品种和畜群结构等，这些信息反馈给管理部门作为基础依据，据此做出相应的对策。草畜动态平衡的研究，强调牧草供给模式和以家畜数目为基础的需求模式，采用各种调控手段，进行优化研究（马志愤，2008）。

1. 青藏高原草畜平衡现状

李刚等（2014）结合 MODIS（moderate-resolution imaging spectroradiometer）的归一化植被指数（normalized difference vegetation index，NDVI）数据、气象数据、土壤质地数据等，利用改进的 CASA（carnegie- ames-stanford-approach）模型，对青藏高原草地产草量进行估算，并利用草畜平衡模型对青藏高原草畜平衡情况进行模拟估算。结果表明，2010 年，青藏高原年产草量区域差异十分明显，西藏年产草量最高，为 2642.89 万 t，青海藏区次之，为 2307.60 万 t；云南藏区最低，为 37.36 万 t。青藏高原天然草地总载畜量为 8363.04 万只（羊单位，下同），其中，青海藏区为 2889.10 万只，西藏为 2789.35 万只，四川藏区为 1854.10 万只，甘肃藏区为 796.42 万只，云南藏区为 34.09 万只。

利用草畜平衡模型模拟得出，青藏高原草地超载率超过 5 倍的县市占 7.69%，超过 2～5 倍的县市占 13.46%，超过 1～2 倍的县市占 28.84%，超载率小于 1 倍的县市占 38.82%，未超载的县市仅占 11.19%。以上研究结果表明，青藏高原大部分区域处于不同程度的超载放牧状态，整个青藏高原草畜严重不平衡。

蒲小剑（2016）对青藏高原东缘高寒草甸家庭牧场草畜平衡进行了研究，结果表明，青藏高原东缘高寒草甸家庭牧场家畜放牧制度一般为：10 月中旬至次年 6 月在冬季草场放牧，利用时间为 8 个月，7～10 月在夏季草场放牧，利用时间为 4 个月。将试验研究中所有家畜折算成标准羊单位并按 8.38MJ/（SU·d）计算，所有家畜代谢能日平均需要量为 8643.97MJ，冬季草场放牧 240d，面积为 26.67hm^2，暖季草场放牧 120d，面积为 40hm^2。2013 年 3～5 月和 2013 年 11 月至 2014 年 5 月天然草场牧草代谢能供应量不能满足家畜维持体况的代谢能需要。从 5 月初牧草返青开始，牧草提供的能量逐渐可以满足家畜需要，其体重也随之增加。牧草提供的能量在 8 月达到最大值，家畜平均体重最低值出现在牧草代谢能供应最低的 3 月。以上研究结果进一步说明，在冷季青藏高原高寒草甸所能提供的能量远不能满足家畜维持代谢需要，草畜能量供需存在严重不平衡。

青藏高原东缘高寒草甸的理论载畜量在 3～8 月增加，9 月到次年 3 月降低，次年 3～8 月又开始增加，9 月开始下降，其与牧草的生育期变化基本一致。且同一时期理论代谢能载畜量高于理论数量载畜量。此草地类型全年超载，3 月数量超载率最高，牧场压力最高，8 月载畜量理论值与实际值最接近，数量超载率最低（表 10.1）。在其试验牧场中，全年均处于超载放牧状态，且冷季超载率远高于暖季，且在每年的 3～5 月牧草返青前夕超载最严重。

表 10.1 青藏高原东缘高寒草甸的理论载畜量值（蒲小剑，2016）

时间（年-月）	理论代谢能载畜量 /（SU/hm^2）	实际载畜量 /（SU/hm^2）	代谢能超载率 /%	理论数量载畜量 /（SU/hm^2）	实际载畜量 /（SU/hm^2）	数量超载率 /%
2013-03	2.92^d	13.08^B	347.27^a	2.61	13.08^B	401.54^a
2013-05	4.05^d	13.08^B	222.61^b	3.64	13.08^B	278.33^b
2013-06	6.19^d	13.08^B	111.14^c	4.92	13.08^B	165.76^c
2013-07	15.28^b	19.61^A	28.32^c	11.75	19.61^A	66.94^d
2013-08	19.08^a	19.61^A	2.80^f	14.80	19.61^A	32.54^c
2013-09	15.88^b	19.61^A	23.49^c	12.76	19.61^A	53.66^d
2013-10	12.56^c	19.61^A	56.20^d	10.99	19.61^A	78.41^{cd}
2014-03	3.03^d	13.08^B	331.09^{ab}	2.61	13.08^B	401.38^a
2014-05	4.28^d	13.08^B	205.74^{bc}	3.54	13.08^B	270.00^b
2014-06	5.84^d	13.08^B	123.81^c	4.90	13.08^B	167.05^c
2014-07	15.21^b	19.61^A	28.91^c	11.81	19.61^A	66.09^d
2014-08	19.50^a	19.61^A	0.57^g	14.77	19.61^A	32.76^c
2014-09	16.24^b	19.61^A	20.76^f	12.85	19.61^A	52.58^d
2014-10	13.24^{bc}	19.61^A	48.18^d	11.23	19.61^A	74.62^{cd}

综上所述，尽管近年来国家出台了一系列草畜平衡管理办法及相关政策，但在青藏高原绝大部分地区还存在不同程度的草畜不平衡现象，尤其在冷季，草地所能提供的能量远不能满足家畜维持代谢所需，草畜能量供需存在严重不平衡，冷季超载率远高于暖季，最严重的超载发生在每年的3～5月。

2. 牧户“心理载畜率”与草畜平衡

有研究提出，牧户认为只是“适度超载”，而不是任意的过度超载。许多牧户一方面坚持执行“自己的草畜平衡标准”，另一方面在自我认知及个人利益的驱动下通过租赁草场、走场等方式实行牧户的“草畜平衡”（周圣坤，2008；达林太和娜仁高娃，2010）。基于此，侯向阳等（2013）和Yin等（2013）提出了牧户“心理载畜率（desirable stocking rate，DSR）”概念，即牧户“自己的草畜平衡标准”，其不同于理论载畜率和实际载畜率，是牧户对草地载畜率的自我模糊判断和期望，是实际指导牧户及畜牧业生产经营行为的根本因素。生态优化载畜率是指在辨识牧户饲养牲畜所需营养和草地所提供营养的平衡及匮乏基础上，选择适宜的饲养方式，并考虑未来气候变化背景下土壤、植被等的变化趋势，进行模型模拟而得到的载畜率。由于牧户“心理载畜率”与政府的草畜平衡标准之间存在差距，且固守其“心理载畜率”，导致牧户整体减畜困难，或者只是表面减畜，但实际少减或不减。牧户作为牧区经济中最基本的决策单元，直接决定畜牧业活动如何开展，进而直接影响草场的生态状况和牧区的社会经济可持续发展。从牧户心理载畜率出发，深刻认识和合理利用牧户心理载畜率，从微观尺度上探究牧户的生产决策行为特征，剖析和研究草畜平衡，探索有效的草畜平衡生态管理途径，实现长效减畜与牧区经济和生态的双赢，是草原地区社会－经济－自然复合生态管理的关键突破口（侯向阳等，2015）。生态管理是综合运用生态学、经济学、社会学与管理学等学科知识对人类资源环境开发、利用、破坏和保育活动的系统管制、引导、协调和监理，实现平衡、协调和可持续发展。生态管理的抓手是人，牧民作为草地生态管理的关键利益相关者，对其人性的假设，特别是对其心理载畜率属性的判断，是揭示牧户草畜平衡生产决策行为的内在机制、深入开展草原生态管理研究的关键。牧户心理载畜率从某种程度上来说，是在个人利益及个人利益与群体利益的矛盾与冲突下，牧户为了扩大个人利益而凸显出来的客观现实。因此，从牧户心理出发研究草畜平衡问题是草地畜牧业经济与生态双赢，以及实现草地利用与草地畜牧业可持续发展的关键突破口。

3. 草畜平衡模型研究

1）宏观草畜平衡理论模型

受Tisdell（2006）对发展中国家开放进入资源的利用问题的探讨启发，

李金亚等（2014）从宏观上构建了我国牧区草畜平衡的理论模型，并通过经济分析，演绎得出微观牧户草畜平衡差异的理论推论，认为从草原上获得的平均收入高于生存线，开放进入情况下将吸引更多人口进入草原，或者根据马尔萨斯人口理论，草原支撑的人口将增加，直至从草原上获得的收入下降到生存线为止。此时，草原超载过牧、生态环境恶化，草畜平衡就是针对这种情况制定的，旨在实现生态环境和牧民生计可持续的管理制度。假定：①市场机制下，牧户出于谋生目的直接利用草原，且很难转产到其他部门就业；②不考虑贴现，即只考虑静态的有效放牧量；③单位放牧活动量的成本固定不变，放牧活动量（E）与放牧牛羊的数量和放牧时间呈正相关，放牧成本等于单位放牧活动量成本与放牧活动量的乘积；④牛羊的价格（P）固定，放牧收益用出售牛羊数量（Q）与价格乘积衡量。Q 是放牧活动量的函数，放牧活动的收益（TR）和成本（TC）都是放牧活动量的函数。边际放牧活动的收益与草原存量呈正相关，草原存量越多，牛羊生长速度越快，边际放牧活动的收益越大。

在图 10.1 中，$TC=\beta E$ 是总成本线，其斜率 β 代表维持生存的放牧活动的平均收入水平。TR^* 是总收益线，当放牧活动量为 E^* 时取得最大总收益，此时，在草原年更新达到草畜平衡前提下，支撑的放牧活动量也达到最大。如果继续增加放牧活动量，会超越草原最大更新能力，减少下一期草原增量和其能支撑的放牧活动量，以及总收益，因此，E^* 是取得最大总收益的草畜平衡放牧活动量。但 E^* 并不是经济最优的放牧活动量，经济学净效益最大化的放牧量是图 10.1 中的 E^e 点，在这一点边际收益等于边际成本，超过这一点，追加的成本超过追加的收益。此时，草原上平均收入水平为 ∂，放牧活动量没有达到在满足草原平衡前提下草原能承载的极限 E^*。在我国牧区，因为受语言、文化习俗和经济发展条件所限，牧民转产转业困难，不能像发达国家那样实现劳动力的自由流动和充分就业，所以最优经济效率 E^e 点只是理论值。高于生存线的收入水平将使草原支撑的人口越来越多、放牧活动量相应增大，直至平均收入下降到生存线 β，在 E^D 点达到平衡。实际上 E^* 仅是静态有效率的放牧量，是在假设贴现率为 0 的情况下的动态有效放牧量。当社会存在正的贴现率时，保存草原资源的机会成本增加，因此，当前草原消耗率将上升，有效率的放牧水平将上升，这将减少均衡时的草原资源存量，贴现率越高，草原存量越少。要保证均衡收入水平不落到生存线以下，同时保护环境，就需要通过控制放牧活动量来恢复草地生产力，即实施草畜平衡管理。减少放牧活动量在短期内会减少牧户收入，但能使草原逐渐恢复到更高的存量水平，提高草畜平衡时的放牧量（草原增量）和边际收益，从而提高放牧平均收入水平。通俗地说，就是同样多的人口，如果草场质量变好，放牧的平均收益将会提高。图 10.1 反映的总量关系可以用单位曲线清晰地表示。图 10.2 的曲线形状表明假定生产函数是二次函数，*MCD* 是放牧活动的平均收益曲线，*MN* 是相应的边际收益曲线，0*F* 是生存线 β。尽管只有劳动力要素（放牧活动量）进入了模型，但如果每单位劳动所配备的其他要素是成比例投入，该模型仍然适用（李金亚等，2014）。

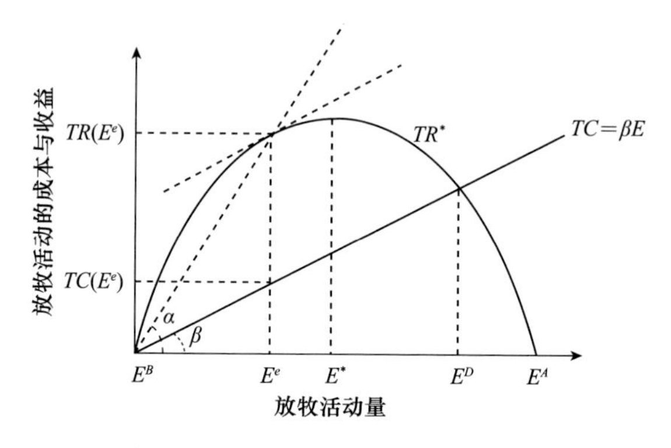

图 10.1　放牧活动量（*E*）、放牧活动的成本（*TC*）与收益（*TR*）之间的关系（李金亚等，2014）

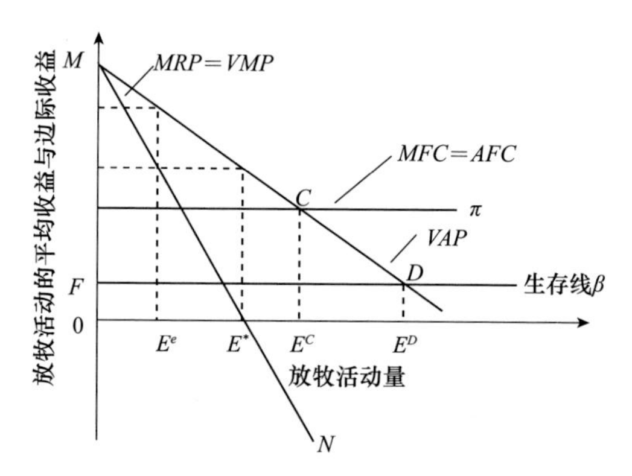

图 10.2　放牧活动量的平均收益和边际收益曲线（李金亚等，2014）

假定当下平均收入为 π，π 在生存线 β 上方的距离越远，则在收入下降到生存线以下之前，通过减少放牧恢复草原生产力、提高牧民平均收入的空间越大。具体来说，π 收入的牧民如果只用达到 β 收入水平，则只需 $\beta/\pi E^C$ 的放牧活动量即可，可减少的放牧活动量的表达式为 $E^C-\beta/\pi E^C=(1-\beta/\pi)E^C$。之所以可能，

是因为 E^C 资源条件下放牧活动的边际收益大于 E^D，所以尽管 $E^C < E^D$，但能通过减少放牧来恢复草原存量（限度是减少放牧使平均收入下降到生存线），谋求未来更高的放牧边际收益。从上式可以看出，π 越大于 β，能减少的放牧活动量越大，草原能恢复的增量和存量水平越高，相应的放牧边际收益和平均收入水平也越高；当 $\pi = \beta$ 时，能减少的放牧活动量为 0，当下收入已经降至生存线 β，将不存在通过减少放牧来恢复草原的空间。因为无论是减少放牧牛羊数量还是缩短放牧时间，都将马上使牧民的收入降到生存线以下。当放牧活动量在（E^A, E^*）范围内时，减少放牧活动量，草原恢复的速度越来越快；随着放牧活动量达到 E^*，达到最大草原增量之后，在（E^*, E^B）范围内，减少放牧草原恢复的速度越来越慢。

以上是既定技术下的草畜平衡管理。在中长期技术可变的情况下，采用新技术或新生产方式可能导致生产曲线向上移动，提高放牧活动的收益。那么要取得和之前一样的人均收入水平则可以减少放牧活动，从而减少对草地的作用。另一种可能性是新技术或新生产方式使生产曲线更加陡峭，减少放牧活动的收益，如推行舍饲圈养尽管可以保护草原，但增加了生产成本，在没有政府投入的情况下，要么难以推行，要么是以减少牧民收益为代价（李金亚等，2014）。

2）草畜能量平衡模型

在家畜生产体系和生态学研究中，模型的研究方法与技术至关重要。多年来，生态学家、畜牧学家与数学家一直寻求有关某一问题的基本性、普适性模型。正确合理的草畜平衡评价和分析才能真实反映草畜平衡的状况。目前绝大多数研究采用单位面积草地生物量的干物质产量作为草畜平衡的评价指标，这种评价指标受草地类型、植物种类、牧草成熟度等因素的影响，因此不能反映特定时段和全年草畜平衡的真实状况和动态变化。而能量是家畜重要的营养要素之一，采用代谢能为评价指标衡量草畜平衡更准确、更合理。

澳大利亚国际农业研究中心（Australian Centre for International Agricultural Research，ACIAR）系列模型汉化版本，共有 4 个子模型，其中 StageOne 模型为草畜平衡模型，该模型主要由草地、家畜、饲草料、经济－气象等数据模块组成，通过核算全年不同月份草地能量供给和家畜能量需求，以能量为指标分析草畜平衡现状。

（1）草地牧草干物质供应估测数学模型（Takahashi et al.，2011）。

草地供应的计算公式为

$$G_j^t = G_j^{t-1} - I_j^{t-1} - GW(G_j^t) \tag{10.1}$$

式中，G 为草地可供家畜利用的牧草干物质量；I 为放牧家畜干物质采食量；GW 为草地干物质损失量，通常为总量的 10%；t 为时间；j 为草地。

$$家畜理论采食量=PI\times\frac{104.7(0.0795DMD_0-0.0014)+0.307LW-15}{104.7(0.0795\times80-0.0014)+0.307LW-15} \quad (10.2)$$

式中，PI 为牧草消化率在 80% 以上时家畜的理论自由采食量；成年空怀母畜的理论采食量按照 $PI=0.028SRW$ 估算，SRW 为标准羊单位；DMD 为饲料的平均消化率；0 为草地编号；LW 为家畜活体重。

家畜采食量不仅取决于理论采食量，还受 3 个制约因素的影响，即家畜消化道相对可用容积（GC）、饲草料采食率（DMA）和饲草料消化率（DMD）。

干物质采食量（DMI）的计算公式为

$$DMI=PI\times RI_{GC}\times RI_{DMA}\times RI_{DMD} \quad (10.3)$$

$$RI_{GC,p}=RI_{GC,p-1}(1-RI_{DMA,p}) \quad (10.4)$$

$$RI_{DMA,p}=1-e^{-2G_{i,p}^{t}} \quad (10.5)$$

式中，RI_{GC} 为家畜胃肠容积；RI_{DMA} 为草场饲草供应量；RI_{DMD} 为草场饲草消化率，p 为月份。

干物质采食量转化为代谢能摄入量（MEI）的计算公式为

$$MEI=DMI(-1.7+0.17DMD) \quad (10.6)$$

（2）家畜代谢需求估测模型。

放牧家畜代谢能需求包括：①维持代谢能需求（ME_{base}）；②放牧代谢能需求（相对于舍饲的放牧所需要的额外代谢能需求）（ME_{graze}）；③御寒代谢能需求（ME_{cold}）。繁殖母畜的代谢能需求还包括妊娠代谢能需求（ME_{preg}）和泌乳代谢能需求（ME_{lact}）。

维持代谢能需求（ME_{base}）的计算公式为

$$ME_{base}=\frac{0.26LW^{0.75}\times e^{-0.12}}{0.02(-1.7+0.17DMD)+0.5}+0.09MEI \quad (10.7)$$

式中，MEI 为代谢能摄入量。

放牧代谢能需求（ME_{graze}）的计算公式为

$$ME_{graze}=\left[DMI_{graze}\left(0.9-\frac{DMD_{graze}}{100}+0.0026D\right)\right]\times\frac{LW}{0.02(-1.7+0.17DMD)+0.5} \quad (10.8)$$

式中，D 为家畜游走距离。

御寒代谢能需求（ME_{cold}）的计算公式为

$$ME_{cold}=\frac{0.09LW^{0.66}\times 39-1.3\left(\frac{ME_{base}+ME_{graze}+0.38W_{preg}}{0.09LW^{0.66}}\right)-I_e\left(\frac{ME_{base}+ME_{graze}+0.38W_{preg}}{0.09LW^{0.66}}-1.3\right)-T}{1.3+I_e} \tag{10.9}$$

式中，W_{preg}为怀孕母畜体重；I_e为隔热系数，受风速、母畜被毛厚度、体况等因素影响；T为平均气温。

妊娠代谢能需求（ME_{preg}）的计算公式为

$$ME_{preg}=\frac{0.0491e^{\left(-0.00643\frac{t_{preg}}{30}\right)}\frac{W_{birth}}{4}e^{\left(7.64-11.64e^{-0.00643\frac{t_{preg}}{30}}\right)}}{1.3+I_e} \tag{10.10}$$

式中，t_{preg}为妊娠时间；W_{birth}为仔畜平均初生重。

乳代谢能需求（ME_{lact}）的计算公式为

$$ME_{lact1}=\frac{0.389SRW^{0.75}BC_{birth}\frac{\frac{t_{lact}}{30}+2}{22}e^{1-\frac{\frac{t_{lact}}{30}+2}{22}}}{0.94[0.4+0.02(-1.7+0.17DMD)]} \tag{10.11}$$

$$ME_{lact2}=\frac{4.7BW_{young}^{0.75}\left(0.3+0.41e^{-0.071\frac{t_{lact}}{30}}\right)}{0.94[0.4+0.02(-1.7+0.17DMD)]} \tag{10.12}$$

式中，ME_{lact1}是母畜泌乳代谢能需求；SRW为标准羊单位；BC_{birth}为产仔时的母畜体况评分；t_{lact}为妊娠时间；ME_{lact2}是仔畜最大哺乳量时母畜代谢能需求；BW_{young}为仔畜体重。

总代谢能需求（ME）的计算公式为

$$ME=ME_{base}+ME_{graze}+ME_{cold}+ME_{preg}+ME_{lact} \tag{10.13}$$

代谢能平衡：模型通过比较代谢能摄入量和需求量，按月估算母畜日增重（BWG），分为成年母畜日增重（BWG_{adult}）和仔畜日增重（$BWG_{growing}$）。

成年母畜日增重（BWG_{adult}）的估算公式为

$$BWG_{adult}=\frac{0.043(-1.7+0.17DMD)ME_{balance}}{0.92^2(13.2+13.8BC)} \tag{10.14}$$

式中，$ME_{balance}$为草畜平衡时代谢能需求，BC为母畜体况评分。

仔畜日增重（$BWG_{growing}$）的估算公式为

$$BWG_{growing}=\frac{0.043(-1.7+0.17DMD)\ ME}{0.92\left[4.7+\frac{MEI}{ME_{base}+ME_{graze}+ME_{cold}}+\frac{18.3-\frac{MEI}{ME_{base}+ME_{graze}+ME_{cold}}}{1+e^{-6\times(Z-0.4)}}\right]} \quad (10.15)$$

式中，Z 为标准羊单位系数，指不同年龄标准体重与成年家畜标准体重的相对值。

标准羊单位系数（Z）的计算公式为

$$Z=1-\frac{(SRW-W_{birth})\,e^{-\frac{0.0157\times\frac{t_{lact}}{30}}{SRW^{0.272}}}}{SRW} \quad (10.16)$$

建立准确的草畜平衡评价技术是草畜平衡的基础。以干物质为评价指标评定草畜平衡状况虽然简便，但准确性差，其结果对畜牧业和草地管理的指导意义有限。采用代谢能评价指标，考虑牧草组成、不同生长期牧草消化率及代谢能的动态变化，放牧、气候等因素对家畜代谢能需要等诸多要素，应用家畜营养学、数学和计算机等知识和技术，建立评价模型研究草畜代谢能平衡，针对性强，准确性高，对畜牧业和草地管理具有很高的指导意义。通过对试验示范户草畜代谢能平衡的分析研究发现，该模型能够较准确地评价草畜平衡现状，提供草畜平衡的优化方案。

4. 草畜平衡建设策略

草地具有很强的生态属性和生产属性，是畜牧业生产的资源基础，只有促进草地畜牧业生产属性和生态属性的协调统一，草地畜牧业的可持续发展才能得以实现。草地畜牧业发展不能只追求家畜数量，而应追求单位家畜的生产效率和单位面积草地生产效率。只有同时提高单位家畜生产效率和单位草地面积生产效率，才能有效地降低草地家畜载畜量，维护草地的健康，实现草地畜牧业的可持续发展（马志愤，2008）。要达到草畜平衡需要考虑的因素有很多，并不是简单的减少家畜数量，它涉及牧民的经济利益、生产实际等多方面因素。如何统筹兼顾各种因素的影响，建立草畜平衡可持续性发展关系模型至关重要。家畜需要和可利用饲料供给是实现畜牧业高效生产的关键。

目前我国草畜平衡研究仍然注重载畜量和放牧率的研究，草畜平衡不仅是通过降低家畜数量来达到平衡，还应该拓宽思路，改变传统家畜饲养管理模式，改变传统饲草资源供给模式，在多系统和多领域的积极交互作用下，使饲草的供需达到平衡，并促进草地畜牧业可持续发展。

1）改变传统饲养管理模式

（1）应改变传统放牧管理方式，通过实时调整放牧强度，采取轮牧、混合放牧等措施，实现天然草地的可持续利用。

（2）通过调控出栏，实时调整、优化畜群生产结构，使畜群处于一个高效、合理的生产系统。

（3）采用适时补饲、舍饲育肥、异地育肥、分类管理等精细化饲养管理模式，提高生产效率和经济效益。

2）改变传统饲草资源供给模式

（1）应通过人工草地的建植，进行草产品加工贮藏等技术的推广，增加饲草资源供给及储备，应对季节性饲草供应不平衡。

（2）通过对牧区饲草资源补充调给等方式，使其向天然草地索取饲草资源的饲草供给现状彻底改变，达到真正意义上的草畜平衡，促进高寒草地畜牧业的可持续发展，提高草地畜牧业收益，改变牧民生产生活现状，同时增加生态效益。

10.1.2 轮牧制度优化

在天然草地放牧生态系统中，放牧管理方式对草地生产力、植被结构及家畜生产性能的影响，以及草畜之间的相互作用方式，是实现草原生态系统持续管理的基础，家畜的品种、数量、放牧的时间和放牧强度均会对草地产生影响，因此采取科学的放牧管理措施具有重要的意义。放牧管理措施不仅会影响草地生态系统中某一环节的转化效率，而且会引起其他部分的相应变化，从而影响畜产品的最终产量。放牧系统的植物生产和动物生产可以通过人为的优化调控实现多途径耦合，多途径地释放放牧系统的生产潜力。通俗地讲，草畜耦合就是在适当的时间、适当的地点放牧适当的家畜，即时间、空间和种间与种内耦合（侯扶江和杨中艺，2006）。

提高对草原管理的技术水平，也是提高草原利用率的重要途径。在草原利用方面最常用的技术措施就是划区轮牧。划区轮牧有着草畜空间耦合的合理内涵，其主要作用是，通过对草原不同区块的轮流利用，一方面适应不同地理特点草原区块产草量的季节性差异，达到充分利用草原的目的；另一方面，顺应牧草生产周期进行轮流放牧，给牧草以恢复生长的时间，达到最大限度发挥草原潜力和保护草地可持续利用的目的。划区轮牧的全面推行，将明显提高天然草原的利用率，从而进一步发挥天然草原的潜力。划区轮牧的首要条件是建设草原围栏。草原围栏建设是一项基础性工作，既是禁牧休牧的前提，也是划区轮牧的前提。我国大规模实施的退牧还草工程中，其首要内容就是草原围栏建设。在这一项目的推动下，草原围栏面积近年来增长很快。草原围栏面积的增长为草原划区轮牧创造了良好的条件。此外，做好划区轮牧还要求在准确掌握畜群生长规律和不同区块草原牧草生长特点的基础上，制订轮牧计划，而计划的实施又与草原的权属和管理制度密切相关。在未承包的集体草原或承包到联户的草原，实施划区轮牧需要进行集体内或联户之间的协调，承包到户的草原则相对简单，轮牧的成功与否主要取决于制订划区轮牧计划时的技术水平（谢双红，2005）。

早在 1798 年，欧洲学者就描述了划区轮牧，1887 年南非学者提出了划区轮牧（Currie，1978；Heady and Child，1999）。Chillo 等（2015）对划区轮牧进行了更为精准的定义，即通过充分利用饲草生长旺季的高营养特性，进行季节性、区块性的集约式放牧，以此满足牲畜生长及繁殖需要的一种系统性、高效性的放牧管理系统。19 世纪末，美国学者把划区轮牧作为改良草地的一种有效措施并对其进行了研究。划区轮牧系统的主要特点：能够显著增加可采食性饲草的产量并延长其生长寿命；促使食草动物对饲草的充分利用，避免不必要的资源浪费；区块内多余的饲草可用作割茬或者贮藏使用（Molle et al.，2009）。在划区轮牧系统下，一定时间的休牧期对于维持饲草的生理修复和生长具有促进作用，同时也有利于缓解土壤被家畜持续践踏的压力，并确保了放牧期间区块内饲草脱落物的动态平衡。这显然对维持草地生产及生物多样性具有积极作用。

Jones 和 Jones（1989）对热带草原 6 年不同放牧制度下植被及家畜生产状况进行了比较，结果表明在相同载畜率下，轮牧的牧草产量一直高于自由放牧，在牧草短缺的冬春季节，轮牧家畜体重明显高于自由放牧家畜。Ralphs（1990）的研究表明，短期轮牧可以增加牧草产量，提高草地利用率和单位面积草地载畜量，划区轮牧可以提高牧草产量和家畜生产，同时达到改良草地、防止草地退化的目的。我国学者在借鉴国外放牧管理经验的同时，结合我国的国情提出了放牧管理的具体措施。韩国栋等（2001）对内蒙古荒漠草原进行划区轮牧的研究，证明划区轮牧较连续放牧更有利于草地植被的生长和家畜生产性能的提高。但有些研究却得出了与之相反的结论（Holechek et al.，1987）。Driscoll（1969）对 50 项研究进行了比较，其中 29 项研究认为家畜体重发生变化，12 项研究认为连续放牧优于间断放牧，8 项研究赞同轮牧，9 项研究认为差异不显著。姚爱兴和王培（1996）对 29 项研究进行比较，其中 10 项研究认为连续放牧对家畜增重有好处，10 项研究认为轮牧对家畜增重有好处，另外 9 项研究认为差异不显著。长期以来，世界各国学者对放牧制度存在不同看法，争论非常激烈，但是有一点是肯定的，即划区轮牧能够改良草地，防止草地退化。

Martin 和 Severson（1988）指出，在不同的环境中，放牧制度对草地的影响不同。环境条件较差时，轮牧制度能促进草地植被恢复，但在条件优越时对改善草地状况无作用。轮牧制度的设计方案不同，对草地产生的影响程度也不同。黄大明（1996）曾对高寒草甸放牧生态系统中夏秋草场在临界放牧压力下的270种轮牧制度进行模拟研究。结果表明，在高寒草甸放牧生态系统中，最佳轮牧区块数目为3个或4个，并推荐了2个高寒草甸地区的最佳轮牧模式：①3区块轮牧，各轮牧区块每次持续放牧29d；②为保持牧草结构的稳定性和各轮牧区块牧草生物量的均匀性，可采用3区块轮牧，放牧持续时间为7d。

传统的持续放牧虽然为家畜提供了更大程度的采食选择性和自由度，但极易形成放牧斑块，长此以往将改变牧区小生境并造成生态系统的不平衡发展。而在划区轮牧系统下，更小、更具科学预算的放牧区块面积搭配合理的休牧期不但能够充分利用饲草生长季、满足家畜的营养需要，同时也能提高放牧效率，最大限度地避免牧区资源浪费，对于提高当地牧区的生态系统恢复力、牧草产量、草产品的营养价值，以及家畜季节性的饲料补给具有显著促进作用，同时对维持草地可持续利用具有积极作用。在生产实践过程中，应不局限于传统的刻板区块分割、集约放牧、季节放牧及休牧，而应在把握其本质的前提下，充分结合科学合理的牧区管理策略（将区块规模预算、载畜量评估、放牧类群搭配、草畜产品质量把控、病虫害防治、市场需求分析等串联考虑），从而达到具有适应性、可持续性的轮牧制度。实践证明，划区轮牧对于草地生态系统、草地生产力的综合作用，主要取决于当地植被类型、家畜类群、曾经及当下的载畜量、区块设计的合理性，以及划区轮牧对策的实效性（Chillo and Ojeda，2014）。正确的划区轮牧管理对策能确保有序高效的放牧区块利用。在划区轮牧系统下，实施优化的放牧策略（适应性调整的载畜量、放牧休牧期，以及在高山牧区的“延迟放牧”等）既考虑到草地生态系统的时空异质性，同时对其草畜平衡发展也具有积极影响。设计并操作划区轮牧系统时，不但要投入新的科技知识，同时需要根据实际情况灵活调控并改变放牧系统的管理方式。充分考虑长期的生态效益与经济效益的可持续性发展，摒弃刻板的“重畜轻草”心态及粗放的草畜管理模式，同时改变“以草定畜”的草地管理模式，积极开展牧民与研究者的深入交流与合作（刘娟等，2017）。

10.1.3　放牧率与家畜生产力关系的线性模型

有些情况下，放牧可以完全改变草地的植被组成，但对动物生产却没有影响。甚至有些情况下，植被组成变化反而有利于动物生产力的提高。可见，放牧状态下，动物生产是植物变化和土壤变化综合作用的结果，评价草地放牧适宜度时，必须以动物生产为标准。放牧率对草地可食牧草的产量和品质有一定影响，放牧家畜的牧草（干物质）采食量也因此受到影响，最终表现为家畜生产力的变化（Harrington and Pratchett，1974；Wilson and Macleod，1991）。因此，Jones 和 Sandland（1974）提出了放牧率与家畜生产力关系的线性模型，表达式为

$$Y_a = a - bS \tag{10.17}$$

式中，Y_a 为每头家畜增重；a 为家畜的生产潜力（最高生产力）的近似值；b 为放牧率增加时每头家畜的体重变化；S 为年放牧率。

这个线性关系模型可以扩展并应用到放牧家畜的群体表现。一定草地面积上放牧畜群的生产力与放牧率的关系用二次方程表示为

$$Y_h = aS - bS^2 \tag{10.18}$$

式中，Y_h 为单位草地面积的放牧畜群总增重；a，b，S 的含义与式（10.17）相同（图 10.3）。

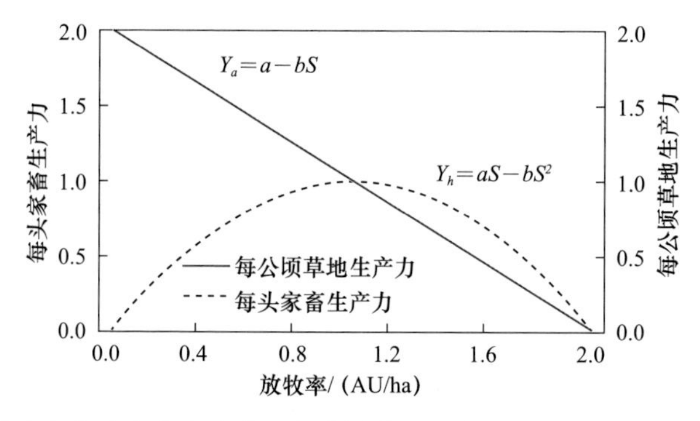

图 10.3　放牧率与每头家畜生产力和每公顷草地生产力的关系模型（马志愤，2008）

式（10.18）可以用来估测草地的“最佳放牧率”。当草地放牧率为 $a/2b$ 时，单位面积的畜群增重量最高，为 $a^2/4b$，此时的放牧率称为生态最佳放牧率（Jones，1980）。

最佳放牧率的确定不仅要考虑家畜生产，还要考虑经济效益。为此，草地生态学家又提出了经济最佳放牧率的概念，并给出了相应模型（Harrington and Pratchett，1974；Wilson and Macleod，1991），表达式为

$$\pi p = P(aS - bS^2) - cS - EC \tag{10.19}$$

式中，πp 为单位面积总收益；P 为单位畜产品的价格；c 为每头家畜的可变支出；EC 为单位面积的固定支出；a，b，S 的含义与式（10.17）相同。

该模型中，$P(aS - bS^2)$ 为单位面积的总收入，$cS + EC$ 为单位面积的总支出。根据这一模型可以推知：当单位草地面积的总收入与总支出的差值最大时，

放牧系统的经济收益最高。这完全符合微观经济优化原则，即总收入最大、总支出最小时，利润最高。放牧系统利润最高时的放牧率称为经济最佳放牧率，其值为［$a-(c\times p)^{-1}$］$/2b$。

根据生态最佳放牧率和经济最佳放牧率的概念，可以将生态最佳放牧率理解为接近生态载畜量的草地放牧率，可以将经济最佳放牧率理解为接近经济载畜量的草地放牧率。生态最佳放牧率和经济最佳放牧率是草地放牧利用适宜度的参照标准，此标准适用于任何一个草地放牧系统，但对不同的行为主体其意义不尽相同。对于草地生态学家而言，其目标在于维持草地放牧系统的稳定性，因此生态最佳放牧率是其强调的对象；但对于草地经营者而言，其利益在于草地放牧系统的经济收入，因此经济最佳放牧率是其追求的目标。对于生态功能和经济功能并重的草地资源，生态－生产稳定性是其合理利用的基础。当放牧利用率达到经济最佳放牧率时，草地放牧系统的经济收益最高且其生态稳定性不受影响，可以较好地维持草地资源的持续发展和高效生产。因此，草地放牧适宜度可以理解为：最大经济收益下，维系草地持续生产的最大放牧利用强度（Dong et al.，2002）。

10.2 调整饲草供给模式及转变饲养管理模式

载畜量和放牧率研究依然是当前草畜平衡研究的重点，然而除了通过降低家畜数量，还应当拓宽思路，通过改变传统家畜饲养管理模式，改变传统饲草资源供给模式，调整草畜时空配置模式等，实现饲草供给与家畜需求之间的平衡。在改变传统饲草资源供给模式中，应通过人工草地的建植、农区饲草资源的补充调给等方式，使其向天然草地索取饲草资源的饲草供给现状彻底改变，促进高寒草地畜牧业的可持续发展，提高草地畜牧业收益，改变牧民生产、生活现状。

10.2.1 人工草地的建植及饲草生产

1. 人工草地建植的必要性和紧迫性

因长期忽视对高寒草地的科学管理，粗放经营、超载放牧、虫鼠危害和不合理的开发利用，以及全球气候变化的影响，导致青藏高原天然草地植物群落结构中优良牧草的竞争和更新能力减弱，毒杂草比例增加，草地严重退化，产草量下降，覆盖度下降，大面积的优良草地变成了裸地或黑土滩，草地沙化和盐碱化现象也呈现日益严重的趋势。过度放牧等人类活动的干扰，使草地严重退化，造成生产力水平不断下降、生态环境恶化，最终将严重威胁人类的生存和发展。高寒草地生态系统的结构和功能严重受损，对该地区的环境、经济及社会安定等造成严重威胁。为了有效遏制天然草地退化和生态环境恶化，减轻天然草地的载畜压力和人口负荷，恢复退化草地的生产能力，改善生态条件，维系草地资源的可持续发展，最有效的办法就是建植和培育人工草地（赵新全和周华坤，2005；武高林和杜国祯，2007）。

从牧业生产角度来讲，在畜牧业发达的国家，建植的人工草地面积通常占全部草地面积的10%～15%，而在西欧、北欧和新西兰等畜牧业发达的国家和地区，建植的人工草地面积甚至达到了40%～70%，即使在天然草地面积比较大的美国，为了充分发挥天然草地的生产潜力，也种植了一定比例的人工草地用于解决饲料季节性不平衡的问题（胡自治，1995）。因此，无论草地畜牧业生产类型如何，建植人工草地都是达到先进草地生态系统的必需条件之一。

2. 建植多年生混播人工草地是解决青藏高原草地畜牧业可持续发展的重要途径

在草畜生态系统中引入外部能量，施加人工措施，从而提高草畜平衡点，也是实现草畜平衡的一条重要途径。对于青藏高原而言，大力发展人工草地，提高草地生产力，提高牧草产量，增加对草地畜牧业的物质和科技投入，实行集约化经营，不仅可以解决退化草地植被的快速恢复和生态重建问题，而且还可以解决草地畜牧业饲料季节不平衡的问题。当前，青藏高原地区建植的人工草地主要类型是燕麦单播草地或垂穗披碱草单播草地。与天然草地相比，燕麦单播草地产草量较高，但是燕麦是一年生植物，生长期短，且每年收割后土地都需要翻耕，土地裸露期长，易造成耕地的水土流失和土壤沙化，不利于青藏高原脆弱生态环境的保护和改善。而垂穗披碱草等多年生优良牧草的单播草地，虽然播种后第2、3年产量较高，可以达到高产的目的，但草地退化快，随后的年份中草地产草量大幅度下降，利用周期短，同时群落中也出现了大量的毒杂草，使得人工草地的质量变劣，不利于草地的持续发展和环境建设（杜国祯和王刚，1995；董世魁等，2003）。

国内外研究显示，要建植高效和可持续生产的人工草地，需要种植多年生混播草地（胡自治，1997；苏加义和赵红梅，2003）。因此，为有效遏制高寒地区天然草地退化和生态环境恶化，减轻天然草地载畜压力和人口负荷，恢复草地生产能力，改善生态条件，维持草地资源的可持续发展，可行的办法之一就是建植和培育高产、优质、稳定的多年生混播人工草地。从产量、质量和稳定性等角度来讲，豆科和禾本科牧草混播是多年生人工草地比较理想的组合，然而由于青藏高原海拔高、气温低，昼夜和年内温差大，许多外来优良牧草品种很难在该地区存活和安全越冬。为了寻找适合青藏高原高寒地区播种的优良牧草品种，我国科研工作者已进行了大量的研究和驯化工作，最终筛选出了适合青藏高原建植人工草地的禾本科草种有垂穗披碱草、多叶老芒麦、中华羊茅、羊茅和草地早熟禾等。多年生禾本科混播草地适合青藏高原的气候条件，生产力高，草地稳定性较好，草地利用周期长，有利于高寒地区的畜牧业持续发展和生态环境建设（权宏林，2004；拉元林和王金山，2005）。建植混播人工草地，不仅能延长牧草的青草期、增加土壤肥力，还能充分利用太阳能和土壤水分，最终提高牧草的产量和质量，延长人工草地的利用年限。大量的实践证明，发展多年生混播人工草地是解决青藏高原高寒草地高效生产和可持续发展的一条重要途径。建植多年生混播人工草地不仅有助于减轻天然草地的放牧压力，而且是保护生物多样性、改善生态环境、维持生态平衡的重要措施，也是现代集约化草地畜牧业的必由之路。

3. 草地植被保护的最大持续产量模型

在许多国家，通过建植人工草地和放牧来发展草地畜牧业，仍是当前集约经营管理的主要途径。建植高效的人工草地，对草地资源实行有效保护和合理放牧利用，是发展现代集约型畜牧业的基础。所谓人工草地，是在人工措施完全破坏原有天然草地植被的基础上，通过综合的农业培育技术措施（如播种、排灌、施肥、除莠、刈割或放牧利用等）建立的人工草本群落（胡自治，1997）。实践表明，通过建植人工草地，可以优化草地群落成分和结构，发挥最佳的生产功能，从而大幅度提高其生产率。然而，人工草地建植后经过3～5年即发生严重退化，如何控制人工草地的退化，实现其持续利用与稳定发展，仍是一个难题。从植物生态学上讲，人工草地的建立是对其所在地顶级或亚顶级植被的一个大的扰动，人工草地从其建植开始，就存在着向原有的顶级或亚顶级状态恢复演替的压力。而要实现人工草地的持续发展，就要采取保护及管理措施克服这种压力，控制草地植被演替过程。李自珍和蒋文兰（1998）分析了草地资源分布的时空特征及增长动态，运用生物控制论方法组建了牧草资源种群保护性利用的最大持续产量模型。

从资源开发利用和可持续发展角度看，草地属于再生性资源，它可以通过有效保护、控制利用和自我更新实现持续发展。牧草作为一种资源种群，具有自身的增长规律。牧草增长机制的定量描述，是进行有效保护和控制利用的基础。主要的牧草增长模型如下（李自珍和蒋文兰，1998）。

1）牧草种群增长模型

由种群生态学可知，资源种群的增长机制可用方程描述为

$$\frac{\mathrm{d}x}{\mathrm{d}t}=F(x);\ x(0)=x_0 \tag{10.20}$$

式中，$x=x(t)$为某时刻牧草种群的大小；$\frac{\mathrm{d}x}{\mathrm{d}t}$为种群增长率；$F(x)$为种群

增长率函数。

在实际应用中可根据实际问题给出 $F(x)$。由于资源种群在环境条件约束下呈现阻滞增长，表示该类增长机制的基本模型为

$$\frac{dx}{dt}=rx\left(1-\frac{x}{k}\right),\ r>0,\ k>0;\ x(0)=x_0 \tag{10.21}$$

式中，r 为种群内禀增长率；k 为环境容量（或饱和值）。

解得

$$x=\frac{k}{1+\left(\frac{k}{x_0}-1\right)e^{-rt}} \tag{10.22}$$

该模型描述的资源增长动态有如下特性：①增长特征曲线呈“S”形，其拐点在 $x=k/2$ 处；②当种群水平 $x\to k/2$ 时，其增长速率逐渐变大；当 $x>k/2$，$x\to k$ 时，其增长速率逐渐变小；③当种群水平达到 k 值时，具有零增长率。这些特性体现了环境条件对种群增长的制约作用，如水资源条件对于牧草种群生长的限制作用，反映了阻滞增长的基本特征。阻滞增长模型的主要改进形式如下。

Simth 模型

$$\frac{dx}{dt}=rx\left(\frac{k-x}{k+vx}\right),\ r>0,\ k>0,\ v>0;\ x(0)=x_0 \tag{10.23}$$

改进的阻滞增长模型

$$\frac{dx}{dt}=vx^{\alpha}\left(1-\frac{x}{k}\right),\ \alpha>0;\ x(0)=x_0 \tag{10.24}$$

退偿模型

$$\frac{dx}{dt}=rx\left(\frac{x}{k}-1\right)\left(1-\frac{x}{k}\right),\ 0<k_0<k;\ x(0)=x_0 \tag{10.25}$$

时滞模型

$$\frac{dx}{dt}=rx\left[1-\frac{x(t-k)}{k}\right];\ x(0)=x_0 \tag{10.26}$$

以上模型都在一定条件下描述了牧草资源种群的增长机制。

2）牧草资源种群的 $k/2$ 值最大持续产量模型

从生物资源开发与持续利用角度看，最大持续产量意味着使资源种群的增长率达到极大，并且种群大小应稳定在这种水平上，从而使资源种群得到有效保护和持续利用。根据模型（10.21），得到增长率函数为

$$F(x)=rx\left(1-\frac{x}{k}\right),\ 0<k_0<k \tag{10.27}$$

为求其最大增长率，对 x 求导数得

$F'(x)=r\left(1-\frac{2x}{k}\right)$，令 $F'(x)=0$，即

$$r\left(1-\frac{2x}{k}\right)=0 \Rightarrow x=\frac{k}{2} \tag{10.28}$$

又因 $F''(x)=-2r/k<0$，根据极值判别准则知：当 $x=k/2$ 时，$F(x)$ 有极大值，$F(k/2)=rk/4$。这表明，在资源种群的开发利用过程中，当种群大小在 $x=k/2$ 时，其增长率函数取得极大值 $rk/4$。只要使单位时间的收获量控制在 $rk/4$，就能使资源种群保护在 $k/2$ 水平上，从而获得持续的最大收获量，同时使资源得到有效保护。下面用控制论的方法对其机理做出进一步分析。在模型（10.21）中引入控制变量（收获量）$u(t)$，并假定 $u(t)=u$（常量），对于牧草生长系统而言，这意味着采取定时定量的放牧采食。资源种群管理系统的控制模型为

$$\frac{dx}{dt}=rx\left(1-\frac{x}{k}\right)=F(x)-u \tag{10.29}$$

该模型中的收获量 u 是可控变量，通过人工控制 u 的大小，可以调节资源种群的变化。其控制机制如下。

（1）在资源种群开发利用过程中，当收获量（放牧采食量）u 大于种群最大增长量 $rk/4$，即 $u>rk/4$ 时，$F(x)-u<0 \Rightarrow dx/dt<0$ 时，种群将单调下降，趋于零（$x\to 0$），最终导致种群的灭绝。从牧草资源保护角度看，这是应当避免的。

（2）当收获量低于 $rk/4$，即 $u<rk/4$ 时，令 $dx/dt<0$，则有 $rx(1-x/k)-u=0$，解得如下两个平衡点：

$$x_1=\frac{k}{2}-\sqrt{\frac{k}{r}\left(\frac{rk}{4}-u\right)}，\left(0<x_1<\frac{k}{2}\right)和x_2=\frac{k}{2}+\sqrt{\frac{k}{r}\left(\frac{rk}{4}-u\right)}，\left(\frac{k}{2}<x_2<k\right)。$$

这时控制系统的动态变化取决于资源种群的初始状态。若资源种群水平 $x<x_1$，则有 $dx/dt<0$，导致 $x\to 0$，这时种群有灭绝的危险。若资源种群水平为 $x_1<x<x_2$，则 $dx/dt>0$，$x\to x_2$；当 $x_2<x<k$ 时，$dx/dt<0$，$x\to x_2$，这时种群水平将稳定在 $x=x_2$ 状态，相应的收获量低于 $rk/4$。

（3）当收获量 $u=rk/4$ 时，收获开始的初始种群水平 $0<x<k/2$ 时，$x\to 0$；当 $k/2<x<k$ 时，$dx/dt<0$，$x\to k/2$，这意味着只有种群水平处于 $x>k/2$ 时才开始收获，当种群水平下降至 $x=k/2$ 时可获得最大收获量 $rk/4$，保持这个收获量恒定不变，即可获得最大的持续收获量。

以上所述即为资源种群管理系统进行控制的 $k/2$ 原理。它表明当种群处于 $x=k/2$ 时，可以获得最大持续产量 $rk/4$，只有当种群水平处于 $x\geqslant k/2$ 时才能进行开发利用。因此，从资源保护和持续利用上讲，$x=k/2$ 既是持续利用的最优种群

水平，又是资源保护的下阈值。

3）模型参数 k 的时变性与估计方法

模型参数 k 的生态学含义是所研究种群的环境容纳量（或饱和值），是由牧草种群所在地的生境条件决定的，即与牧草生长发育有关的生态因子的时空分布决定 k 值的大小。这些生态因子包含空间因子、光照、温度、湿度、土壤水分和养分等的量化值。k 值具有相对意义，不同的生境条件下同一种牧草的 k 值是不一样的。作为一个宏观指标，它反映了一定生境条件下牧草种群增长的上限。在试验条件下，可以用各生态因子适宜情况下试验监测的最大值替代，即用试验最大值估计 k 值。另外，牧草生长系统是时变的，在不同的时段上其饱和值也不一样，需要分时段的 k 值指标，它在放牧管理中更具实用性。因此 $k/2$ 原理的应用，应有总体保护指标 $k/2$ 和时段指标 $k(t)/2$。分时段指标也可用试验监测结果确定（李自珍和蒋文兰，1998）。

10.2.2 人工草地割草及饲草产品储备

在青藏高原高寒牧区，草畜矛盾始终制约草地畜牧业的可持续发展，家畜需草的长期性和草地生产的季节性之间的矛盾一直是草地畜牧业发展中亟待解决的首要问题。调整畜牧业结构，扩大饲料原料的来源，便成为畜牧业发展的热点和趋势；通过加工利用牧草饲料资源，提供家畜冷季补饲的饲料储备，是实现畜牧业可持续发展的有效手段。因此，加工利用优质牧草饲料资源是今后实现畜牧业可持续发展的必由之路。

割草地存在的常见问题包括群落地上生物量减少、优良牧草种群的衰减甚至消失，以及群落高度下降等。合理的割草制度不但不会出现上述问题，反而能够改良草地的生态环境，促进牧草的恢复和分蘖。但是，过度割草不仅会影响群落结构，还会改变草地土壤环境。植物群落在生长过程中，选择什么时间进行收割能够获得最大生物量是一个十分重要的问题。最适割草时期的选择应该考虑以下条件：一是地上生物量的高峰，二是植物营养元素含量的高低。研究发现当群落地上生物量较高时，群落植物营养元素含量较低，反之，当群落地上生物量较低时，群落植物营养元素含量又较高。当这种矛盾情况产生时，应采取最适中的办法，即单位面积营养元素含量最高时为最适割草时期。研究发现，植物返青后生物量开始增加，到一定时期一定会出现一个高峰，随后又有所下降，这是一个单峰曲线，所以如果割草时间过早或过晚，必然收获的生物量较少（仲延凯等，1994；杨慧茹，2012）。

青干草调制作为畜牧业生产的传统办法，可以将饲草从旺季保存到淡季，能够解决丰草期大量牧草霉烂、枯草期饲草缺乏等问题，且具有简便易行、成本低、便于长期大量储存等优势，是解决草畜平衡问题的一项重要措施，对促进草地畜牧业的发展具有重要意义。青干草调制是指将天然或人工种植的草本饲用植物在营养价值及草产量最佳的时期刈割，经过不同方法调制使其水分达到稳定状态，且能够长期保存的草产品。优质青干草叶量丰富、颜色青绿、气味芳香、质地柔软、适口性好，并含有较多的蛋白质、维生素和矿物质等营养成分，是食草家畜冬春季节必不可少的饲草，也是各种饲草加工的主要原料。

燕麦干草作为高寒地区家畜补饲的重要饲草，在维系高寒草地畜牧业发展中发挥着其他栽培牧草不可替代的作用。适时刈割对优质燕麦青干草的品质有重要影响。刈割后的燕麦青草在调制过程中的损失较严重，主要包括呼吸作用、机械作用、微生物、雨淋及贮藏损失。品质优良的青干草要及时进行合理贮藏。能否安全合理的贮藏，是影响青干草质量的又一重要环节。已经干燥而未及时贮藏或贮藏不当，都会降低干草的饲用价值。侯建杰（2013）报道，由于高寒牧区秋冬季气温较低，适度较高的含水量不仅改善了燕麦青干草的品质和适口性，而且也不会使其因此而发生霉变。燕麦刈割后在水泥地压扁晾晒至27%～30% 含水量再进行打捆的效果最佳。晒制厚度为 6cm 时，能够有效缩短干燥时间，无论压扁晾晒还是未压扁晾晒，青干草均能达到一级标准。晒制厚度为 13cm 时，压扁晾晒效果最好。综上所述，采用适应性强、高产优质的燕麦品种在灌浆期刈割，在水泥地上压扁晾晒，晒制厚度为 6cm，待含水量降至27%～30% 时进行打捆，可获得高产优质的燕麦青干草。另外，在青藏高原地区可以将秸秆与禾本科牧草混合青贮，既可以解决单独饲喂秸秆难以被家畜采食和营养价值低等问题，同时可以更有效地扩大饲料来源，有效缓解在青藏高原地区饲草料严重短缺的问题。

10.2.3 农区饲草料补充——完善牧区和农区生产“互补”机制

受严酷的高寒自然条件的限制，青藏牧区传统畜牧业主要依靠天然草地有限的牧草生产力饲养家畜。近年来，天然草地退化问题突出，草畜矛盾加剧，草地畜牧业生产效率低下，严重阻碍了草地畜牧业的发展。

饲草料缺乏是青藏高原畜牧业发展的瓶颈，从满足青藏高原家畜饲草料需求的实际出发，探索开发扩大饲料来源，是青藏高原草地畜牧业可持续发展的另一有效途径。青藏高原农区主要种植的农作物有青稞、小麦、燕麦和油菜等，相应地有大量的农作物秸秆，但这些丰富的秸秆资源长期以来均未得到合理的利用。据统计，仅 2008 年西藏有各类秸秆资源 132.21 万 t，其中粮食作物秸秆 111.11 万 t（毕于运，2010），这些数量巨大的秸秆大多被丢弃于田间路边，造成秸秆资源的严重浪费、土壤酸化和大气环境污染。如果将这些资源合理开发利用，用作饲料，变废为宝，不仅可弥补西藏地区枯草季节饲草严重供应不足的问题，而且还可适应可持续发展的要求。充分利用青藏高原农区秸秆资源，合理加工处理，提高饲用价值，扩大家畜饲草料来源，促进青藏高原草地资源可持续利用，是实现青藏高原生态与生产协调发展，以及草地畜牧业可持续发展的必由之路。

李刚等（2014）利用草谷比法估算了2010年青藏高原饲用秸秆资源量及空间分布情况，得出了青藏高原各省区可利用的秸秆资源量（表10.2），并对秸秆载畜量进行了估测计算。结果显示，2010年青藏高原饲用秸秆资源总产量为372.16万t，其中青海藏区饲用秸秆资源量为183.95万t，占秸秆资源总量的49.43%；西藏饲用秸秆资源量94.32万t，占秸秆资源总量的25.34%；四川藏区饲用秸秆资源量38.73万t，占秸秆资源总量的10.41%；云南藏区饲用秸秆资源量38.43万t，占秸秆资源总量的10.33%；甘肃藏区饲用秸秆资源量16.73万t，占秸秆资源总量的4.50%。青海藏区和西藏的饲用秸秆资源总量占整个藏区的74.77%；其他3个省区的可饲用秸秆总量比例仅为25.23%。

表10.2　青藏高原2010年各省区不同作物的秸秆资源量（李刚等，2014）（单位：万t）

省区	小麦秸秆	玉米秸秆	豆类秸秆	薯类藤蔓	油菜秸秆	蔬菜藤蔓及残余物	合计
青海	39.83	12.87	13.55	19.07	86.52	12.11	183.95
西藏	26.62	3.16	3.52	5.51	8.62	46.89	94.32
四川	5.59	16.48	4.79	4.75	1.88	5.24	38.73
云南	3.65	19.16	4.53	1.14	0.68	9.27	38.43
甘肃	4.99	2.69	3.14	1.46	3.66	0.79	16.73
合计	80.68	54.36	29.53	31.93	101.36	74.3	372.16

从作物品种看，可饲用油菜的秸秆资源量最多，达到101.36万t，占秸秆资源总量的27.24%；小麦秸秆为80.68万t，占秸秆资源总量的21.68%；蔬菜藤蔓及残余物为74.3万t，占秸秆资源总量的19.96%；玉米秸秆为54.36万t；占秸秆资源总量的14.61%；薯类藤蔓为31.93万t，占秸秆资源总量的8.58%；豆类秸秆为29.53万t，占秸秆资源总量的7.93%。

通过计算得到，青藏高原可饲用秸秆资源可饲养牲畜293.53万只，其中青海藏区为172.47万只，西藏为46.79万只，四川藏区为31.93万只，甘肃藏区为19.69万只，云南藏区为22.65万只。其中，青海大通回族土族自治县、民和回族土族自治县、湟中区、互助土族自治县秸秆资源载畜量最多，均超过10万只。此外，甘肃藏区中南部、四川藏区西南部、云南藏区南部的秸秆资源载畜量也较高，这些地区县市的秸秆年产量均超过 4 万 t，应该在这些地区采取政策措施推广农作物秸秆的有效利用技术，以减缓草畜矛盾。

李刚等（2014）在估算青藏高原饲用秸秆资源量及空间分布情况的同时，结合 MODIS 的归一化植被指数（NDVI）数据、青藏高原草地类型图、气象数据、土壤质地数据等数据，利用改进的 CASA 模型，对青藏高原草地产草量进行了估算，最后根据草地产草量、秸秆资源载畜量和实际载畜量，利用草畜平衡模型，模拟得出各县市的超载过牧情况。结果表明，在未补充秸秆资源的情况下，利用草畜平衡模型模拟得出，青藏高原地区草地超载率超过 5 倍的县市占 7.69%，超过 2～5 倍的县市占 13.46%，超过 1～2 倍的县市占 28.84%，超载率小于 1 倍的县市占 38.82%，未超载的县市仅占 11.19%。而通过补充秸秆资源，青藏高原各地区草地超载过牧情况有所改善。超载率超过 5 倍的县市比例下降了 3.2%，超过 2～5 倍的县市比例下降了 4.49%，超过 1～2 倍的县市比例增加了 5.49%，超载率小于 1 倍的县市比例增加了 2.2%。因此，今后青藏高原需根据草地资源及饲用秸秆资源的承载能力严格控制牛羊的养殖数量，实现生态环境和畜牧业的可持续发展。

农作物秸秆在自然条件下是一种劣质饲料，主要原因为粗纤维含量高，质地粗硬，适口性差，可消化利用营养成分低，纤维素、半纤维素和木质素共存于秸秆纤维中，形成非常复杂的结构，特别是木质素很难被瘤胃微生物降解，严重阻碍了反刍动物对纤维素、半纤维素等多糖类物质的降解利用。目前利用秸秆加工处理的主要方法有切短、粉碎、浸泡、碾青、蒸煮、膨化、颗粒等物理方法和氨化、碱化、酸化和氧化等化学方法，青贮和酶解等生物方法，以及多种方法复合处理方法等。目前，国内外在混合青贮方面有了较深入的研究，在青藏高原地区可以将秸秆与禾本科牧草混合青贮，另外在青藏高原地区有青稞酒酿造产生的大量青稞酒糟与秸秆进行混合青贮，既可以解决单独饲喂秸秆难以被家畜采食和营养价值低等问题，同时可以更有效地扩大饲料来源，有效缓解在青藏高原地区饲草料严重短缺的问题。同时，在今后应该研究更高效、更适合青藏高原农牧区的秸秆饲料化技术，合理开发利用秸秆资源，缓解饲草料缺乏对畜牧业发展的制约，促进青藏高原草地畜牧业的可持续发展。

10.2.4　适时补饲或舍饲

当前牦牛的饲养管理方式仍比较粗放，没有脱离“靠天养畜”的范畴，几乎所有牦牛仅依靠天然牧草获取维持生长、繁殖等所需的营养物质，但由于青藏高原严酷的自然环境，牧草供给存在季节性严重失衡，导致牦牛体况及体重长期随牧草供给呈现周期性变化，呈现周而复始的“夏活、秋肥、冬瘦、春乏或死亡”的恶性循环状态，出栏周期长，生产效率低下。加之近年来草场超载严重，草地退化加剧，草畜矛盾突出，严重阻碍了牦牛的生产效率，阻碍了青藏高原草地畜牧业的可持续发展。

由于青藏高原平均海拔在3000m以上，严寒、缺氧、紫外线强、全年无霜期短，且冷季漫长，牧草在4月下旬随气温回升开始萌发，5月返青，牧草的生长期只有短暂的5个月，而冷季枯草期则长达7个月之久，在这期间牧草的产量及营养价值随季节发生了巨大的变化，呈现严重的季节性不平衡。赵禹臣等（2012）对高寒草地暖、冷季牧草的营养价值和养分提供量进行分析得出，冷季牧草粗蛋白质和中性洗涤不溶蛋白质含量均显著低于暖季牧草，而粗纤维、中性洗涤纤维和酸性洗涤纤维含量均显著高于暖季牧草。梁建勇等（2015）对4～10月的高寒草甸天然牧草营养价值进行分析得出，牧草的粗蛋白质含量于6月达到最高，且以后随生育期的推移其含量逐渐下降，10月牧草进入枯黄期，粗蛋白质含量降低最多，而中性洗涤纤维和酸性洗涤纤维含量随牧草生育期的推移先降低后升高，干物质消化率随时间推移先升高后降低，6月干物质消化率最高，综合考虑高寒草甸天然牧草在6月、7月和8月牧草营养价值最高。以上研究表明，高寒草地天然牧草的营养价值和饲用价值，随牧草生育期的推移先升高而进入枯草期后显著降低，暖季牧草优于冷季牧草。

放牧家畜的生长发育、健康程度、生产性能、体况都随着天然牧草生育期的不同产生差异，同时也随着牧草营养成分的变化而变化，因天然牧草随时间和季节呈现“春生、夏长、秋枯、冬竭”的生长规律，导致以牧草为直接营养来源的家畜的生长发育随草场牧草供给而变化的恶性循环（蒲小剑，2016）。Long 等（1999a）认为放牧牦牛在冷季体重的损失可达暖季增重的80%～120%。冷季放牧牦牛体况瘦弱，如遇到大风雪等恶劣天气，极易造成牦牛的死亡。因此，有必要探寻新的牦牛饲养方式，通过调控和平衡营养供给，减轻草场压力，提高经济效益。

大量的研究报道指出，对牦牛采取合理的补饲可使牦牛跳出“夏活、秋肥、冬瘦、春乏或死亡”的恶性循环，提高其生产性能，缩短生长周期，减轻青藏高原草场的放牧压力，解决青藏高原草畜不平衡及草场退化等问题，对牦牛产业及青藏高原草地畜牧业的可持续发展具有重要意义。许多学者研究发现，在牦牛生产系统中，用粗饲料（如牧草干草、燕麦干草和青稞秸秆等）和精料（如玉米、菜籽饼、小麦麸皮和尿素糖蜜复合营养舔砖等）补饲放牧牦牛不仅能达到增加营养物质利用率、降低牦牛冬季体重损失、提高牦牛生产效率的目的，还能提高经济效益（文勇立等，1993；张德罡，1998；Long et al.，2005；张建勋，2013）。

如若对围生期母牦牛进行补饲，不仅能降低难产率，提高产后母牦牛当年发情率，还能在一定程度上提高牛犊成活率及产后母牦牛增重。Long 等（1999b）研究发现，给能繁母牦牛补饲燕麦秸秆、大麦秸秆，其产犊率分别提高 23% 和 19%，冷季体重损失减少，70% 的补饲母牦牛在产后 40d 已处在发情期，而放牧处理中只有 25% 的母牦牛观察到发情表现。

张建勋（2013）探讨了不同季节（暖季和冷季）补饲不同饲料（玉米、青稞、菜籽饼等）对生长牦牛生长性能和血液生化指标的影响，并用代谢组学技术研究不同季节补饲不同饲料对牦牛血清代谢物的影响，从代谢水平阐明了牦牛补饲的季节性特征和对不同饲料补饲的响应特征。结果发现，在暖季补饲青稞组、菜籽饼组牦牛平均日增重分别比对照处理（无补饲）提高了 120.59% 和 100.00%，且青稞组比菜籽饼组提高了 10.29%。表明暖季补饲青稞和菜籽饼均能显著提高生长牦牛的生长性能，补饲能量饲料青稞的效果优于补饲蛋白质饲料菜籽饼。而在冷季补饲玉米＋菜籽饼组牦牛的增重效果显著高于单独补饲玉米、青稞、菜籽饼及青稞＋菜籽饼组牦牛。补饲精料能有效降低生长牦牛在冷季的体重损失，其中补饲玉米＋菜籽饼效果最好，补饲玉米次之。用青稞替代玉米，牦牛增重效果下降。通过对牦牛在冷、暖季进行补饲均可显著增加牦牛的生长性能。这说明，即使在牧草营养价值较高的暖季，牦牛摄入的营养物质并不能满足其生产潜能的发挥，仍需对牦牛进行补饲使其发挥生产潜能，提高牦牛生产效率。对生长牦牛暖季采取合适的补饲能有效挖掘牦牛的生长潜力，缩短牦牛生长周期，提前出栏并提高出栏重，增加经济效益，同时缓解草场压力。在冷季补饲能量饲料的牦牛其生产性能优于补饲蛋白质饲料的牦牛，说明对于生长在高原地区的牦牛，冷季能量的满足显得更为重要，是提高其潜在生长性能的重要因素。另外，在冷季对牦牛同时补饲能量饲料和蛋白饲料的效果更好。因此，在实际生产中，可根据草场压力及牧草营养水平的实时变化，对牦牛进行全年适时补饲，充分挖掘牦牛的生产潜能，缩短牦牛生长周期，加快出栏周转，提高牦牛生产效率，增加牧民收入，同时缓解草场压力，保护天然草地，促进青藏高原草地畜牧业的可持续发展。

有研究报道，在全舍饲条件下，牦牛对饲草料的转化利用效率显著提高，可以显著提高其生产性能，且可以改善牦牛肉的品质。王鸿泽（2015）对 3 周岁牦牛饲喂不同能量水平的日粮，进行冷季全舍饲试验。结果表明，随着日粮能量水平的提高，牦牛日增重显著提高，高能组牦牛全期平均日增重可达 770.42g/d；另外，随着日粮能量水平的提高，牦牛宰前活重、胴体重、屠宰率、净肉率、胴体产肉率、腹脂重、背腰厚、眼肌面积均显著增加，显著提高了其屠宰性能；且随日粮能量水平的升高，显著提高了牦牛肉品质及优质切块肉的产量。冷季全舍饲显著提高了牦牛的生长性能、屠宰性能，改善了牦牛肉品质，增加了优质切块肉产量，提高了经济效益。杨俊等（2013）报道，牦牛可在 3 月龄断奶进行舍饲，并提高精料补充料能量水平，有助于提高早期断奶舍饲犊牦牛粗料及营养物质摄入量，提高犊牦牛干物质、有机物和能量的消化率，能够促进糖脂代谢，进而提高早期断奶舍饲犊牦牛的生长性能及促进机体发育，并推荐适宜的早期断奶犊牦牛精料补充料能量水平是 NEg＝6.50MJ/kg。

10.3 混合放牧

放牧制度是放牧管理中的组织和利用体系，它规定了家畜对放牧地利用时间和空间上的通盘安排。合理的放牧制度可以恢复草地生机，提高草地生态效益，保持草地生态平衡，使草地得以永续利用。混合放牧的形式，是对放牧家畜进行科学的组织与安排，能够进一步扩大和深化合理放牧的效果。混合放牧的含义是有计划地使不同种类的家畜在同一时期或不同时期内放牧于同一块草地。之所以要在有计划的放牧制度中引入混合放牧，是因为各种家畜的采食特点不同，对草地的影响也不同，各种家畜对牧草的要求是不一样的，其对合理利用草原具有一定价值。不同种类的草食动物对植物群落的影响存在差异，要同时考虑环境条件、时空尺度、草食动物种类和数量。在低植物多样性条件下，草食动物发生竞争关系；而在高植物多样性条件下，不同种类的草食动物不发生竞争，当草食动物对植物资源的利用模式类似时，其对植物群落的影响产生累加效应，抑或草食动物根据其食性选择不同目的植物，对植物资源的利用模式互补，其对植物群落的影响具有补偿作用。草食动物这种共同的作用，保持了草地植物多样性，维持了草地生态系统的稳定。

家畜混合放牧，是将不同家畜有机组合后在同一块草地上进行放牧，使其各取所需。总的来说，羊对牧草的要求不严格，而牛对牧草的要求较严，牛羊采食牧草时，留茬的高度也不一样。羊采食牧草时，下门齿和硬颚板夹住牧草，将牧草切断吃进嘴里，留茬 2～3cm。牛采食牧草是用舌将牧草搅进嘴里后再切断吃进，留茬较高，达 5～6cm。草地只放牧一种家畜容易造成采食不均，只放牧羊的地段，往往会造成重度放牧，而只放牧牛的地段又容易形成浪费（胡自治和牟新待，1982）。另外，羊的喜食牧草范围较广，喜爱采食植株较低、鲜嫩多汁的牧草，比其他牲畜更能利用低矮牧草，对植株较高的牧草采食较少，而牛会采食植株较高的牧草。牛、羊的食草习性不同，在放牧过羊的地段仍能留下牛爱采食的牧草。因此，用不同种类的家畜进行重复放牧或混合放牧，可使草地得到充分利用（李世安，1985）。

刘晓娟等（2015）通过设置不同放牧方式（牛单牧、羊单牧、牛羊混合放牧和无牧）研究其对荒漠草原植物群落特征的影响，结果表明在适度放牧的情况下牛羊混合放牧可以较好地维持植物群落的多样性。羔羊和小母牛混合放牧地段的物种多样性高于羔羊单独放牧地段（Giudici et al.，1999），混合放牧的母羔羊日增重比单独放牧的增加 37.5%，提前 10d 断奶（Allen，1993）。在牛和猪混合放牧和更替放牧中，两种家畜的增重分别高于两种家畜单独放牧，放牧地段的牧草质量也优于两种家畜的单独放牧地段，单位草地面积的畜产品产量显著高于两种家畜单独放牧。以上研究结果说明，混合放牧不仅可以提高动物生产，也可以改善草地植被。在放牧系统中，种间和种内耦合常常表现出空间耦合和时间耦合，它们之间相互促进、相互融合（侯扶江和杨中艺，2006）。

因此，在青藏高原高寒草地放牧生态系统中，根据各种放牧家畜的采食特点和习性的不同，对放牧家畜进行科学的组织与安排，不同种类的家畜进行重复放牧或混合放牧，能使草地得到充分利用，进一步扩大和深化合理放牧的效果，促进青藏高原高寒草地畜牧业的可持续发展。

10.4 优化放牧畜群结构，提高家畜出栏

在放牧系统中，放牧是可控制因素，在草地和家畜间存在以草定畜、草畜平衡及优化利用等问题，在一定条件下可归结为最优放牧管理。根据 1992 年美国饲草与放牧术语委员会（The Forage and Grazing Terminology Committee）的定义，放牧管理是为了实现预期目标而进行的动物放牧和采食。放牧的目的，一是管理草地，二是开展动物生产，直接或间接地产生经济效益。放牧被认为是最经济有效的草地利用方式之一。作为放牧生态系统的设计者、管理者和受益者，人类研究放牧生态系统的目的就是实现人和草地的和谐发展及可持续发展。家畜是人与草地关系之间的纽带，家畜与草地之间的相互作用是放牧生态系统的关键过程。放牧改变牧草的物质与能量分布格局，多途径诱导牧草补偿性生长，改变种间竞争格局，调控种群更新及群落结构和功能。但放牧对草地的影响结果取决于放牧制度的调控。

合理的放牧管理系统对草地生态系统多样性、植被动态性及草畜产品生产力具有正向的促进、平衡及优化作用。放牧管理措施可能会影响草地生态系统中某一环节的转化效率，同时也会引起其他环节的相应变化，从而影响畜产品的最终产量，放牧强度是影响放牧系统中家畜和单位面积草地生产力的主要因子。不合

理的放牧方式会使草地植物组成与结构发生变化，导致产量和质量降低，从而间接影响家畜的生产性能，因而放牧方式是制约草地生产的又一个非常关键的因素。为了获得最大的、持续的产量，适宜的放牧强度和放牧方式是必要的（王淑强，1995）。放牧管理的目的在于提高草地的第一性生产力和第二性生产力，而放牧管理的基本原理在于控制家畜对植物的采食频度和强度。完善的放牧制度应该能够减少放牧强度、频度、季节性等对植物的不良影响，并尽可能地为家畜提供优质的牧草，以维持较高的畜产品生产水平（尚占环和姚爱兴，2004）。合理放牧应该是在牧草全生育期内，在时间和空间上合理安排使用不同类型草地，有计划地放牧。既能充分利用生育期的光、热、水资源，使其具有最高的生产率，又能延长草地利用年限，保护草地资源，使高寒草地得到可持续利用。合理放牧包括确定合理的放牧率及在时间、空间上对不同类型草地的合理利用等，根据可利用季节的不同有针对性地分配载畜量。

10.4.1 放牧牦牛系统畜群结构现状

草地放牧生态系统的功能除第一性生产外，还包括第二性生产和经济价值生产。草地放牧生态系统的第二性生产力水平的高低主要取决于系统中第一性生产所能提供的营养物质供应水平和草食家畜的生产性能。家畜既是生产资料，又具有生产力。因此，一个合理的畜群结构与规模使整个畜群既能保持高水平产出，又能保持高水平的生产力。畜群的结构与规模直接影响草地生态系统的第二性生产力水平，并间接影响经济价值的生产。目前，面对草地普遍超载的现实，为了稳定和提高系统的第二性生产力水平，依靠扩大畜群规模已不适用，在进行品种改良、提高饲养管理和繁殖技术等基础上，更为有效和可行的是加强畜群的经营管理，尤其是对畜群结构的调整、管理和控制，使整个畜群处于一个高效、合理的生产系统。通过规划畜群规模、调整畜群结构、确定适宜出栏期、加快畜群周转等方法对畜群进行优化管理，达到整个畜群的最大生产力及最大收益。

目前，在青藏高原地区的牦牛放牧生产中，出栏率低、周转慢、牧民增收难是十分突出的问题，造成这些问题的主要原因是草畜之间尖锐的供需矛盾，导致草地生产力下降使牦牛无法在短时间内有效地增重。牦牛从出生到出栏，其生长发育的速率并不稳定，这既是高寒草甸本身的特性导致的牧草供给水平在不同时间段有差异造成的，也是牦牛在长期的自然选择下形成的生理特征造成的。不合理的畜群分布也限制畜群的发展，母牦牛年龄过大，畜群性别比例不合理，都是严重限制牦牛生产的因素。不同年龄阶段的牦牛其采食量、饲养成本、经济收益及对生态环境的影响存在较大差异。因此，合理配置不同年龄、不同性别的牦牛比例，优化畜种内部组成结构及出栏结构，对仅有的草场资源合理分配，以求得更高的经济效益，是畜牧管理最重要的途径之一。深入探讨高寒草地牦牛种群的最优生产结构，确定在年际间稳定平衡状态下最大收益的牦牛最优种群结构、出栏结构，可以保护天然草场资源、发展持续畜牧业和提高放牧的经济效益，并为高寒草地生产计划提供理论指导，为牧场管理决策提供依据，对预测牧场发展具有重大意义。

李炳芬（2017）基于进化算法对高寒草地放牧牦牛种群结构及出栏情况进行了研究。结果表明，对公、母牦牛而言，出栏13岁及以上年龄的牦牛比例较大。图10.4为各年龄段公、母牦牛出栏数与对应总公、母牦牛出栏数之比。很明显对母牦牛而言，出栏1～3岁及13岁的牦牛比例较大。由图10.4和图10.5可知，对公牦牛而言，出栏最多的是13岁以上的公牦牛，出栏比重最少的是生长型牦牛（1～6岁）。

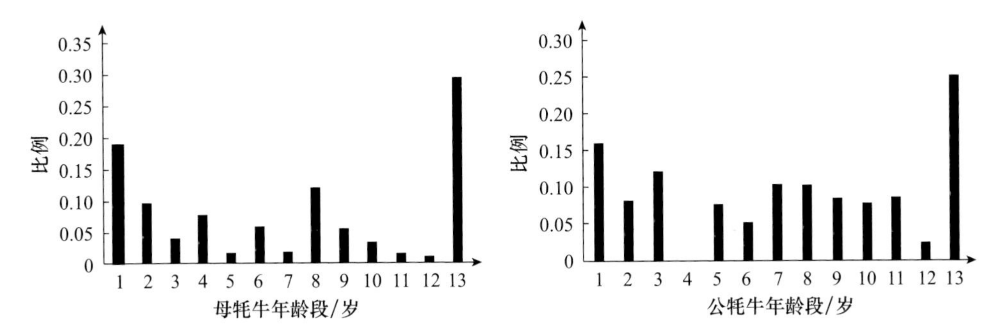

图10.4 各年龄段公、母牦牛出栏数与总公、母牦牛出栏数之比（李炳芬，2017）

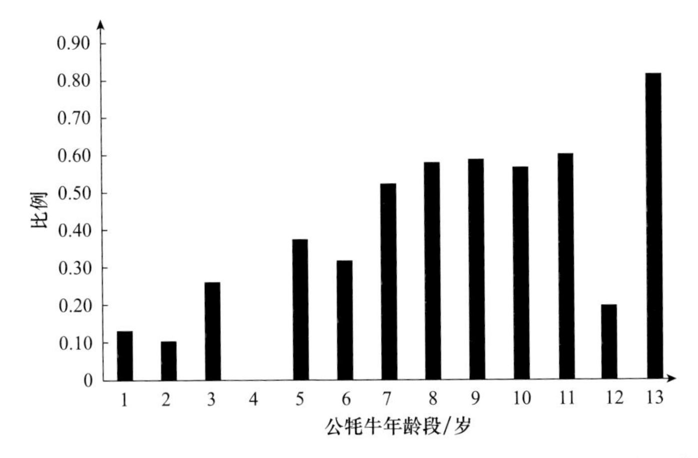

图10.5 各年龄段公牦牛出栏数占当前年龄段公牦牛出栏总量之比（李炳芬，2017）

李炳芬（2017）分析公、母牦牛出栏结构的试验结果后指出，对母牦牛而言，应尽量出售1～3岁及13岁的牦牛；对公牦牛而言，应多出售13岁及13岁以上各项生理指标均退化的牦牛，其次是多出售体征稳定的壮年牦牛，尽量少出售成长型牦牛。应该少出售具有繁殖性能的母牦牛和成长型公牦牛，多出售产肉性能基本稳定且无其他价值收益的公牦牛，同时及时淘汰群体中零贡献个体和亏损个体，提高家畜的个体生产水平，这样可以提高经济效益，减缓草畜矛盾，防止草场退化，提升经济效益。

10.4.2 牦牛最佳出栏年龄研究及冷季错峰出栏

谢荣清等（2006）对天然放牧条件下1.5～5.5岁牦牛的屠宰试验表明，屠宰3.5岁的牦牛最适宜，其屠宰率、净肉率、肉骨比、高眼肌面积等屠宰性能最高，且其肉中粗蛋白含量高，粗脂肪含量低，粗纤维和不溶性膳食纤维含量适中，牛肉品质最好。另外，根据牦牛生长规律，1.5岁以上牦牛活体重可以通过体尺来估算（活体重＝体斜长 × 胸围^2× 70），牦牛在3.5岁之前体重和体尺增长速率呈上升趋势，3.5岁之后体重和体尺的增长速度开始趋于平缓，生产速度减慢，在此期间饲料转化率最高，生产经济效益好（罗惦等，2017）。由此认为3.5岁为牦牛的最佳出栏年龄。而要使得3.5岁的牦牛具有更好的体况水平，增加生产者的出栏意愿，就要通过夏季补饲集中育肥、幼畜集中放牧、冬季设置暖棚等手段，把握幼龄牦牛生长性能较强的阶段，才能实现牦牛适时出栏的目的，加快周转，增加经济效益（谢荣清和曾华，2005）。

在传统的牦牛出栏模式中，一般是在经过多年的累积增长后，在某个枯草期到来之前集中出栏。这时，虽然牦牛体重达到了一年的最高值，但是集中出栏给屠宰加工企业造成很大的生产压力，在长达9个月的非出栏时间里，屠宰加工企业无牛可屠宰加工，造成屠宰加工企业不能均衡生产。另外，传统的集中出栏导致牦牛肉市场供应不均衡，一般在每年2～5月市场只能外调黄牛肉，来满足牦牛产区的牛肉需求。集中出栏造成短时间内市场供求失衡，导致牦牛出栏价格相对较低。

因此，在牦牛的实际生产中，在暖季对放牧牦牛进行补饲，充分发挥牦牛生长潜能；在冷季对牦牛进行补饲或舍饲，进行保膘育肥，可以使牦牛的生长不受天然草地牧草供给的季节性影响。生产者也可以根据草地牧草供给状况，以及牦牛市场需求变化，在全年任意时候对牦牛进行出栏，以错开出栏高峰期，增加牦牛养殖经济效益。尤其在草畜不平衡尤为突出的冷季，对牦牛进行舍饲育肥，并在冷季错峰出栏，避开牦牛市场秋季出栏高峰期，提高牦牛养殖收益。也可以通过草原区放牧与异地农区育肥相结合，扬长避短，充分利用农区饲料资源。通过适时补饲、冷季舍饲错峰出栏、异地育肥等措施的实施，缩短生产周期，加快畜群周转，将大幅度地减轻青藏高原天然草地的放牧压力，是实现草畜平衡的重要途径，有利于退化草地的恢复，促进青藏高原生态恢复，同时提高牦牛养殖经济效益，提高青藏高原高寒草地畜牧业生产力水平和经济效益。

10.5 优化牧场管理模型，开展数字化智能草地畜牧业

草地畜牧业是以草地资源为基础，以放牧为主要利用方式的畜牧业。草地家畜放牧系统（grassland livestock grazing system）是草地畜牧业最主要的生产系统。在这个系统中，全面掌握不同放牧管理对草原植被结构、生产力和家畜生产性能的影响，以及草畜之间的互作方式，是实现草地放牧生态系统优化管理的基础。草地放牧系统易受到经济、社会、自然等因素的影响，只有在最优的放牧管理决策的导向下，对草地资源进行优化配置，才能使草地的生态效益和经济效益均达到最佳（Hodgson，1990；王贵珍和花立民，2013）。

随着计算机技术、遥感技术等现代自动化、智能化技术的迅速发展，草业发展已走向数字草业时代，而建立在草地之上的草地畜牧业，也应该与数字草业相结合，加入放牧家畜生产营养需要、与草地及环境的互作、家畜经济、社会效益板块，走向数字化、智能化的发展之路，顺应时代、技术及生态和农业发展布局建设的需要，开展数字化智能草地畜牧业，使草地畜牧业向精细化、科技化、自动化和智能化方向发展。在最优管理决策的指导下，使草地畜牧业生态效益与经济效益同步发展。

家庭牧场是草地资源利用的基本单元，其在生态恢复、多样性保护、农牧民经济收入提高等方面具有重要意义。家庭牧场中包含环境、资源、经济、社会、管理等多层面的内容，是一个复杂系统，其研究正朝着定量化、精细化、模式化、市场化的方向发展，这也是开展数字化智能草地畜牧业的必经之路。数字化智能模拟模型是对家庭牧场尺度上的复杂系统进行生产、经营、管理和研究的一个重要工具，其目的在于将限制牧场经营和发展的因素最小化，实现牧场效益的最优化。随着计算机技术的发展和草地生态经济学研究的定量化和系统化，牧场管理模型（Pasture Management Model，PMM）的研究与应用已成为我国乃至世界草地畜牧业管理与发展的新方向。作为科学的工具，它不仅可以最大限度地还原复杂而真实的生态系统的运行状态，还可以帮助科研工作者从系统论角度出发，在检验科学假设的同时挖掘系统中未被解决的问题。作

为管理的工具，模型可帮助发现并解决牧场管理中出现的问题，同时也可预测牧场对不同管理决策的响应，在实现草地资源可持续利用的前提下，帮助牧场主做出科学、有效的决策，以提高牧场收入（Jorgensen and Bendoricchio，2008；王贵珍，2016）。

我国对于牧场管理模型的研究起步较晚，在草地监测、放牧管理模式的优化、数学规划法在模型中的应用研究，以及静态的草业专家开发系统方面有初步进展，但尚不具有模拟草畜互作等方面的动态模拟机制。与国外相比，我国草地畜牧业发展相当滞后，各生产层面互不衔接，管理方式比较粗放，研制出的可用于生产实践、可具体操作性并适合特定地区生产的牧场管理模型较少。近年来，通过对 ACIAR、Grass Gro 等国外经典模型的引用，结合我国高寒草地、典型草原等牧场管理实践，进行模型参数优化，促进了我国牧场管理模型研究的迅速发展（王贵珍，2016）。

10.5.1 国外主要的草畜互作牧场管理模型

世界草地畜牧业发达的国家，如澳大利亚、加拿大、新西兰、美国等都研发出了适合本国的牧场管理决策支持系统。从生产、管理到投入市场大量运用科技手段，牧场管理做到了专业化、现代化、企业化。国外牧场管理模型主要分为三类：第一类是以植物为主要研究对象，通过模拟不同的放牧、刈割或栽培管理措施，监测植物对各种干扰的响应；第二类是以草畜互作为研究对象，主要通过模拟来改善牧场管理手段对草地、家畜生产性能及牧场经济效益的影响；第三类模型为特定的畜种饲养管理而设计，主要以奶牛、肉牛和绵羊为研究对象，特别是奶牛牧场管理模型。其中，主要的草畜互作管理模型有 ACIAR 系列模型、GRASIM 模型、Grass Gro 模型等。关于国内外牧场管理模型的研究进展，李治国等（2014）、王贵珍和花立民（2013）做了较详细的综述。

ACIAR 系列模型又称家庭牧场家畜 - 草地优化管理模型，是澳大利亚国际农业研究中心同内蒙古农业大学、甘肃农业大学、中国农业科学院草原研究所等单位共同开发的，用于中国北方草原家庭牧场的生产经营、管理及生态环境保护方面的系列模型，后经中方对该模型进行进一步改进，实现了该模型参数的本土化及界面化。该系列模型共包含 4 个模型，即草畜平衡模型、牧场优化生产模型、精准管理模型和可持续发展模型。其所需要的主要参数来源于大量的数据调研、长期试验及历史资料。所采用的计算公式以经验公式为依据。模型考虑的因素包括气候、牧场、牲畜、财务和人力等。根据年际气候变化、家畜因子、草场因子、生产因子和经济因子，分析放牧系统不同组分间的相互作用，通过一系列机理模型模拟运行，从而获得整个放牧系统的经营和管理结果（郑阳等，2010；Takahashi et al.，2011a）。ACIAR 系列模型是由我国科研工作者参与设计的，针对性和实用性较强，但也存在参数多、定量化难的问题，并且各个模型之间是相对独立存在的，模型之间的数据和结果没有关联性。

GRASIM 模型是以美国肯塔基肉牛模型为基础开发的一个综合涵盖放牧管理所有因素，并可以模拟高强度轮牧管理的模型。模型包括四部分：牧草生长、水分平衡、土壤营养和收获管理。GRASIM 以天为单位运行，通过监测牧草生长率及生物量、牧草品质、土壤的养分、淋溶等指标，以便更好地掌控牧场系统，评估不同管理策略的经济效应、生态效应，制定合理的放牧管理策略，促进整个牧场系统的持续发展（Mohtar et al.，2000）。

Grass Gro 模型是澳大利亚联邦科学与工业研究组织（Commonwealth Scientific and Industrial Research Organisation，CSIRO）植物工业部的 GRAZPLAN 小组开发的，用于协助农场主和草地资源管理者进行决策管理的决策支持模型。Grass Gro 帮助农场主分析多变气候下放牧系统效益和持续性的机遇和风险，可全方位模拟牧草生长，预测采食干扰对牧草生长发育和草畜相互作用过程的影响，实现牧场放牧系统的计算机程序化。按照水－土壤－大气－草地－家畜系统相互作用机理，以逐日气象数据为驱动变量模拟土壤环境－草地－家畜的自然和经济动态，评估自然和管理因素对牧场生产和利润的影响。在保证生态系统健康发展背景下，寻求最佳生产性能和经济效益的畜群结构（Clark et al.，2000）。

Graze Vision 是由荷兰科学家开发的一个通用决策支持模型。模型由尿斑衰变模型、粪斑衰变模型、牧草生长模型、牧草利用模型和动物生产模型组成。该模型以 12h 为单位，可迅速模拟牧场大小、放牧停留时间、刈割、玉米青贮料供应及多个管理措施改变对牧场的影响，还可以通过一系列的管理措施（轮牧制度、施肥、青贮、补饲、载畜率、网围栏等）模拟饲草与家畜需求之间的平衡，为放牧管理系统未来的发展提供可供参考的框架体系（Zom and Holshof，2011）。

GrazFeed DSS 是澳大利亚 CSIRO 开发的基于 Windows TM 操作系统的简易计算机程序决策支持系统。根据饲养标准更有效的制定牧草资源利用和科学补饲方式，被认为是放牧牲畜营养研究的标杆（Freer et al.，1997）。

SimSAGS 是模拟半干旱放牧系统的决策支持工具。系统通过耦合家畜－牧草生产动态，模拟家畜种群动态机制，定性、定量地指导系统各个生产环节，实现草地放牧系统的持续稳定生产。

KMETIJA 模型是一种开放的、易于补充的、高度灵活的经济决策系统，由数据管理、模拟决策、经济分析、结果输出四部分组成。模拟核心由两个子模型来模拟植物和动物生产，植物生产中模拟市场和饲料作物的生产，动物生产模块中模拟乳品生产、良种繁育、家畜育肥，模拟获得的信息进一步用于财务计算和制订详尽的生产计划；经济核算可计算总盈利状况、月资金收支、投资决策等。可对牧场管理中由于生产、环境、社会因素的改变做出及时规划和评估（Udovc，1997）。

10.5.2 国内牧场管理模型研究

我国对草地生态系统牧场管理模型的研究较晚，始于20世纪80年代中期。目前草地利用和牧场优化管理研究还处于概念模型和理论研究阶段，没有真正地实现草地放牧生态系统的优化管理。严格意义来讲，我国目前尚无专业化的牧场管理模型，有的只是小范围的试验性研究，而如何高效利用草地资源的同时确保草地生态系统基本功能不受破坏，是草地生态系统优化管理研究的核心。我国科研工作者从系统论的角度出发，按照草地家畜放牧系统的理念，从大尺度的植被遥感应用到小尺度的家畜放牧管理等方面也开发出了各种不同的模型。为有效提高草地放牧生态建设工程效率，促进资源管理的科学化、信息化建设奠定了基础。

在草地植被遥感监测模型研究方面，李博（1993）研究并建立了草地生态统计模型，并著有《中国北方草地畜牧业动态监测研究（一）——草地畜牧业动态监测系统设计与区域实验实践》一书。黄敬峰等（1999）、雍国玮等（2003）、刘占宇等（2006）和李霞（2008）分别利用遥感技术建立了草地生物量的估算模型，旨在通过遥感技术来反映草地牧草生物量及产草量。吴全等（2001）基于3S技术，以GIS为核心，建立了中国西北部草地资源信息系统。通过以上模型的建立，以期建立可运行的大范围草地资源动态监测系统，为草地家畜管理决策提供依据。

在放牧管理模型研究方面，杨金波和刘德福（1996）运用线性规划模型，将乌拉盖牧场的畜群结构和畜种结构放在同一约束方程组中同时进行优化，定量调整畜种结构，提出以产肉为主要生产目的的乌拉盖牧场草原畜牧业生产最佳的畜种结构和畜群结构模式。李自珍等（2002）以甘肃甘南青藏高原高寒草地放牧体系为研究对象，设计出放牧管理的最优控制模式，并根据实测结果进行实例计算及生态效益分析，在此基础上提出了可持续发展的对策。白玮杰（2010）在对荒漠草原家庭牧场优化管理模式研究中，采用模拟和试验研究相结合的方法，探讨管理模式对于改变荒漠草原区家庭牧场家畜生产性能及家庭收入的影响。王慧忠和张新全（2006）建立了草地生态系统的Lotka-Volterra

模型，探讨草地放牧生态系统内牧草种群与放牧家畜种群之间的关系，以及合理控制草地载畜量和提高草地牧草产量的重要性，可以利用Lotka-Volterra模型调控草地生态系统中载畜量与草地牧草产量之间的关系，从而准确指导草地畜牧业生产。多杰龙智等（2007）利用线性规划建立数学模型，采用人工种草、暖棚、灭治鼠害3项措施来提高饲草料贮备水平，实现以草定畜、草畜平衡及保护三江源生态环境和畜牧业的可持续发展的目标。李文龙等（2008）通过研究不同的放牧强度对草地生物多样性和生产力的影响，确定了放牧管理的最优牧草资源种群水平和最优控制量，提出草地放牧管理模式的控制对策，为高寒草地保护和持续利用提供了优化模式和定量依据。王贵珍（2016）以祁连山东段高寒草甸为例，以生态–经济理论、家畜精准管理理论、放牧适宜度理论，以及非平衡草地生态系统的弹性管理理论为核心，构建高寒草甸普适性和面向对象的家庭牧场管理模型，对青藏高原高寒草甸牧场优化管理决策有重要指导意义。以上这些研究通过改变放牧强度、优化放牧方式来实现草地植被结构的相对稳定和生产力的不断提高，可为我国草地放牧体系优化研究提供很好的借鉴经验。

10.5.3 草地放牧系统管理的最优控制模型

李自珍等（2002）以甘南高寒草地放牧系统为研究对象，运用生物控制论的理论与方法，确定了放牧管理的主要指标，组建了放牧管理的最优控制模型。草地放牧系统管理的最优控制模型具体如下。

在一个草地放牧系统中，若将其所有的可食牧草（多种牧草）视作一个资源种群，并记该牧草资源种群的大小为$x=x(t)$，收获量（家畜的总采食量）为$u=u(t)$，则在放牧管理过程中系统的状态方程为

$$\frac{\mathrm{d}x}{\mathrm{d}t}=F(x)-u(t);\ x(0)=x_0 \tag{10.30}$$

式中，$\mathrm{d}x/\mathrm{d}t$为牧草生长率；$F(x)$为牧草生长率函数；$u(t)$为总采食量（收获量）；x_0为初始时刻平均牧草现存量。一般选取$F(x)=rx(1-x/K)$，其中r为牧草的内禀增长率；K为其环境容纳量。

在放牧过程中，要求t时刻的牧草现存量满足的约束条件为

$$x(t)>0 \tag{10.31}$$

根据草畜供需关系确定的最大采食量和最小采食量分别为u_{max}和u_{min}，对采食量的约束条件为

$$u_{min}\leqslant u\leqslant u_{max} \tag{10.32}$$

另外假定牧草单位采食量的价格为 P，成本为 $C(x)$，货币的贴现率为 W（$W>0$），则放牧经济效益的目标函数为

$$J(u) = \int_0^{+\infty} e^{-W_t}[P-C(x)]\mu(t)\mathrm{d}t \tag{10.33}$$

于是草地放牧系统的最优控制问题归结为在约束条件［式（10.31）、式（10.32）和式（10.33）］下，求解目标泛函 $J(u)$ 的极大值。这意味着确定一个适当的收获量 $\mu^*(t)$，并使牧草资源种群稳定在相应的最优种群水平 x^*，从而获得持续的最佳经济效益。

依据极大值原理可以推得最优种群水平 x^* 所满足的平衡方程为

$$F'(x) - \frac{C'(x)F(x)}{p-C(x)} = W \tag{10.34}$$

或

$$\frac{\mathrm{d}(x)}{\mathrm{d}x} = W[P-C(x)] \tag{10.35}$$

式中，若平衡方程有唯一的解 x^*，那么放牧管理的最优策略为

$$\mu^*(t) = \begin{cases} u_{\min}, & x<x^* \\ F(x^*), & x=x^* \\ u_{\max}, & x>x^* \end{cases} \tag{10.36}$$

若对草地牧场采取围栏与分区轮牧管理措施，则式（10.36）的管理对策意味着：当牧草现存量 $N=N(t)$ 低于牧草最优种群水平 x^*，采食量应取下限值 $u_{\min}$；当 $x=x^*$ 时，采食量取 $F(x^*)$；当 $x<x^*$ 时，采食量取上限值 $u_{\max}$，从而使采食量快速达到最优控制量 $\mu^*(t)$，并维持在这种最优水平上，从而获得持续最佳效益。

10.5.4 开展数字化智能草地畜牧业的意义与必要性

家庭牧场是草地畜牧业生产模式转变后的历史必然，是草地资源利用的基本单元，也是产业化、现代化草地畜牧业发展经营的主体单位。青藏高原是典型的以家庭牧场为单位的草地畜牧业，家庭牧场中包含环境、资源、经济、社会、管理等多个层面的内容，是一个复杂系统，只有在最优的放牧管理决策的导向下，对草地资源进行优化配置，才能使草地的生态效益和经济效益均达到最佳。草地畜牧业应该与数字草业相结合，加入放牧家畜生产营养需要、与草地及环境的互作、家畜经济、社会效益板块，走数字化、智能化的发展之路。随着计算机技术的发展和草地生态经济学研究的定量化和系统化，牧场管理模型研究正朝着定量化、精细化、智能化、自动化的方向发展，这是数字化、智

能化草地畜牧业的开端，其可以作为管理的工具，帮助发现并解决牧场管理中出现的问题，同时也可预测牧场对不同管理决策的响应，在实现草地资源可持续利用的前提下，帮助牧场主做出科学、有效的决策，在恢复生态、保护多样性、提高农牧民经济收入等方面具有重要意义。因此，在牧场管理模型的深入研究与推广应用之下，草地畜牧业应顺应时代、技术及生态和农业发展布局建设的需要，开展数字化智能草地畜牧业，使草地畜牧业向精细化、科技化、自动化和智能化方向发展，在最优管理决策的导向下，草地畜牧业生态效益与经济效益同步发展，对青藏高原草地生态恢复，以及草地畜牧业的可持续发展有重要意义。

参考文献

阿娜尔·阿扎提，2014．绵羊采食行为和增重对放牧压力的响应［D］．乌鲁木齐：新疆大学．

安慧，2012．放牧干扰对荒漠草原植物叶性状及其相互关系的影响［J］．应用生态学报，23（11）：2991-2996．

安慧，徐坤，2013．放牧干扰对荒漠草原土壤性状的影响［J］．草业学报，22（4）：35-42．

安渊，李博，杨持，等，2002．放牧率对大针茅草原种群结构的影响［J］．植物生态学报，26（2）：163-169．

白玮杰，2010．荒漠草原家庭牧场优化管理模拟与试验研究［D］．呼和浩特：内蒙古农业大学．

鲍新奎，曹广民，赵宝莲,1991．高山土壤的磷素非生物固定作用［M］// 刘季科，王祖望．高寒草甸生态系统：第 3 集．北京：科学出版社：247-256．

毕于运，2010．秸秆资源评价与利用研究［D］．北京：中国农业科学院．

边疆晖，樊乃康，景增春，等，1994．高寒草甸地区小哺乳动物群落与植物群落演替关系的研究［J］．兽类学报，14：209-216．

蔡立，1992．中国牦牛［M］．北京：中国农业出版社．

曹广民，鲍新奎，张金霞，等，1995．高寒草甸生态系统植物库磷素贮量及其循环特征［M］// 中国科学院海北高寒草甸生态系统定位站．高寒草甸生态系统：第 4 集．北京：科学出版社：27-34．

曹广民，鲍新奎，赵宝莲,1991．高山土壤的磷素微波物固定作用［M］// 刘季科，王祖望．高寒草甸生态系统：第 3 集．北京：科学出版社：237-246．

曹广民，张金霞，鲍新奎，等，1999．高寒草甸生态系统的磷素循环［J］．生态学报，19（4）：514-518．

陈波，周兴民，1995．三种嵩草群落中若干植物种的生态位宽度与重叠分析［J］．植物生态学报，19：158-169．

陈波，周兴民，王启基，等，1995．高寒草甸植物种群的生态位研究［M］// 中国科学院海北高寒草甸生态系统定位站．高寒草甸生态系统：第 4 集．北京：科学出版社：73-90．

陈友慷，陈宇，王晋峰，等,1994．不同放牧强度对牦牛生长和草地第二生产力的影响［J］．草业科学,11（1）：1-4．

陈佐忠，黄德华，张鸿芳，1988．内蒙古锡林河流域羊草草原和大针茅草原地下生物量与降水关系模型探讨［M］// 中国科学院内蒙古草原生态系统定位站．草原生态系统研究：第 2 集．北京：科学出版社：20-26．

达林太，娜仁高娃,2010．对内蒙古草原畜牧业过牧理论和制度的反思［J］．北方经济，（6）：32-35．

道日娜，宋彦涛，乌云娜，等，2016．克氏针茅草原植物叶片性状对放牧强度的响应［J］．应用生态学报，27（7）：2231-2238．

邓德山，刘建全，邓自发，等，1995．青藏高原嵩草属植物繁殖系统生物学特性初探［J］．青海师范大学学报（自然科学版），（2）：24-29．

邓自发，谢晓玲，周兴民，等，2002．高寒草甸小嵩草种群繁殖生态学研究［J］．西北植物学报，22（2）：344-349．

丁路明，2007．青藏高原牦牛牧食行为生态学研究［D］．西宁：中国科学院西北高原生物研究所．

丁路明，龙瑞军，郭旭生，等，2009．放牧生态系统家畜牧食行为研究进展［J］．家畜生态学报，30（5）：4-9．

董全民，李青云，2003．世界牦牛的分布及生产现状［J］．青海草业，12（4）：32-35．

董全民，李青云，马玉寿，等,2002a．放牧强度对夏季高寒草甸生物量和植被结构的影响［J］．青海草业,11（2）：8-10，49．

董全民，李青云，马玉寿，等，2003a．牦牛放牧率对高寒高山嵩草草甸不同植被类群地上生物量生产率的影响［J］．四川草原，（6）：21-24．

董全民，李青云，马玉寿，等，2003c．放牧率对牦牛生产力的影响初析［J］．草原与草坪，（3）：49-52．

董全民，李青云，马玉寿，等，2004a．牦牛放牧强度对高寒草甸暖季草场植被的影响［J］．草业科学，21（2）：48-53．

董全民，李青云，马玉寿，等，2004c．牦牛放牧率对高寒高山嵩草草甸地上、地下生物量的影响初析［J］．四川草原，（2）：20-27．

董全民，李青云，施建军，等，2002b．放牧强度对高寒草甸地上生物量和牦牛生长的影响［J］．青海畜牧兽医杂志，32（3）：5-7．

董全民，马玉寿，李青云，2003b．放牧强度对牦牛生长的影响［J］．草地学报，11（3）：256-260．

董全民，马玉寿，李青云，等，2004d．牦牛放牧率对高寒高山嵩草草甸植物群落的影响［J］．中国草地，26（3）：24-32．

董全民，尚占环，杨晓霞，等，2017．三江源区退化高寒草地生产生态功能提升与可持续管理［M］．西宁：青海人民出版社．

董全民，赵新全，李青云，等，2004b．高寒高山嵩草草甸土壤营养因子及水分含量对牦牛放牧率的影响Ⅰ．夏季草场土壤营养因子及水分含量的变化［J］．西北植物学报，24（12）：2228-2236．

董全民，赵新全，李青云，等，2005a．牦牛放牧率对高山嵩草（*Kobresia parva*）高寒草甸暖季草场植物群落组成和植物多样性的影响［J］．西北植物学报，25（1）：94-102．

董全民，赵新全，李青云，等，2006a．牦牛放牧强度与高山嵩草（*Kobresia parva*）高寒草甸草场第二性生产力关系的研究［J］．家畜生态学报，27（4）．

董全民，赵新全，李世雄，等，2014．草地放牧系统中土壤-植被系统各因子对放牧响应的研究进展［J］．生态学杂志，33：2255-2265．

董全民，赵新全，马玉寿，等，2005b．牦牛放牧强度与高寒高山嵩草草甸植物群落的关系［J］．草地学报，13（4）：334-338．

董全民，赵新全，马玉寿，等，2006b．不同牦牛放牧率下江河源区垂穗披碱草/星星草混播草地第一性生产力及其动态变化［J］．中国草地学报，（3）：5-15．

董全民，赵新全，马玉寿，等，2012．放牧强度对高寒混播人工草地群落特征及地上现存量的影响［J］．草地学报，20（1）：10-16．

董全民，赵新全，徐世晓，等，2004e．高寒牧区牦牛育肥试验研究［J］．中国草食动物，24（5）：8-11．

董世魁，丁路明，徐敏云，等，2004．放牧强度对高寒地区多年生混播禾草叶片特征及草地初级生产力的影响［J］．中国农业科学，37（1）：136-142．

董世魁，胡自治，龙瑞军，等，2003．高寒地区多年生禾草混播草地的群落学特征研究［J］．生态学杂志，22（5）：20-25．

董世魁，温璐，李媛媛，等，2015．青藏高原退化高寒草地生态恢复的植物-土壤界面过程［M］．北京：科学出版社．

杜国祯，王刚，1995．甘南亚高山草甸人工草地的演替和质量变化［J］．植物学报，37（4）：306-313．

杜伊光，李家藻，师志贤，等，1995．高寒草甸生态系统土壤微生物反硝化作用引起氮素损失的研究［M］// 中国科学院海北高寒草甸生态系统定位站．高寒草甸生态系统：第4集．北京：科学出版社：189-200．

杜英，1985．环境温度对牛的影响［J］．中国牦牛，1：14-15．

段敏杰，高清竹，万运帆，等，2010．放牧对藏北紫花针茅高寒草原植物群落特征的影响［J］．生态学报，30（14）：3892-3900．

多杰龙智，黎与，胡振军，2007．线性规划对建设养畜轮牧育草的预测：青海省海南州三江源区建设养畜，轮牧育草的优化数学模型［J］．内蒙古草业，19（4）：36-37．

冯定远，汪儆，2000．抗营养因子及其处理研究进展［M］// 卢德勋．动物营养研究进展．北京：中国农业出版社：102．

付刚，周宇庭，沈振西，等，2010．不同海拔高寒放牧草甸的生态系统呼吸与环境因子的关系［J］．生态环境学报，19（12）：2789-2794.
付伟，赵俊权，杜国祯，2013．青藏高原高寒草地放牧生态系统可持续发展研究［J］．草原与草坪，33（1）：84-88.
高新中，李希来，马桂花，等，2008．不同退化高寒草甸矮嵩草和高山嵩草无性系繁殖规律［J］．草业与畜牧，146（1）：7-11.
高英志，韩兴国，汪诗平，2004．放牧对草原土壤的影响［J］．生态学报，24（4）：790-797.
关世英，齐沛钦，康师安，等，1997．不同牧压强度对草原土壤养分含量的影响初析［J］．草原生态系统研究，5：17-22.
国家畜禽遗传资源委员会，2011．中国畜禽遗传资源志：牛志［M］．北京：中国农业出版社.
韩国栋，卫智军，许志信，2001．短花针茅草原划区轮牧试验研究［J］．内蒙古农业大学学报（自然科学版），22（1）：60-67.
韩苑鸿，汪诗平，陈佐忠，1999．以放牧率梯度研究内蒙古典型草原主要种群的生态位［J］．草地学报，7：204-210.
贺连选，刘宝汉，2005．不同海拔高度的高寒草甸植物群落多样性的研究［J］．青海畜牧兽医杂志，35（5）：1-4.
贺有龙，周华坤，赵新全，等，2008．青藏高原高寒草地的退化及其恢复［J］．草业与畜牧，156（11）：1-9.
红梅，陈有君，李艳龙，等，2001．不同放牧强度对土壤含水量及地上生物量的影响［J］．内蒙古农业科技（土肥专辑）：25-26.
侯扶江，常生华，于应文，等，2004．放牧家畜的践踏作用研究评述［J］．生态学报，24（4）：784-789.
侯扶江，杨中艺，2006．放牧对草地的作用［J］．生态学报，26（1）：244-264.
侯建杰，2013．高寒牧区燕麦青干草品质的影响因素研究［D］．兰州：甘肃农业大学.
侯向阳，尹燕亭，王婷婷，2015．北方草原牧户心理载畜率与草畜平衡生态管理途径［J］．生态学报，35（24）：8036-8045.
侯向阳，尹燕亭，运向军，等，2013．北方草原牧户心理载畜率与草畜平衡模式转移研究［J］．中国草地学报，35（1）：1-11.
胡自治，1995．世界人工草地及其分类现状［J］．国外畜牧学（草原与牧草），69（2）：1-8.
胡自治，1997．草原分类学概论（草原、畜牧专业用）［M］．北京：中国农业出版社.
胡自治，牟新待，1982．中国草原资源及其培育利用［M］．北京：中国农业出版社.
黄葆宁，李希来，1996．利用嵩草属优良牧草恢复“黑土滩”植被试验报告研究［J］．青海畜牧兽医杂志，26（1）：1-5.
黄大明，1996．高寒草甸放牧生态系统夏秋草场轮牧制度的模拟研究［J］．生态学报，16（6）：607-611.
黄锦华，呼天明，郑红梅，2009．3种藏嵩草种子休眠及内源脱落酸含量的研究［J］．西北农业学报，18（3）：152-155.
黄敬峰，王秀珍，胡新博，1999．新疆北部不同类型天然草地产草量遥感监测模型［J］．中国草地，（1）：7-11.
黄英姿，1994．生态位理论研究中的数学方法［J］．应用生态学报，5：331-337.
贾树海，王春枝，孙振涛，等，1999．放牧强度和放牧时期对内蒙古草原上土壤压实效应的研究［J］．草地学报，7（3）：217-221.
江小蕾，张卫国，杨振宇，等，2003．不同干扰类型对高寒草甸群落结构和植物多样性的影响［J］．西北植物学报，23（9）：1479-1485.
蒋文兰，瓦庆荣，1995．人工草地绵羊放牧系统草畜供求关系的优化［J］．草业学报，4（1）：44-51.
蒋志刚，王祖望，1997．行为生态学的起源、发展和前景［J］．自然杂志，19：43-46.
拉元林，王金山，2005．黄河上游高寒地区建植人工草地引种试验［J］．草业科学，22（7）：31-33.
李炳芬，2017．基于进化算法的高寒草地放牧牦牛种群优化问题研究［D］．西宁：青海大学.
李博，1993．中国北方草地畜牧业动态监测研究（一）：草地畜牧业动态监测系统设计与区域实践［M］．北京：中国农业科技出版社.

李刚，孙炜琳，张华，等，2014．基于秸秆补饲的青藏高原草地载畜量平衡遥感监测［J］．农业工程学报，30（17）：200-211．

李海宁，李希来，杨元武，等，2003．不同退化程度下矮嵩草和高山嵩草无性系的种子生产力与分株植物量［J］．湖北农业科学，（5）：84-87．

李金亚，薛建良，尚旭东，等，2014．草畜平衡补偿政策的受偿主体差异性探析：不同规模牧户草畜平衡差异的理论分析和实证检验［J］．中国人口·资源与环境，24（11）：89-95．

李菊梅，王朝辉，李生秀，2003．有机质、全氮和可矿化氮在反应土壤供氮能力方面的意义［J］．土壤学报，40（2）：231-237．

李齐发，赵兴波，刘红林，等，2006．牦牛分类地位研究概述［J］．动物分类学报，31（3）：520-524．

李契，朱金兆，朱清科，2003．生态位理论及其测度研究进展［J］．北京林业大学学报，25：100-107．

李世安，1985．应用动物行为学［M］．哈尔滨：黑龙江人民出版社．

李世卿，2014．青藏高原东北边缘地区高寒草甸土壤养分特征对放牧利用的响应［D］．兰州：兰州大学．

李文龙，苏敏，李自珍，2008．高寒草地放牧管理最优控制模式［J］．兰州大学学报（自然科学版），44（5）：30-34．

李希来，李发吉，黄葆宁，等，1996．青藏高原集中嵩草的生物量及其幼苗生长发育的初步研究［J］．草业学报，5（4）：48-54．

李希来，杨元武，张静，等，2003．不同退化程度“黑土滩”高山嵩草克隆生长特性［J］．草业学报，12（3）：51-56．

李霞，2008．北疆地区草地地上生物量遥感监测研究［D］．兰州：兰州大学．

李香真，陈佐忠，1998．不同放牧率对草原植物与土壤 C、N、P 含量的影响［J］．草地学报，6（2）：90-97．

李永宏，1987．内蒙古锡林河流域羊草草原和大针茅草原在放牧影响下的分异和趋同［J］．植物生态学与地植物学学报，12（3）：186-196．

李永宏，1988．内蒙古锡林河流域羊草草原和大针茅草原在放牧影响下的分异和趋同［J］．植物生态学报，12（3）：189-196．

李永宏，1992．放牧空间梯度上和恢复演替时间梯度上羊草草原的群落特征及其对应性［M］// 中国科学院内蒙古草原生态系统定位站．草原生态系统研究：第 4 集．北京：科学出版社：1-7．

李永宏，1993．放牧影响下羊草草原和大针茅草原植物多样性的变化［J］．植物学报，35（11）：877-884．

李永宏，汪诗平，1999．放牧对草原植物的影响［J］．中国草地，（3）：11-19．

李永宏，钟文勤，康乐，等，1997．草原生态系统中不同生物功能类群及土壤因素间的互作和协同变化［M］// 中国科学院内蒙古草原生态系统定位研究站．草原生态系统研究：第 5 集．北京：科学出版社：1-11．

李治国，韩国栋，赵萌莉，等，2014．家庭牧场模型模拟研究进展［J］．中国生态农业学报，22（12）：1385-1396．

李自珍，杜国祯，惠苍，等，2002．甘南高寒草地牧场管理的最优控制模型及可持续利用对策研究［J］．兰州大学学报（自然科学版），38（4），85-89．

李自珍，蒋文兰，1998．人工草地放牧系统优化模式研究 Ⅰ．人工草地的最大持续产量模型和最优控制方法及应用［J］．草业学报，7（4）：61-66．

梁建勇，焦婷，吴建平，等，2015．不同类型草地牧草消化率季节动态与营养品质的关系研究［J］．草业学报，24（6）：108-115．

林俊华，2000．青藏高原上的牦牛与牦牛文化［J］．四川民族学院学报，9：11-14．

林开敏，郭玉硕，2001．生态位理论及其应用研究进展［J］．福建林学院学报，21：283-287．

刘国库，周材权，杨志松，等，2011．竹巴笼矮岩羊昼间行为节律和时间分配［J］．生态学报，31（4）：972-981．

刘季科，王溪，刘伟，等，1991．藏系绵羊实验放牧水平对啮齿动物群落作用的研究［M］// 刘季科，王祖望．高寒草甸生态系统．北京：科学出版社：9-22．

刘娟，刘倩，柳旭，等，2017．划区轮牧与草地可持续性利用的研究进展［J］．草地学报，25（1）：17-25．

刘伟，王曦，干友民，等，2009. 高山嵩草种群在放牧干扰下遗传多样性的变化［J］. 植物生态学报，33（5）：966-973.

刘伟，周立，王溪，1999. 不同放牧强度对植物及啮齿动物作用的研究［J］. 生态学报，（3）：378-382.

刘晓娟，杨昌祥，丁丹，等，2015. 牛羊混合放牧对荒漠草原植物群落特征的影响［J］. 中国草地学报，37（3）：87-91.

刘新民，刘永江，郭砺，1999. 内蒙古典型草原大型土壤动物群落动态及其在放牧下的变化［J］. 草地学报，7：203，228-235.

刘迎春，李有福，来德珍，等，2005. 青藏高原人工草地暖季不同放牧方式对牦牛增重的影响［J］. 草原与草坪，108（1）：53-57.

刘占宇，黄敬峰，吴新宏，等，2006. 草地生物量的高光谱遥感估算模型［J］. 农业工程学报，22（2）：111-115.

鲁彩艳，陈欣，2003. 不同施肥处理土壤及不同 C/N 比有机物料中有机 N 的矿化进程［J］. 土壤通报，34（4）：267-270.

陆仲磷，1990. 牦牛科学研究论文集［M］. 兰州：甘肃民族出版社.

罗惦，2016. 青藏高原牦牛冷暖季体况变化及其与牧草营养状况关系［D］. 兰州：兰州大学.

罗惦，柴林荣，常生华，等，2017. 我国青藏高原地区牦牛草地放牧系统管理及优化［J］. 草业科学，34（4）：881-891.

雒文涛，乌云娜，张凤杰，等，2011. 不同放牧强度下克氏针茅（*Stipa krylovii*）草原的根系特征［J］. 生态学杂志，30（12）：2692-2699.

马克平，1994. 生物群落多样性的测度方法Ⅰ. α 多样性的测度方法（上）［J］. 生物多样性，2（3）：162-168.

马玉寿，郎百宁，李青云，等，2002. 江河源区高寒草甸退化草地恢复与重建技术研究［J］. 草业科学，19（9）：1-5.

马玉寿，郎百宁，王启基，1999. “黑土型”退化草地研究工作的回顾与展望［J］. 草业科学，16（2）：5-8.

马玉寿，徐海峰，2013. 三江源区饲用植物志［M］. 北京：科学出版社.

马志愤，2008. 草畜平衡和家畜生产体系优化模型建立与实例分析［D］. 兰州：甘肃农业大学.

苗彦君，徐雅梅，呼天明，等，2008. 高山嵩草种质资源评价研究［J］. 草业与畜牧，（11）：10-13.

聂学敏，芦光新，2014. 高寒草地放牧绵羊冬季补饲对不同放牧强度草地生产力的影响［J］. 黑龙江畜牧兽医，7（4）：86-88.

牛春娥，张利平，孙俊峰，等，2009. 我国牦牛资源现状及其产品开发利用前景分析［J］. 安徽农业科学，37：8003-8005.

蒲小剑，2016. 青藏高原东缘草甸区典型家庭牧场草畜平衡研究［D］. 兰州：甘肃农业大学.

乔有明，1996. 四种嵩草种子的休眠特性及萌发技术探讨［J］. 青海畜牧兽医杂志，13（1）：10-13.

秦洁，韩国栋，乔江，等，2016. 内蒙古不同草地类型中羊草地上生物量对放牧强度的响应［J］. 中国草地学报，38（4）：76-82.

权宏林，2004. 建立人工草地是保证甘南州畜牧业生产稳定持续增长的关键措施［J］. 草业科学，21（9）：62-64.

全七十六，2015. 浅谈青藏高原地区放牧藏羊冬季管理要点［J］. 青海畜牧兽医杂志，45（6）：56.

仁青吉，武高林，任国华，2009. 放牧强度对青藏高原东部高寒草甸植物群落特征的影响［J］. 草业学报，18（5）：256-261.

任继周，2012. 草业科学论纲［M］. 南京：江苏科学技术出版社.

任继周，南志标，郝敦元，2000. 草业系统中的界面论［J］. 草业学报，9（1）：1-8.

尚玉昌，1988. 现代生态学中的生态位理论［J］. 生态学进展，5：77-84.

尚占环，姚爱兴，2004. 国内放牧管理措施的综述［J］. 宁夏农林科技，（2）：32-35.

石岳，马殷雷，马文红，等，2013. 中国草地的产草量和牧草品质：格局及其与环境因子之间的关系［J］. 科学通报，58（3）：226.

苏加义，赵红梅，2003. 国外人工草地［J］. 草食家畜，119（2）：65-66.

孙福忠，高延辉，李贤凤，等，1999. 畜牧业经济效益评价中应注意的几个问题［J］. 黑龙江畜牧兽医，(4)：41.
孙海群，朱志红，乔有明，等，2000. 不同海拔梯度高山嵩草草甸植物群落多样性比较研究［J］. 中国草地，(5)：18-22.
汪诗平，1997. 放牧绵羊行为生态学研究Ⅱ. 不同放牧率对放牧绵羊牧食行为的影响［J］. 草业学报，(1)：10-17.
汪诗平，李永宏，关世英，等，1999. 内蒙古典型草原草畜系统适宜放牧率的研究Ⅰ. 以绵羊增重及经济效益为管理目标［J］. 草地学报，7(3)：183-191.
汪诗平，李永宏，王艳芬，等，2001. 不同放牧率对内蒙古冷蒿草原植物多样性的影响［J］. 植物学报，43(1)：89-96.
汪诗平，王艳芬，陈佐忠，2003. 放牧生态系统管理［M］. 北京：科学出版社.
汪玺，2003. 草食动物饲养学［M］. 兰州：甘肃教育出版社.
王长庭，龙瑞军，丁路明. 青藏高原高寒嵩草草甸基本特征的研究［J］. 草业科学，2004，21(8)：16-19.
王代军，黄文惠，苏加楷，1995. 放牧绵羊对亚热带人工草地地上生物量的影响［J］. 草地学报，3(3)：206-213.
王德利，吕新龙，罗卫东，1996. 不同放牧密度对草原植被特征的影响分析［J］. 草业学报，5(3)：28-33.
王刚，1990. 生态位理论若干问题探讨［J］. 兰州大学学报(自然科学版)，26：109-113.
王刚，赵松岭，张鹏云，等，1984. 关于生态位定义探讨及生态位重叠计测公式改进研究［J］. 生态学报，4：119-126.
王根绪，陈国栋，2001. 江河源区的草地资源特征与草地生态变化［J］. 中国沙漠，21(2)：101-107.
王贵珍，2016. 基于生态-经济效益的家庭牧场管理模型研发［D］. 兰州：甘肃农业大学.
王贵珍，花立民，2013. 牧场管理模型研究进展［J］. 草业科学，30(10)：1664-1675.
王国杰，汪诗平，郝彦宾，等，2005. 水分梯度上放牧对内蒙古主要草原群落功能群多样性与生产力关系的影响［J］. 生态学报，25(7)：1649-1656.
王宏辉，李瑜鑫，王建洲，等，2010. 藏东南地区草地资源与营养评价［J］. 草业科学，27(1)：56-59.
王鸿泽，2015. 日粮能量水平对舍饲育肥牦牛生产性能、瘤胃发酵及肌内脂肪代谢的影响［D］. 雅安：四川农业大学.
王华静，徐留兴，葛成冉，等，2008. 放牧强度对草地土壤性状影响的研究进展［J］. 安徽农业科学，36(34)：15074-15075.
王慧忠，张新全，2006. Lotka-Volterra 数学模型在草地管理中的应用［J］. 草业学报，15(1)：54-57.
王晋峰，赵益新，陈友慷，等，1995. 牦牛不同放牧强度对草地植被组成与产量效应的研究［J］. 西南民族学院学报(自然科学版)，21(3)：283-289.
王启基，李世雄，王文颖，等，2008. 江河源区高山嵩草(*Kobresia pygmaea*)草甸植物和土壤碳、氮储量对覆盖变化的响应［J］. 生态学报，28(3)：885-894.
王启基，周立，王发刚，等，1995a. 放牧强度对冬春草场植物群落结构及功能的效应分析［M］// 中国科学院海北高寒草甸生态系统定位站. 高寒草甸生态系统：第4集. 北京：科学出版社：353-364.
王启基，周兴民，张堰青，等，1995b. 高寒高山嵩草草原化草甸植物群落结构特征及其生物量［J］. 植物生态学报，19(3)：225-235.
王启兰，杨涛，1995. 高寒草甸土壤氮素代谢作用强度的研究［M］// 中国科学院海北高寒草甸生态系统定位站. 高寒草甸生态系统：第4集. 北京：科学出版社：179-182.
王仁忠，1997. 放牧对盐碱化羊草草原物种多样性的影响［J］. 草业学报，6(4)：17-23.
王瑞永，刘莎莎，王成章，等，2009. 不同海拔高度高寒草地土壤梨花指标分析［J］. 草地学报，17(5)：621-628.
王淑强，1995. 红池坝人工草地放牧方式和放牧强度的研究［J］. 草地学报，3(3)：173-180.
王文颖，王启基，景增春，等，2006. 江河源区高山嵩草草甸覆被变化对植物群落特征及多样性的影响［J］. 资源科学，28(2)：118-124.

王曦，2010. 高山嵩草种群对放牧干扰的响应［D］. 雅安：四川农业大学.
王艳芬，汪诗平，1999a. 不同放牧率对内蒙古典型草原牧草地上现存量和净初级生产力及品质的影响［J］. 草业学报，11（4）：15-20.
王艳芬，汪诗平，1999b. 不同放牧率对内蒙古典型草原地下生物量的影响［J］. 草地学报，7（3）：198-203.
王正文，邢福，祝廷成，等，2002. 松嫩平原羊草草地植物功能群组成及多样性特征对水淹干扰的响应［J］. 植物生态学报，26（6）：708-716.
魏鹏，侯钰荣，任玉平，等，2016. 不同放牧强度下塔尔巴哈台山山地草甸植被特征分析［J］. 现代农业科技，（11）：236-237.
魏兴琥，杨萍，谢忠奎，等，2003. 西藏那曲地区高山嵩草草地的分布与利用［J］. 草地学报，11（1）：67-74.
文勇立，陈智华，陈宇，等，1993. 冷季两种简单补饲影响母牦牛性能的系统分析［J］. 西南民族学院学报（自然科学版），19（3）：236-241.
乌日娜，卫智军，王成杰，2009. 放牧家畜牧食行为研究进展［J］. 草业与畜牧，（12）：6-9.
吴全，杨邦杰，张松岭，等，2001. 基于 3S 技术的中国西部草地资源信息系统［J］. 农业工程学报，17（5）：142-145.
吴亚，金翠霞，1982. 高寒草甸土壤生态系统的结构及昆虫群落的某些特性［J］. 生态学报，2：51-57.
武高林，杜国祯，2007. 青藏高原退化高寒草地生态系统恢复和可持续发展探讨［J］. 自然杂志，29（3）：159-164.
谢荣清，曾华，2005. 牦牛提前出栏的饲养管理配套技术［J］. 草业与畜牧，119（10）：58-59.
谢荣清，郑群英，杨平贵，等，2006. 牦牛的适宜屠宰年龄研究［J］. 家畜生态学报，27（1）：60-62.
谢双红，2005. 北方牧区草畜平衡与草原管理研究［D］. 北京：中国农业科学院.
徐敏云，贺金生，2014. 草地载畜量研究进展：概念、理论和模型［J］. 草业学报，23（3）：313-324.
徐世晓，赵新全，董全民，2005. 江河源区牛、羊舍饲育肥经济与生态效益核算：以青海省玛沁县为例［J］. 中国生态农业学报，13：195-197.
许岳飞，益西措姆，付娟娟，等，2012. 青藏高原高山嵩草草甸植物多样性和土壤养分对放牧的响应机制［J］. 草地学报，20（6）：1026-1032.
薛睿，郑淑霞，白永飞，2010. 不同利用方式和载畜率对内蒙古典型草原群落初级生产力和植物补偿性生长的影响［J］. 生物多样性，18（3）：300-311.
杨持，叶波，1995. 放牧强度对生物多样性的影响［M］// 李博，杨持. 草地生物多样性保护研究. 呼和浩特：内蒙古大学出版社.
杨福囤，周兴民，李秉文，等，1981. 果洛藏族自治州玛沁县草场资源评价［J］. 中国草原，1：16-23.
杨慧茹，2012. 青海草地早熟禾人工草地演替规律及群落稳定性研究［D］. 西宁：青海大学.
杨金波，刘德福，1996. 乌拉盖牧场畜种及畜群结构优化模型［J］. 内蒙古农牧学院学报，17（2）：47-54.
杨俊，王之盛，保善科，等，2013. 精料补充料能量水平对早期断奶犊牦牛生产性能和营养物质表观消化率的影响［J］. 动物营养学报，25（9）：2021-2027.
杨利民，韩梅，李建东，2001. 中国东北样带草地群落放牧干扰植物多样性的变化［J］. 植物生态学报，25（1）：110-114.
杨利民，李建东. 1999. 放牧梯度对松嫩平原生物多样性的影响［J］. 草地学报，7（1）：8-16.
杨阳阳，2012. 青藏高原不同放牧模式对草地退化影响研究［D］. 兰州：兰州大学.
杨元合，饶胜，胡会峰，等，2004. 青藏高原高寒草地植物物种丰富度及其与环境因子和生物量的关系［J］. 生物多样性，12（1）：200-205.
杨元武，李希来，解永发，2005. 放牧条件下高山嵩草生长特性及其群落的变化动态［J］. 四川草原，117（8）：15-17.
姚爱兴，王培，1996. 放牧制度和放牧强度对家畜生产性能的影响［J］. 国外畜牧学：草原与牧草，74（3）：21-26.

雍国玮，石承苍，邱鹏飞，2003. 川西北高原若尔盖草地沙化及湿地萎缩动态遥感监测［J］. 山地学报，21（6）: 758-762.
袁九毅，闫水玉，赵秀峰，等，1997. 唐古拉神南麓多年冻土退化与嵩草草甸变化的关系［J］. 冰川冻土，19（1）: 47-51.
袁璐，吴文荣，黄必志，2012. 放牧强度对草地地下生物量影响的国内研究进展［J］. 草业与畜牧，11：57-62.
岳东霞，李文龙，李自珍，2004. 甘南高寒湿地草地放牧系统管理的 AHP 决策分析及生态恢复对策［J］. 西北植物学报，26（6）：708-716.
张德罡，1998. 尿素糖蜜多营养舔砖饲牦牛效果的研究［J］. 草业学报，7（1）：65-69.
张光明，谢寿昌，1997. 生态位概念演变与展望［J］. 生态学杂志，16：46-51.
张国云，呼天明，王佺珍，等，2008. 不同处理对西藏 7 种嵩草种子果皮结构和发芽率的影响［J］. 西北农林科技大学学报（自然科学版），36（11）：21-28.
张国云，李艳芳，呼天明，2010. 氢氧化钠及低温层积处理对嵩草种子萌发的影响［J］. 西北农业学报，19（2）: 104-108.
张国云，裴国亮，姬燕，2011. 利用扫描电镜研究嵩草属牧草种子形态和解剖学特征［J］. 分析仪器，（1）: 69-73.
张建勋，2013. 不同季节牦牛补饲效果及其机理研究［D］. 雅安：四川农业大学.
张金霞，曹广民，赵静玫，等，1995. 高寒草甸生态系统中矮嵩草草甸的氮、磷、钾动态［M］// 中国科学院海北高寒草甸生态系统定位站. 高寒草甸生态系统：第 4 集. 北京：科学出版社：11-18.
张金霞，曹广民，周党卫，等，2001. 放牧强度对高寒灌丛草甸土壤 CO_2 释放速率的影响［J］. 草地学报，9（3）: 183-190.
张景慧，黄永梅，陈慧颖，等，2016. 去除干扰对内蒙古典型草原植物叶片功能属性的影响［J］. 生态学报，36（18）：5902-5911.
张静，李希来，于海，2008. 青藏高原不同退化程度小嵩草草甸群落结构特征与土壤理化特征分析［J］. 草原与草坪，4：5-9.
张荣，杜国祯，1998. 放牧草地群落的冗余与补偿［J］. 草业学报，7（4）：13-19.
张容昶，1989. 中国的牦牛［M］. 兰州：甘肃科学技术出版社.
张容昶，1992. 牦牛适应寒冷环境的生态生理特性［J］. 草食家畜，4：13-16.
张晓庆，强科斌，郭敏，等，2006. 高寒草地四种嵩草属植物叶表皮的微形态［J］. 甘肃农业大学学报，41: 89-93.
张堰青，1990. 不同放牧强度下高寒灌丛群落特征和演替规律的数量研究分析［J］. 植物生态学与地植物学报，14（4）：358-364.
赵彬彬，牛克昌，杜国祯，2009. 放牧对青藏高原东缘高寒草甸群落 27 种植物地上生物量分配的影响［J］. 生态学报，29（3）：1596-1606.
赵钢，1999. 草地畜牧业可持续发展刍议［J］. 内蒙古草业，（2）：1-6.
赵庆芳，崔艳，马世荣，等，2007. 青藏高原东部嵩草属植物叶解剖结构的生态适应研究［J］. 广西植物，27（6）：821-825.
赵新全，王启基，皮南林，1988. 高寒草甸草场不同放牧强度下藏系绵羊对牧草资源利用的主成分分析［J］. 高原生物学季刊，（8）：89-95.
赵新全，张耀生，周兴民，2000. 高寒草甸畜牧业可持续发展：理论与实践［J］. 资源科学，22（4）：50-61.
赵新全，周华坤，2005. 三江源区生态环境退化、恢复治理及其可持续发展［J］. 中国科学院院刊，20：471-476.
赵禹臣，孟庆翔，参木有，等，2012. 西藏高寒草地冷暖季牧草的营养价值和养分提供量分析［J］. 动物营养学报，24（12）：2515-2522.
郑阳，徐柱，Taro Takahashi，等，2010. 内蒙古典型草原优化放牧管理模拟研究：以内蒙古太仆寺旗为例［J］. 生态学报，30（14）：3933-3940.

中国科学院中国植物志编写委员会，2000．中国植物志：第十二卷［M］．北京：科学出版社．

钟华平，樊江文，于贵瑞，等，2005．草地生态系统碳蓄积的研究进展［J］．草业科学，22：4-11．

仲延凯，贾志斌，敖艳红，1994．天然割草场种群生物量分层分布的研究［J］．内蒙古大学学报（自然版），25（1）：73-80．

周道玮，孙海霞，刘春龙，等，2009．中国北方草地畜牧业的理论基础问题［J］．草业科学，26（11）：1-11．

周国英，陈贵琛，陈志国，等，2006．青藏铁路沿线高寒草甸植物群落特征对认为干扰梯度的响应：以风火山高山嵩草草甸为例［J］．冰川冻土，28（2）：240-248．

周华坤，周立，赵新全，等，2002．放牧干扰对高寒草场的影响［J］．中国草地，24（5）：53-61．

周立，王启基，赵京，等，1995d．高寒草甸牧场最优放牧强度的研究Ⅳ．植被变化度量与草场不退化最大放牧强度［M］// 高寒草甸生态系统：第 4 集．北京：科学出版社：403-418．

周立，王启基，赵京，等，1995a．高寒草甸牧场最优放牧强度的研究Ⅰ．藏羊最大生产力放牧强度［M］// 中国科学院海北高寒草甸生态系统定位站．高寒草甸生态系统：第 4 集．北京：科学出版社：365-376．

周立，王启基，赵京，等，1995b．高寒草甸牧场最优放牧强度的研究Ⅱ．轮牧草场放牧强度的最佳配置［M］// 中国科学院海北高寒草甸生态系统定位站．高寒草甸生态系统：第 4 集．北京：科学出版社：377-390．

周立，王启基，赵京，等，1995c．高寒草甸牧场最优放牧强度的研究Ⅲ．最大利润放牧强度［M］// 中国科学院海北高寒草甸生态系统定位站．高寒草甸生态系统：第 4 集．北京：科学出版社：391-402．

周立，王启基，赵新全，1991b．高寒牧场最优生产结构的研究Ⅱ．藏系绵羊种群最大净货币收益生产结构［M］// 刘季科，王祖望．高寒草甸生态系统：第 3 集．北京：科学出版社：311-332．

周立，王启基，赵新全，等，1991a．高寒牧场最优生产结构的研究Ⅰ．藏系绵羊种群最大能量输出的生产结构［M］// 刘季科，王祖望．高寒草甸生态系统：第 3 集．北京：科学出版社：285-310．

周立，王启基，赵新全，等，1991d．高寒牧场最优生产结构的研究Ⅳ．藏羊种群生产结构的最优动态调整途径［M］// 刘季科，王祖望．高寒草甸生态系统：第 3 集．北京：科学出版社：343-358．

周立，赵新全，王启基，1991c．高寒牧场最优生产结构的研究Ⅲ．藏羊个体最佳出栏年龄［M］// 刘季科，王祖望．高寒草甸生态系统：第 3 集．北京：科学出版社：333-342．

周圣坤，2008．草场资源：牧民视角的利用和管理：对内蒙古一纯牧区嘎查（村）的个案研究［J］．农业经济，（7）：42-45．

周兴民，2001．中国嵩草草甸［M］．北京：科学出版社．

周兴民，王启基，张堰青，等，1987．不同放牧强度下高寒草甸植被演替规律的数量分析［J］．植物生态学与地植物学报，11（4）：276-285．

朱春全，1997．生态位态势理论与扩充假说［J］．生态学报，17：324-332．

朱绍宏，徐长林，方强恩，等，2006．白牦牛放牧强度对高寒草原植物群落物种多样性的影响［J］．甘肃农业大学学报，（4）：71-75．

JORGENSEN S G, BENDORICCHIO, 2008．生态模型基础［M］．何文珊，陆健健，张修峰，译．北京：高等教育出版社．

MIEHE G，MIEHE S，KAISER K，et al.，2008．青藏高原高山嵩草（*Kobresia pygmaea*）生态系统的现状与动态［J］．AMBIO- 人类环境杂志，37（4）：258-265．

ABBASI M K, ADAMS W A, 2000. Estimation of simultaneous nitrification and denitrification in grassland soil associated with urea-N using ^{15}N and nitrification inhibitor [J]. Biology and Fertility of Soils, 31 (1): 38-44.

ADLER P, MILCHUNAS D, LAUENROTH W, et al., 2004. Functional traits of graminoids in semi-arid steppes: a test of grazing histories [J]. Journal of applied ecology, 41 (4): 653-663.

ALLDEN W G, 1962. The herbage intake of grazing sheep in relation to pasture availability [J]. Proceedings of the Australian society of animal production, 4: 163-166.

ALLEN V G, 1993. Managing replacement stock within the environment of the south-plant, soil, and animal interactions: a review [J]. Journal of animal science, 71 (11): 3164-3171.

ANDREN O, PAUSTIAN K, 1987. Barley straw decomposition in the field: comparison of models [J]. Ecology, 68 (5): 1190-1200.

ARNOLD G W, 1964. Some principles in the investigation of selective grazing [J]. Proceedings of the Australian society of animal production, 5: 258-271.

ARNOLD G W, 1981. Grazing behavior [M]// Morley F H W. Grazing animals. World animal Science, B1. Amsterdam: Elsevier: 79-104.

ARNOLD G W, 1987. Influence of the biomass, botanical composition and sward height of annual pastures on foraging behaviour by sheep [J]. Journal of applied ecology, 24 (12): 759-772.

ASNER G P, ELMORE A J, Olander L P, et al., 2004. Grazing systems, ecosystem responses, and global change [J]. Annual reviews of environment resources, 29 (1): 261-299.

BAGCHI S, RITCHIE M E, 2010. Introduced grazers can restrict potential soil carbon sequestration through impacts on plant community composition [J]. Ecology letters, 13 (8): 959-968.

BAI Y, WU J, CLARK C M, et al., 2012. Grazing alters ecosystem functioning and C: N: P stoichiometry of grasslands along a regional precipitation gradient [J]. Journal of applied ecology, 49 (6): 1204-1215.

BAILEY J F, HEALY B, HAN J, et al., 2002. Genetic variation of mitochondrial DNA within domestic yak populations [C]. Proceedings of the third international congress on Yak, Lhasa, China: 181-189.

BAIN D, GREEN M, CAMPBELL J, et al., 2012. Legacy effects in material flux: structural catchment changes predate long-term studies [J]. Bioscience, 62 (6): 575-584.

BAKKER E S, RITCHIE M E, OLFF H, et al., 2006. Herbivore impact on grassland diversity depends on habitat productivity and herbivore size [J]. Ecology letters, 9 (7): 780-788.

BARIONI L G, DAKE C K G, Parker W J, 1999. Optimizing rotational grazing in sheep management systems [J]. Environment international, 25 (6-7): 819-825.

BEGUIN J, POTHIER D, Steeve D, 2011. Deer browsing and soil disturbance induce cascading effects on plant communities: a multilevel path analysis [J]. Ecological applications, 21 (2): 439-451.

BELYAR D K, 1980. Domestication of Yakutsk [M]. Siberia: Siberian Publication House.

BIONDINI M E, PATTON B D, NYREN P E, 1998. Grazing intensity and ecosystem processes in a northern mixed-grass prairie, USA [J]. Ecological applications, 8 (2): 469-479.

BIRCHAM J S, 1984. The effects of change mass on rates of herbage growth and senescence in mixed sward [J]. Grass and forage science, 39: 111-115.

BRANES R F, NELSON C J, COLLINS M, et al., 2003. Forges: An introduction to grassland agriculture (6th) [M]. Ames: Lowa State University Press.

CAO G M, TANG Y H, MO W H, et al., 2004. Grazing intensity alters soil respiration in a alpine meadow on the Tibetan plateau [J]. Soil biology and biochemistry, 35 (12): 237-243.

CASTLE M E, MACDAID E, WATSON J N, 2010. The automatic recording of grazing behaviour of dairy cows [J]. Journal of the British grassland society, 30 (2): 161-163.

CAUGHLEY G，1979. What is this thing called carrying capacity? [M]//BOYCE M S, HAYDEN-WING L D. North American Elk: Ecology, behaviour and management. Laramine: University of Wyoming Press: 2-8.

CHACON E A, STOBBS T H, 1976. Influence of progressive defoliation of a grass sward on the eating behaviour of cattle [J]. Australian journal of agricultural research, 27 (5): 709-727.

CHAMBERS A R M, HODGSON J, MILNE J A, 1981. The development and use of equipment for the automatic recording of ingestive behaviour in sheep and cattle [J]. Grass and forage science, 36(2): 97-105.

CHAMPION R A, RUTTER S M, PENNING P D, 1997. An automatic system to monitor lying, standing and walking behaviour of grazed animals [J]. Applied animal behaviour science, 54 (4): 291-305.

CHAPIN III F S, MATSON P A, 2011.Principles of terrestrial ecosystem ecology (2nd) [M]. New York: Springer-Verlag.

CHEN J, ZHOU X, WANG J, et al., 2016. Grazing exclusion reduced soil respiration but increased its temperature sensitivity in a Meadow Grassland on the Tibetan Plateau [J]. Ecology and evolution, 6 (3): 675-687.

CHENG Y, CAI Y, WANG S Q, 2016. Yak and Tibetan sheep dung return enhance soil N supply and retention in two alpine grasslands in the Qinghai-Tibetan Plateau [J]. Biology and fertility of soils, 52 (3): 413-422.

CHILLO V R A, OJEDA M, ANAND J F, et al., 2015. A novel approach to assess livestock management effects on biodiversity of drylands [J]. Ecological indicators, 50: 69-78.

CHILLO V R, OJEDA, 2014. Disentangling ecosystem responses to livestock grazing in drylands [J]. Agriculture, ecosystems and environment, 197: 271-277.

CLARK S J, DONNELLY A, MOORE, 2000. The GrassGro decision support tool: its effectiveness in simulating pasture and animal production and value in determining research priorities [J]. Australian journal of experimental agriculture, 40 (2): 247-256.

COLLINS S L, 1987. Interaction of disturbance in tall grass prairie: a field experiment [J]. Ecology, 68 (10): 1243-1250.

COLLINS S L, KNAPP A K, BRIGGS J M, et al., 1998. Modulation of diversity by grazing and mowing in native tallgrass prairie [J]. Science, 280 (5): 745-747.

CONNELL J H, 1978. Diversity in tropical rain forests and coral reefs [J]. Science, 199: 1302-1310.

CUI X F, GRAF H F, MEZA F, et al., 2009. Recent land cover changes on the Tibetan Plateau: a review [J]. Climatic change, 94 (1-2): 47-61.

CURRIE P O, 1978. Cattle weight gain comparisons under seasonlong and rotation grazing systems [C]// HYDER D N. Proceedings of the first international rangeland congress. Denver: Society for Range Management.

DAVIDSON E A, JANSSENS I A, 2006. Temperature sensitivity of soil carbon decomposition and feedbacks to climate change [J]. Nature, 440 (708): 165-173.

DAY T A, DELTING J K, 1990. Grassland patch dynamics and herbivore grazing preference following urine deposition [J]. Ecology, 71: 180-188.

DE VRIES F T, LIIRI M E, BJØRNLUND L, et al., 2012. Legacy effects of drought on plant growth and the soil food web [J]. Oecologia, 170 (3): 821-833.

DEGEN A A M, KAM S B, PANDEY C R, et al., 2007. Transhumant pastoralism in yak herding in the Lower Mustang district of Nepal [J]. Nomadic peoples, 11 (2): 57-85.

DENG L, SWEENEY S, SHANGGUAN Z P, 2014. Grassland responses to grazing disturbance: plant diversity changes with grazing intensity in a desert steppe [J]. Grass and forage science, 69 (3): 524-533.

DERNER J D, HART R H, 2007. Grazing-induced modifications to peak standing crop in northern mixed-grass prairie [J]. Rangeland ecology and management, 60 (3): 270-276.

DERNER J D, HESS B W, OLSON R A, et al., 2008. Functional group and species responses to precipitation in three semi-arid rangeland ecosystems [J]. Arid land research and management, 22(1): 81-92.

DÍAZ S, LAVOREL S, MCINTYRE S, et al., 2007. Plant trait responses to grazing-a global synthesis [J]. Global change biology, 13 (2): 313-341.

DÍAZ S, NOY-MEIR I, CABIDO M, 2001. Can grazing response of herbaceous plants be predicted from simple vegetative traits? [J]. Journal of applied ecology, 38 (3): 497-508.

DITOMMASO A, AARSSEN L W, 1989. Resource manipulations in natural vegetation: a review [J]. Vegetation, 84 (1): 9-29.

DONG Q M, ZHAO X Q, WU G L, et al., 2012. Response of soil properties to yak grazing intensity in a Kobresia parva-meadow on the Qinghai-Tibetan Plateau, China [J]. Journal of soil science and plant nutrition, 12 (3): 535-546.

DONG Q M, ZHAO X Q, WU G L, et al., 2015. Optimization yak grazing stocking rate in an alpine grassland of Qinghai-Tibetan Plateau, China [J]. Environmental earth sciences, 73 (5): 2497-2503.

DONG S K Y, JIANG Y, HUANG X X, 2002. Suitability-degree of grassland grazing and strategies for pasture management [J]. Resources science, 24: 35-41.

DONG S K, LONG R J, KANG M Y, et al., 2003. Effect of urea multinutritional molasses block supplementation on liveweight changes of yak calves and productive and reproductive performances of yak cows [J]. Canadian journal of animal science, 83 (1): 141-145.

DONIHUE C, PORENSKY L, FOUFOPOULOS J, et al., 2013. Glade cascades: indirect legacy effects of pastoralism enhance the abundance and spatial structuring of arboreal fauna [J]. Ecology, 94: 827-837.

DRISCOLL R S, 1969. Managing public rangelands: Effective livestock grazing practices and systems for national forests and national grasslands [Z]. US Forest Service.

DUPOUEY J, DAMBRINE E, LAFFITE J, et al., 2002. Irreversible impact of past land use on forest soils and biodiversity [J]. Ecology, 83 (11): 2978-2984.

DYBLOR E, 1957. The first time to discovery of yak fossils in Yakutusk [J]. Vertebrate palasiatica, 1(4): 293-300.

DYER M I, DEANGELIS D L, POST W M, 1986. A model of herbivore feedback on plant productivity [J]. Mathematical biosciences, 79: 171-184.

ELDRIDGE D J, POORE A G, RUIZ-COLMENERO M, et al., 2016. Ecosystem structure, function, and composition in rangelands are negatively affected by livestock grazing [J]. Ecological applications, 26 (4): 1273-1283.

ELTON C, 1927. Animal Ecology [M]. London: Sidgwick and Jackson.

FACELLI J M, DEREGIBUS V A, 1989. Community structure in grazed and ungrazed grassland sites in the flooding pampa, Argentina [J]. American midland naturalist, 121 (1): 125-133.

FENG J, HAN X, HE N, et al., 2015. Sheep grazing stimulated plant available soil nitrate accumulation in a temperate grassland [J]. Pakistan journal of botany, 47 (5): 1865-1874.

FERNANDO V, ERNESTO G, GÓMEZ J M, 2010. Ecological limits to plant phenotypic plasticity [J]. New phytologist, 176 (4): 749-763.

FLEROW C C, 1980. On the geographic distribution of the genus *Poephagus* during the Pleistocene and Holocene [J]. Quaternary paleontology (East)Berlin, 4: 123-126.

FORD H, ROUSK J, GARBUTT A, et al., 2013. Grazing effects on microbial community composition, growth and nutrient cycling in salt marsh and sand dune grasslands [J]. Biology and fertility of soils, 49 (1): 89-98.

FOSTER B L, GROSS K L, 1998. Species richness in a successional grassland: effects of nitrogen enrichment and plant litter [J]. Ecology, 79 (8): 2593-2602.

FRANZLUEBBERS A J, STUEDEMANN J A, SCHOMBERG H H, et al., 2000. Soil organic C and N pools under long-term pasture management in the Southern Piedmont USA [J]. Soil biology and biochemistry, (32): 469-478.

FREER M A, MOORE J, DONNELLY, 1997. GRAZPLAN: Decision support systems for Australian grazing enterprises. II. The animal biology model for feed intake, production and reproduction and the GrazFeed DSS [J]. Agricultural systems, 54 (1): 77-126.

GAO Q, LI Y, WAN Y, et al., 2009a. Dynamics of alpine grassland NPP and its response to climate change in Northern Tibet [J]. Climatic change, 97 (3-4): 515-528.

GAO Y H, SCHUMANN M, CHEN H, 2009b. Impacts of grazing intensity on soil carbon and nitrogen in an alpine meadow on the eastern Tibetan Plateau [J]. Journal of food agriculture and environment, 7: 749-754.

GARNIER E, 2012. A trait-based approach to comparative functional plant ecology: concepts, methods and applications for agroecology. A review [J]. Agronomy for sustainable development, 32(2): 365-399.

GE Y J, CHANG C X, FU, et al., 2003. Effect of soil water status on the physioecological traits and the ecological replacement of two endangered species, *Changium smyrnioides* and *Chuanminshen violaceum* [J]. Botanical bulletin of academia sinica, 44 (4): 291-296.

GIUDICI C G, AUMONT M, MAHIEU M, et al., 1999. Changes in gastro-intestinal helminth species diversity in lambs under mixed grazing on irrigated pastures in the tropics (French West Indies) [J]. Veterinary research, 30 (6): 573-581.

GREENWOOD K L, MACLEOD D A, HUTCHINSON K J, 1997. Long-term stocking rate effects on soil physical properties [J]. Australian journal of experimental agriculture, 7 (37): 413-419.

GRINNELL J, 1919. The niche-relationship of California Thrasher [J]. The auk, 34: 427-433.

GUO Y, DU Q, LI G, et al., 2016. Soil phosphorus fractions and arbuscular mycorrhizal fungi diversity following long-term grazing exclusion on semi-arid steppes in Inner Mongolia [J]. Geoderma, 269: 79-90.

GYAL H, 2015. The politics of standardising and subordinating subjects: The nomadic settlement project in Tibetan areas of Amdo [J]. Nomadic peoples, 19 (2): 240, 241.

HAFNER S, UNTEREGELSBACHER S, SEEBER E, et al., 2012. Effect of grazing on carbon stocks and assimilate partitioning in a Tibetan montane pasture revealed by $^{13}CO_2$ pulse labeling [J]. Global change biology, 18 (2): 528-538.

HAN J, CHEN J, HAN G, et al., 2014. Legacy effects from historical grazing enhanced carbon sequestration in a desert steppe [J]. Journal of arid environments, 107: 1-9.

HARRINGTON G N, PRATCHETT D, 1974. Stocking rate trials in Ankole, Uganda. I. Weight gain of Ankole steers at intermediate and heavy stocking rates under different managements [J]. Journal of agricultural science (Camb), 82 (3): 497-506.

HART R H, SANUEL M J, TEST P S, et al., 1988. Cattle, Vegetation and economic responses to grazing systems and grazing pressure [J]. Range manage, 41 (4): 281-286.

HART R N, 1978. Stocking rate theory and its application to grazing on rangeland [C] //HYDER J N. Proceeding of the 1st International rangeland congress. Denver: Society for Range Management: 547-551.

HEADY H, CHILD R D, 1999. Rangeland ecology and management [M]. Boulder: Westview Press.

HILBERT D W, SWIFT D M, DETLING J K, et al., 1981. Relative growth rates and the grazing optimization hypothesis [J]. Oecologia (Berlin), 51: 14-18.

HODGSON J, 1979. Nomenclature and definitions in grazing studies [J]. Grass forage science, 34: 11-18.

HODGSON J, 1990. Grazing management: Science into practice [Z]. London: Longman Group UK Ltd.

HODGSON J, CLARK D A, MITCHELL R J, 1994. Foraging behaviour in grazing animals and its impact on plant communities [C]// FAHEY G C et al. Proceedings of the national conference on forage quality, evaluation, and utilisation 13-15th April. Nebraska: University of Nebraska: 796-827.

HODGSON J, ILLIUS A W, 1998. The ecology and management of grazing system [M]. London: CABI publishing.

HODGSON J, MAXWELL T J, 1983. Grazing studies for grassland sheep system at the hill farming research organization, U. K. [J]. Proceedings of the New Zealand grassland association, 45: 184-189.

HOLECHEK J L, 1981. Livestock grazing impacts on public lands: A viewpoint [J]. Journal of range management, 34: 251-254.

HOLECHEK J L, BERRY T J, VAVRA M, 1987. Grazing system influences on cattle performance on mountain range [J]. Journal of range management, 40 (1): 55-59.

HOLMES W, 1989. GRASS-its production and utilization [Z]. London U.K: 101-102.

HOPKINS A, 2000. Grass: its production and utilization [Z]. Grass Its Production and Utilization.

HUNT R, NICHOLLS R O, 1986. Stress and coarse control of growth and root-shoot parting in herbaceous plant [J]. Oikos, 47 (2): 149-158.

HUNTLY N, 1991. Herbivores and the dynamics of communities and ecosystems [J]. Annual review of ecology and systematics, 22 (1): 477-503.

HUSTON M A, WOLVERTON S, 2009. The global distribution of net primary production: resolving the paradox [J]. Ecological monographs, 79 (3): 343-377.

ILLIUS A W, CLARK D A, HODGSON J, 1992. Discrimination and patch choice by sheep grazing grass-clover swards [J]. Journal of animal ecology, 61 (1): 183-194.

INGRAM L J, STAHL P D, SCHUMAN G E, et al., 2008. Grazing impacts on soil carbon and microbial communities in a mixed-grass ecosystem [J]. Soil science society of America journal, 72(4): 939-948.

INGRISCH J T, BIERMANN E, SEEBER T, et al., 2015. Carbon pools and fluxes in a Tibetan alpine *Kobresia pygmaea* pasture partitioned by coupled eddy-covariance measurements and $^{13}CO_2$ pulse labeling [J]. Science of the total environment, 505: 1213-1224.

JARAMILLO V J, DETLING J K, 1988. Grazing history, defoliation and competition: effects on grass production and nitrogen accumulation [J]. Ecology, 69 (10): 1599-1608.

JEFFERIES R L, KLEIN D R, SHAVER G R, 1994. Vertebrate herbivores and northern plant communities: reciprocal influences and responses [J]. Oikos, 71 (2): 193-206.

JEFFRIES D L, JEFFRIES M K, 1987. Effects of grazing on the vegetation of the Blackbrush association [J]. Journal of range management, 40 (5): 390-392.

JONES R J, JONES R M, 1989. Liveweight gain from rotationally and continuously grazed pastures of Narok setaria and Samford rhodesgrass fertilized with nitrogen in southeast Queensland [J]. Tropical grasslands, 23 (3): 135-142.

JONES R J, SANDLAND R L, 1974. The relation between animal and stocking rate: Derivation of the relation from the result of grazing of trials [J]. Agricultural science, 83 (2): 335-342.

JONES R J, 1981. Interpreting fixed grazing intensity experiments [M]// WHEELER L, MOCHRIS R D. Forage evaluation: Concepts and techniques. Melbourne: CSIRO: 419-430.

JONES R, MAZUMDAR J, 1980. A note on the behavior of plates on an elastic foundation [J]. Journal of applied mechanics, 47 (1): 191.

JORGE M, GONNET, JUAN C, et al., 2003. Perennial grass abundance along a grazing gradient in Mendoza, Argentina [J]. Journal of range management, 56 (4): 364-369.

KAREN R, HICKMAN, DAVID C, et al., 2004. Grazing management effects on plant species diversity in tallgrass prairie [J]. Journal of range management, 57 (1): 58-65.

KAY G, MORTELLITI A, TULLOCH A, et al., 2016. Effects of past and present livestock grazing on herpetofauna in a landscape-scale experiment [J]. Conservation biology, 31 (2): 446-458.

KECK D C, PASARI J R, HERNANDEZ D L, et al., 2009. Soil microbial responses to grazing and nitrogen addition in a serpentine grassland [C]. Albuquerque: The 94th ESA Annual Meeting.

KENNEY P A, BLACK J L, 1984. Factors affecting diet selection by sheep I Potential intake rate and acceptability of feed [J]. Australian journal of agricultural research, 35 (4): 551-563.

KOSTENKO O, VAN DE VOORDE T, MULDER P, et al., 2012. Legacy effects of aboveground-belowground interactions [J]. Ecology letter, 15: 813-821.

KOTZÉ E, SANDHAGE-HOFMANN A, MEINEL J, et al., 2013. Rangeland management impacts on the properties of clayey soils along grazing gradients in the semi-arid grassland biome of South Africa [J]. Journal of arid environment, 97: 220-229.

KRZIC M, NEWMAN R F, BROERSMA K, 2005. Plant species diversity and soil quality in harvested and grazed boreal aspen stands of northeastern British Columbia [J]. Forest ecology and management, 182 (1-3): 315-325.

LAUENROTH W K, BURKE I C, 2008. Ecology of the shortgrass steppe: a long-term perspective [M]. Oxford: Oxford University Press.

LAVOREL S, GARNIER E, 2010. Predicting changes in community composition and ecosystem functioning from plant traits: revisiting the holy grail [J]. Functional ecology, 16 (5): 545-556.

LAYCOCK W A, 1991. Stable states and thresholds of rangeland succession on the North American rangeland: a viewpoint [J]. Journal of range management, 3: 46-57.

LEIBOLD M A, 1995. The niche concept revisited: Mechanistic models and community context [J]. Ecology, 76: 1371-1382.

LI C, HAO X, ELLERT B H, et al., 2012. Changes in soil C, N, and P with long-term (58years)cattle grazing on rough fescue grassland [J]. Journal of plant nutrition and soil science, 175 (3): 339-344.

LI C, HAO X, ZHAO M, et al., 2008. Influence of historic sheep grazing on vegetation and soil properties of a Desert Steppe in Inner Mongolia [J]. Agriculture ecosystems and environment, 128 (1-2): 109-116.

LIU N, KAN H M, YANG G W, et al., 2015. Changes in plant, soil and microbes in typical steppe from simulated grazing: explaining potential change in soil carbon [J]. Ecological monographs, (85): 269-286.

LOGUE A W, 1986. The psychology of eating and drinking [M]. New York: W. H. Freeman.

LONG R J, DING L M, SHANG Z H, et al., 2008. The yak grazing system on the Qinghai-Tibetan Plateau and its status [J]. The rangeland journal, 30 (2): 241-246.

LONG R J, DONG S K, HU Z Z, et al., 2004. Digestibility, nutrient balance and urinary purine derivative excretion in dry cows fed oat hay at different levels of intake [J]. Livestock production science, 88 (1-2): 27-32.

LONG R J, DONG S K, WEI X, et al., 2005. The effect of supplementary feeds on the bodyweight of yaks in cold season [J]. Livestock production science, 93 (3): 197-204.

LONG R J, ZHANG D G, WANG X, et al., 1999b. Effect of strategic feed supplementation on productive and reproductive performance in yak cows [J]. Preventive veterinary medicine, 38 (2-3): 195-206.

LONG R J, APORI S O, CASTRO F B, et al., 1999a. Feed value of native forages of the Tibetan Plateau of China [J]. Animal feed science and technology, 80 (8): 101-113.

LU Z L, 2000. Reproduction and conservation of wild yak [M]// ZHAO X X, ZHANG R C. Recent advances in yak reproduction. International veterinary information services (www.ivis.org). New York: Ithaca.

LUO C, XU G P, CHAO Z G, et al., 2010. Effect of warming and grazing on litter mass loss and temperature sensitivity of litter and dung mass loss on the Tibetan plateau [J]. Global change biology, 16 (5): 1606-1617.

LUO Y, ZHOU X, 2006. Soil respiration and the environment [M]. Academic Press, an imprint of Elsevier.

MA W, DING K, LI Z, 2016. Comparison of soil carbon and nitrogen stocks at grazing-excluded and yak grazed alpine meadow sites in Qinghai-Tibetan Plateau, China [J]. Ecological engineering, 87: 203-211.

MARTIN D, CHAMBERS J, 2002. Restoration of riparian meadows degraded by livestock grazing: above- and belowground responses [J]. Plant ecology, 163 (1): 77-91.

MARTIN S C, SEVERSON K E, 1988. Vegetation response to the Santa Rita grazing system [J]. Journal of range management, 41 (4): 291-295.

MCLAUCHLAN K, 2006. The nature and longevity of agricultural impacts on soil carbon and nutrients: a review [J]. Ecosystems, 9 (8): 1364-1382.

MCLNTYRE S, LAVOREL S, LANDSBERG J, 1999. Disturbance response in vegetation-towards a global perspective on functional reait [J]. Vegetation Science, 10 (5): 621-630.

MCNAUGHTON S J, 1976. Serengeti migratory wildebeest: facilitation of energy flow by grazing [J]. Science, 191 (4222): 92-94.

MCNAUGHTON S J, 1979. Grazing as an optimization process: Grass-ungulate relationships in the Serengeti [J]. American naturalist, 113 (5): 691-703.

MCNAUGHTON S J, 1983. Compensatory plant growth as a response to herbivory [J]. Oikos, 40: 329-336.

MCNAUGHTON S J, 1985. Ecology of grazing ecosystem: The Serengeti [J]. Ecological, 55 (3): 259-294.

MCNAUGHTON S J, OESTERHELD M, FRANK D A, et al., 1989. Ecosystem-level patterns of primary productivity and herbivory in terrestrial habitats [J]. Nature, 341 (6238): 142-144.

MIEHE G, SCHLEUSS P, SEEBER E, et al., 2019. The *Kobresia pygmaea* ecosystem of the Tibetan highlands: origin, functioning and degradation of the world's largest pastoral alpine ecosystem [J]. Science of the total environment, 648: 754-771.

MILCHUNAS D G, SALA O E, LAUENROTH W K, 1988. A generalized model of effects of grazing by large herbivores on grassland community structure [J]. American naturalist, 132 (1): 87-106.

MILLER D J, 2000. Tough time for Tibetan nomads in western China: Snowstorms, settling down, fences and the demise of traditional nomadic pastoralism [J]. Nomadic peoples, 4 (1): 83-109.

MISHRA C, PRINS H H T, WIEREN S E V, 2001. Overstocking in the trans-Himalayan rangelands of India Environmental Conservation [J]. Environmental conservation, 28 (3): 279-283.

MOHTAR R H, ZHAI T, CHEN X, 2000. A world wide web-based grazing simulation model (GRASIM) [J]. Computers and electronics in agriculture, 29 (3): 243-250.

MOLLE G, DECANDIA M, GIOVANETTI V, et al., 2009. Responses to condensed tannins of flowering sulla (Hedysarum coronarium L.)grazed by dairy sheep [J]. Livestock science, 123 (2-3): 138-146.

MORAL R D, 1983. Vegetation ordination of subalpine meadows using adaptive strategies [J]. Canadian journal of botany, 61: 3117-3127.

MOUSSA A S, RENSBURG L A, KELLNER K, et al., 2007. Soil microbial biomass in semi-arid communal sandy rangelands in the Western Bophirima district, South Africa [J]. Applied ecology and environmental research, 5 (1): 43-56.

NICHOLS G, DE LA M, 1966. Radio transmission of sheep's jaw movements [J]. New Zealand journal of agricultural research, 9 (2): 468-473.

NOY-MEIR I, 1993. Compensating growth of grazed plant and its relevance on the use of rangelands [J]. Ecological applications, 3 (1): 32-34.

NUÑEZ M A, BAILEY J K, SCHWEITZER J A, 2010. Population, community and ecosystem effects of exotic herbivores: A growing global concern [J]. Biological invasions, 12 (2): 297-301.

OLOFSSON J, 2009. Effects of simulated reindeer grazing, trampling, and waste products on nitrogen mineralization and primary production [J]. Arctic, antarctic, and alpine research, 41 (3): 330-338.

OLSEN S J, 1990. Fossil ancestry of the yak, its cultural significance and domestication in Tibet [J]. Proceedings of the academy of natural sciences of philadelphia, 142 (4): 73-100.

PENNING P D, PARSONS A J, NEWMAN R J, 1993. The effects of group size on grazing time in sheep [J]. Applied animal behaviour science, 37: 101-109.

PENNING P D, STEEL G L, JOHNSON R H, 1984. Further development and use of an automatic recording system in sheep grazing studies [J]. Grass and forage science, 39 (4): 345-351.

PIELOU E C, 1972. Niche width and niche overlap: A method for measuring them [J]. Ecology, 53: 687-692.

POORTER H, NIINEMETS Ü, POORTER L, et al., 2010. Causes and consequences of variation in leaf mass per area (LMA): A meta-analysis [J]. New phytologist, 182 (3): 565-588.

PURSCHKE O, SYKES M T, POSCHLOD P, et al., 2014. Interactive effects of landscape history and current management on dispersal trait diversity in grassland plant communities [J]. Journal of ecology, 102 (2): 437-446.

PUTFARKEN D, DENGLER J, LEHMANN S, et al., 2008. Site use of grazing cattle and sheep in a large-scale pasture landscape: A GPS/GIS assessment [J]. Applied animal behaviour science, 111 (1-2): 54-67.

RAIESI F, ASADI E, 2006. Soil microbial activity and litter turnover in native grazed and ungrazed rangelands in a semiarid ecosystem [J]. Biology fertility of soils, 43 (1): 76-82.

RALPHS M, 1990. Influence of short duration and high intensity grazing on rangeland vegetation [J]. Range manage, 43: 104-108.

RAOUDA A H K, DURU M, THEAU J P, et al., 2005. Variation in leaf traits through seasons and N-availability levels and its consequences for ranking grassland species [J]. Journal of vegetation science, 16 (4): 391-398.

RHODE D, MADSEN D B, BRANTINGHAM P J, et al., 2007. Yaks, yak dung, and prehistoric human habitation of the Tibetan Plateau [J]. Developments in quaternary science, 9 (7): 205-224.

RITCHIE M E, TILMAN D, JOHANNES M H K, 1998. Herbivore effects on plant and nitrogen dynamics in oak savanna [J]. Ecology, 79 (1): 165-177.

ROSSIGNOL N, BONIS A, BOUZILLE J, 2011. Impact of selective grazing on plant production and quality through floristic contrasts and current-year defoliation in a wet grassland [J]. Plant ecology, 212 (10): 1589-1600.

RUTTER S M, 2000. Graze: A program to analyze recordings of the jaw movements of ruminants. Behaviour Research Methods [J]. Instruments and computers, 32 (1): 86-92.

RUTTER S M, CHAMPION R A, PENNING P D, 1997. An automatic system to record foraging behaviour in free-ranging ruminants [J]. Applied animal behaviour science, 54 (2-3): 185-195.

SARKER A B, HOLMES W, 1974. The influence of supplementary feeding on the herbage intake and grazing behaviour of dry cows [J]. Journal of the British grassland society, 29 (2): 141-143.

SCHIPPER L A, BAISDEN W T, PARFITT R L, et al., 2007. Large losses of soil C and N from soil profiles under pasture in New Zealand during the past 20 years [J]. Global change biology, 13 (6): 1138-1144.

SCHLEUSS P M, HEITKAMP F, SUN Y, et al., 2015. Nitrogen uptake in an alpine *Kobresia* pasture on the Tibetan Plateau: Localization by 15N labeling and implications for a vulnerable ecosystem [J]. Ecosystems 18 (6): 946-957.

SCHOENER T W, 1974. Resources partitioning in ecological communities [J]. Science, 185: 27-39.

SEAGLE S W, RUESS R W, 1992. Simulated effects of grazing on soil nitrogen and mineralization in contrasting serengeti grasslands [J]. Ecology, 73 (3): 1105-1123.

SEEBER E, MIEHE G, HENSEN I, et al., 2016. Mixed reproduction strategy and polyploidy facilitate dominance of *Kobresia pygmaea* on the Tibetan Plateau [J]. Journal of plant ecology, 9: 87-99.

SHANG Z H, GIBB M J, LEIBER F, et al., 2014. The sustainable development of grassland-livestock systems on the Tibetan plateau: Problems, strategies and prospects [J]. Rangel and journal, 36 (3): 267-296.

SHI X M, LI X G, LI C T, et al., 2013. Grazing exclusion decreases soil organic C storage at an alpine grassland of the Qinhai-Tibetan Plateau [J]. Ecological engineering, 57: 183-187.

SHIPLEY B, BELLO F D, CORNELISSEN J H C, et al., 2016. Reinforcing loose foundation stones in trait-based plant ecology [J]. Oecologia, 180 (4): 923-931.

SHRESTHA G, STAHL P D, 2008. Carbon accumulation and storage in semi-arid sagebrush steppe: Effects of long-term grazing exclusion [J]. Agriculture, ecosystems and environment, 125 (1-4): 173-181.

SHUGART H H, BONAN G B, RASTETTER E B, 1988. Niche theory and community organization [J]. Canadian journal of botany, 66 (12): 2634-2639.

SIGUA G C, CHASE C C, ALBANO J, 2014. Soil-extractable phosphorus and phosphorus saturation threshold in beef cattle pastures as affected by grazing management and forage type [J]. Environmental science and pollution research, 21 (3): 1691-1700.

SMITH P, 2014. Do grasslands act as a perpetual sink for carbon? [J]. Global change biology, 20 (9): 2708-2711.

SOUSA W P, 1984. The role of disturbance in natural communities [J]. Annual review of ecology and systematics, 15: 353-392.

STAHLHEBER K A, D'Antonio C M, 2013. Using livestock to manage plant composition: A meta-analysis of grazing in california mediterranean grasslands [J]. Biological conservation, 157: 300-308.

STOBBS T H, 1970. Automatic measurement of grazing time by dairy cows on tropical grass and legume pasture [J]. Tropical grasslands, 4 (3): 237-244.

SUN D S, WESCHE K, CHEN D D, et al., 2011. Grazing depresses soil carbon storage through changing plant biomass and composition in a Tibetan alpine meadow [J]. Plant Soil and Environment, 57 (6): 271-278.

TADDESE G, SALEEM MAM, ABYIE A, et al., 2002. Impact of grazing on plant species richness, plant biomass, plant attribute, and soil physical and hydrological properties of vertisol in east african highlands [J]. Environmental Management, 29 (2): 279-289.

TAKAHASHI T, JONES R, KEMP D, 2011. Steady-state modelling for better understanding of current livestock production systems and for exploring optimal short-term strategies [C]//KEMP D R, MICHALK D L. Development of sustainable livestock systems on grasslands in north-western China. ACIAR Proceedings series: 26-35.

THOMPSON K, GASTON K J, BAND S R, 1999. Range size, dispersal and niche breadth in the herbaceous flora of central England [J]. Ecology, 87: 155-158.

TILMAN D, DOWNING J A, 1994. Biodiversity and stability in grasslands [J]. Nature, 367 (6461): 363-365.

TISDELL C A, 2006. Poverty, political failure and the use of open access resources in developing countries [J]. Economics ecology and environment working papers, 14: 274-330.

TURNER L W, UDAL M C, LARSON B T, et al., 2000. Monitoring cattle behavior and pasture use with GPS and GIS [J]. Canadian journal of animal science, 80 (3): 405-413.

UDOVC A, 1997. The decision support system kmetija: A tool to help farmers at production-economic decision-making [Z]. Kmetijstvo.

UNGAR E D, SCHOENBAUM I, HENKIN Z, et al., 2011. Inference of the activity timeline of cattle foraging on a Mediterranean woodland using GPS and pedometry [J]. Sensors, 11 (1): 362-383.

VALLS-FOX H, BONNET O, CROMSIGT J P G M, et al., 2015. Legacy effects of different land-use histories interact with current grazing patterns to determine grazing lawn soil properties [J]. Ecosystems, 18 (4): 720-733.

VAN DER MAAREL E, TITLYANOVA A, 1989. Aboveground and belowground biomass relations in steppes under different grazing conditions [J]. Oikos, 56: 364-370.

VAN POOLEN H W, 1979. Herbage response to grazing system and stocking intensities [J]. Range manage, 32 (4): 250-253.

VANDEWALLE M, PURSCHKE O, DE BELLO F, et al., 2014. Functional responses of plant communities to management, landscape and historical factors in semi-natural grasslands [J]. Journal of vegetation science, 25 (3): 750-759.

VERMEIRE L, STRONG D, WATERMAN R, 2018. Grazing history effects on rangeland biomass, cover and diversity responses to fire and grazing utilization [J]. Rangeland ecology and management, 71 (6): 770-775.

VESK P A, LEISHMAN M R, WESTOBY M, 2010. Simple traits do not predict grazing response in australian dry shrublands and woodlands [J]. Journal of applied ecology, 41 (1): 22-31.

VESK P A, MARK W, 2001. Predicting plant species' responses to grazing [J]. Journal of applied ecology, 38 (5): 897-909.

VILLENAVE C, SAJ S, ATTARD E, et al., 2012. Grassland management history affects the response of the nematode community to changes in above-ground grazing regime [J]. Nematology, 13 (8): 995-1008.

VIOLLE C, NAVAS M, VILE D, et al., 2007. Let the concept of trait be functional! [J]. Oikos, 116 (5): 882-892.

WANG X, MCCONKEY B G, VANDENBYGAART A J, et al., 2016. Grazing improves C and N cycling in the Northern Great Plains: a meta-analysis [J]. Scientific reports, 6: 1-9.

WELLSTEIN C, POSCHLOD P, GOHLKE A, et al., 2017. Effects of extreme drought on specific leaf area of grassland species: A meta-analysis of experimental studies in temperate and sub-mediterranean systems [J]. Global change biology, 23 (6): 2473-2481.

WEST N E, 1993. Biodiversity of rangelands [J]. Journal of range management, 46 (1): 2-13.

WESTOBY M, 1989. Transition-state model of rangeland succession [J]. Journal of range management, 4: 97-103.

WESTOBY M, 1999. The LHS strategy scheme in relation to grazing and fire [C]//ELDRIDGE D, FREUDENBERGER D. VIth International Rangeland Congress. International Rangeland Congress. Townsvile: 893-896.

WHEELER M A, TRLICA M J, FRASIER G W, et al., 2002. Seasonal grazing affects soil physical properties of a montane riparian community [J]. Journal of range management, 55 (1): 49-56.

WHITTAKER R H, 1967. Gradient analysis of vegetation [J]. Biological Reviews, 42: 207-264.

WHITTAKER R H, LEVIN S A, ROOT R B, 1973. Niche, habitat and ecotype [J]. American Naturalist, 107: 321-331.

WIENER G, HAN J L, LONG R J, et al., 2003. The yak [J]. Rap Publication, 44 (4): 57-58.

WILLIAMSON S C, JAME K D, JERROLD L D, et al., 1989. Experimental evaluation of the grazing optimization hypothesis [J]. Journal of range management, 42 (2): 149-152.

WILLMS W D, SMOLIAK S, DORMAAR J F, 1985. Effects of stocking rate on a rough fescue grassland vegetation [J]. Journal of range management, 38 (3): 220-225.

WILSON A D, 1986. Principles of grazing management system [M]// JOSS R J, LYNCH P W, WILLIAMS O B. Rangeland: A resource and siege. New York: Cambridge University.

WILSON A D, HARRINGTON G N, BEALE I F, 1984. Grazing Management [M]//HARRINGTON G N, WILSON A D, YOUNG A D. Management of Australia's Rangelands. Melbourne: CRIRO: 29-139.

WILSON A D, LEIGH J H, 1967. Comparison of the productivity of sheep grazing natural pastures of Riverine Plain [J]. Australian journal of experimental agriculture and animal husbandry, (10): 549-554.

WILSON A D, MACLEOD N D, 1991. Overgrazing: present or absent? [J]. Range management, 44 (5): 475-482.

WRIGHT I J, REICH P B, MARK W, et al., 2004. The worldwide leaf economics spectrum [J]. Nature, 428 (6985): 821-827.

WU G L, DU G Z, LIU Z H, et al., 2009. Effect of fencing and grazing on a *Kobresia*-dominated meadow in the Qinghai-Tibetan Plateau [J]. Plant and soil, 319 (1-2): 115-126.

WU K, WU C, 2004. Documentation and mining of yak culture to promote a sustainable yak husbandry [C]//ZHONG J, ZI X, HAN J, et al. Fourth International Congress on Yak, 2004, Chengdu, China. Ithaca, New York: International Veterinary Information Service (www.ivis.org).

XIONG D, SHI P, SUN Y, et al., 2014. Effects of grazing exclusion on plant productivity and soil carbon, nitrogen storage in Alpine meadows in northern Tibet, China [J]. Chinese geographical science, 24 (4): 488-498.

XU Y, LI L, WANG Q, et al., 2007. The pattern between nitrogen mineralization and grazing intensities in an Inner Mongolian typical steppe [J]. Plant and soil, 300 (1-2): 289-300.

YAN R, YANG G, CHEN B, et al., 2016. Effects of livestock grazing on soil nitrogen mineralization on Hulunber meadow steppe, China [J]. Plant soil and environment, 62: 202-209.

YIN Y T, HOU X Y, MICHALK D, et al., 2013. Herder mental stocking rate in the rangeland regions of northern China [C]. International grassland congress: 1833-1836.

ZHANG C P, DONG Q M, CHU H, et al., 2018. Grassland Community Composition Response to Grazing Intensity Under Different Grazing Regimes [J]. Rangeland ecology and management, 71: 196-204.

ZHANG W N, GANJURJAV H, LIANG Y, et al., 2015. Effect of a grazing ban on restoring the degraded alpine meadows of Northern Tibet, China [J]. Rangeland journal, 37 (1): 89-95.

ZHENG S X, LAN Z C, LI W, et al., 2011. Differential responses of plant functional trait to grazing between two contrasting dominant C3 and C4 species in a typical steppe of Inner Mongolia, China [J]. Plant and soil, 340 (1-2): 141-155.

ZHENG S X, REN H Y, LAN Z C, et al., 2010. Effects of grazing on leaf traits and ecosystem functioning in inner mongolia grasslands: Scaling from species to community [J]. Biogeosciences, 7 (3): 1117-1132.

ZOM R L G, HOLSHOF G, PÖTSCH E M, et al., 2011. Graze vision: A versatile grazing decision support model [Z]. Grassland science in Europe.

附　录

附录 1　植物物种名录*

科名	属名	种名	常用别名	备注
报春花科 Primulaceae	点地梅属 *Androsace*	西藏点地梅 *Androsace mariae*		
	海乳草属 *Glaux*	海乳草 *Glaux maritima*		
车前科 Plantaginaceae	车前属 *Plantago*	车前 *Plantago asiatica*		
川续断科 Dipsacaceae	刺续断属 *Morina*	青海刺参 *Morina kokonorica*		
唇形科 Labiatae	独一味属 *Lamiophlomis*	独一味 *Lamiophlomis rotata*		
	筋骨草属 *Ajuga*	白苞筋骨草 *Ajuga lupulina*		
	香薷属 *Elsholtzia*	香薷 *Elsholtzia ciliata*		
豆科 Fabaceae	扁蓿豆属 *Melissilus*	扁蓿豆 *Melissilus ruthenicus*		
	高山豆属 *Tibetia*	高山豆 *Tibetia himalaica*	异叶米口袋	
	黄芪属 *Astragalus*	多枝黄芪 *Astragalus polycladus*		也作“黄耆”，现常作“黄芪”
	棘豆属 *Oxytropis*	多叶棘豆 *Oxytropis myriophylla*		
		甘肃棘豆 *Oxytropis kansuensis*		
		黄花棘豆 *Oxytropis ochrocephala*		
		急弯棘豆 *Oxytropis deflexa*		
	苜蓿属 *Medicago*	青海苜蓿 *Medicago archiducis-nicolai*		
		紫苜蓿 *Medicago sativa*	紫花苜蓿	
禾本科 Poaceae	冰草属 *Agropyron*	冰草 *Agropyron cristatum*		

* 此名录包含了本书出现的所有植物，其中名及学名出自《中国植物志》。

续表

科名	属名	种名	常用别名	备注
禾本科 Poaceae	大麦属 *Hordeum*	青稞 *Hordeum vulgare* var. *coeleste*		
	发草属 *Deschampsia*	发草 *Deschampsia caespitosa*		
	狗尾草属 *Setaria*	狗尾草 *Setaria viridis*		
	赖草属 *Leymus*	赖草 *Leymus secalinus*		
		羊草 *Leymus chinensis*		
	茅香属 *Hierochloe*	光稃香草 *Hierochloe glahra*		
	披碱草属 *Elymus*	垂穗披碱草 *Elymus nutans*		
		老芒麦 *Elymus sibiricus*		
	溚草属 *Koeleria*	溚草 *Koeleria cristata*		
	细柄茅属 *Ptilagrostis*	双叉细柄茅 *Ptilagrostis dichotoma*		
	小麦属 *Triticum*	小麦 *Triticum aestivum*		
	燕麦属 *Avena*	燕麦 *Avena sativa*		
	羊茅属 *Festuca*	羊茅 *Festuca ovina*		
		中华羊茅 *Festuca sinensis*		
		紫羊茅 *Festuca rubra*		
	野青茅属 *Deyeuxia*	青海野青茅 *Deyeuxia kokonorica*		
		野青茅 *Deyeuxia arundinacea*		
	隐子草属 *Cleistogenes*	糙隐子草 *Cleistogenes squarrosa*		
	玉蜀黍属 *Zea*	玉米 *Zea mays*		
	早熟禾属 *Poa*	草地早熟禾 *Poa pratensis*		
		高原早熟禾 *Poa alpigena*		
		冷地早熟禾 *Poa crymophila*		
		山地早熟禾 *Poa orinosa*		
	针茅属 *Stipa*	大针茅 *Stipa grandis*		
		紫花针茅 *Stipa purpurea*		
		异针茅 *Stipa aliena*		
		针茅 *Stipa capillata*		
堇菜科 Violaceae	堇菜属 *Viola*	紫花地丁 *Viola philippica*		
景天科 Crassulaceae	红景天属 *Rhodiola*	红景天 *Rhodiola rosea*		
菊科 Asteraceae	风毛菊属 *Saussurea*	美丽风毛菊 *Saussurea pulchra*		
		水母雪兔子 *Saussurea medusa*		
		星状雪兔子 *Saussurea stella*	星状风毛菊	

续表

科名	属名	种名	常用别名	备注
菊科 Asteraceae	风毛菊属 *Saussurea*	雪莲花 *Saussurea involucrata*	雪莲	
	蒿属 *Artemisia*	冷蒿 *Artemisia frigida*		
	火绒草属 *Leontopodium*	矮火绒草 *Leontopodium nanum*		
		香芸火绒草 *Leontopodium haplophylloides*		
	蓟属 *Cirsium*	葵花大蓟 *Cirsium souliei*		
	蓼属 *Polygonum*	西伯利亚蓼 *Polygonum sibiricum*		
		珠芽蓼 *Polygonum viviparum*		
	马先蒿属 *pedicularis*	阿拉善马先蒿 *Pedicularis alaschanica*		
		甘肃马先蒿 *Pedicularis kansuensis*		
	蒲公英属 *Taraxacum*	蒲公英 *Taraxacum mongolicum*	蒙古蒲公英	
	橐吾属 *Ligularia*	黄帚橐吾 *Ligularia virgaurea*		
	香青属 *Anaphalis*	乳白香青 *Anaphalis lactea*		
	亚菊属 *Ajania*	细叶亚菊 *Ajania tenuifolia*		
	紫菀属 *Aster*	高山紫菀 *Aster alpinus*		
		萎软紫菀 *Aster flaccidus*	柔软紫菀	
龙胆科 Gentianaceae	扁蕾属 *Gentianopsis*	湿生扁蕾 *Gentianopsis paludosa*		
	喉毛花属 *Comastoma*	喉毛花 *Comastoma pulmonarium*		
	肋柱花属 *Lomatogonium*	大花肋柱花 *Lomatogonium macranthum*		
	龙胆属 *Gentiana*	达乌里秦艽 *Gentiana dahurica*		
		华丽龙胆 *Gentiana sino-ornata*		
		鳞叶龙胆 *Gentiana squarrosa*		
		麻花艽 *Gentiana straminea*		
		匙叶龙胆 *Gentiana spathulifolia*		
		线叶龙胆 *Gentiana farreri*		
	獐牙菜属 *Swertia*	獐牙菜 *Swertia bimaculata*		
牻牛儿苗科 Geraniaceae	老鹳草属 *Geranium*	老鹳草 *Geranium wilfordii*		
毛茛科 Ranunculaceae	毛茛属 *Ranunculus*	毛茛 *Ranunculus japonicus*		
		长叶毛茛 *Ranunculus lingua*		
		美丽毛茛 *Ranunculus pulchellus*	雅毛茛	

续表

科名	属名	种名	常用别名	备注
毛茛科 Ranunculaceae	唐松草属 *Thalictrum*	高山唐松草 *Thalictrum alpinum*		
		唐松草 *Thalictrum aquilegifolium* var. *sibiricum*		
	乌头属 *Aconitum*	露蕊乌头 *Aconitum gymnandrum*		
		铁棒锤 *Aconitum pendulum*		
	银莲花属 *Anemone*	钝裂银莲花 *Anemone obtusiloba*	钝叶银莲花	
蔷薇科 Rosaceae	委陵菜属 *Potentilla*	矮生多裂委陵菜 *Potentilla multifida* var. *nubigena*		
		多裂委陵菜 *Potentilla multifida*		
		二裂委陵菜 *Potentilla bifurca*		
		金露梅 *Potentilla fruticosa*		
		蕨麻 *Potentilla anserina*	鹅绒委陵菜	
		星毛委陵菜 *Potentilla acaulis*		
		雪白委陵菜 *Potentilla nivea*		
伞形科 Umbelliferae	羌活属 *Notopterygium*	羌活 *Notopterygium incisum*		
水蕨科 Parkeriaceae	水蕨属 *Ceratopteris*	水蕨 *Ceratopteris thalictroides*		
莎草科 Cyperaceae	藨草属 *Scirpus*	双柱头藨草 *Scirpus distigmaticus*		
	嵩草属 *Kobresia*	矮嵩草 *Kobresia humilis*		
		波斯嵩草 *Kobresia persica*		
		不丹嵩草 *Kobresia prainii*		
		藏北嵩草 *Kobresia littledalei*		
		藏西嵩草 *Kobresia deasyi*		
		赤箭嵩草 *Kobresia schoenoides*		
		粗壮嵩草 *Kobresia robusta*		
		大花嵩草 *Kobresia macrantha*		
		大青山嵩草 *Kobresia daqingshanica*		
		短梗嵩草 *Kobresia curticeps*		
		短轴嵩草 *Kobresia vidua*		
		粉绿嵩草 *Kobresia glaucifolia*		
		甘肃嵩草 *Kobresia kansuensis*		
		高山嵩草 *Kobresia pygmaea*		
		高原嵩草 *Kobresia pusilla*		

续表

科名	属名	种名	常用别名	备注
莎草科 Cyperaceae	嵩草属 *Kobresia*	根茎嵩草 *Kobresia williamsii*		
		钩状嵩草 *Kobresia uncinoides*		
		禾叶嵩草 *Kobresia graminifolia*		
		贺兰山嵩草 *Kobresia helanshanica*		
		黑麦嵩草 *Kobresia loliacea*		
		湖滨嵩草 *Kobresia lacustris*		
		坚挺嵩草 *Kobresia seticulmis*		
		截形嵩草 *Kobresia cuneata*		
		蕨状嵩草 *Kobresia filicina*		
		镰叶嵩草 *Kobresia falcata*		
		亮绿嵩草 *Kobresia nitens*		
		鳞被嵩草 *Kobresia lepidochlamys*		
		玛曲嵩草 *Kobresia maquensis*		
		门源嵩草 *Kobresia menyuanica*		
		岷山嵩草 *Kobresia minshanica*		
		囊状嵩草 *Kobresia fragilis*		
		尼泊尔嵩草 *Kobresia nepalensis*		
		宁远嵩草 *Kobresia kuekenthaliana*		
		膨囊嵩草 *Kobresia inflata*		
		匍茎嵩草 *Kobresia stolonifera*		
		普兰嵩草 *Kobresia burangensis*		
		祁连嵩草 *Kobresia macroprophylla*		
		三脉嵩草 *Kobresia esanbeckii*		
		疏穗嵩草 *Kobresia laxa*		
		丝叶嵩草 *Kobresia filifolia*		
		四川嵩草 *Kobresia setchwanensis*		
		松林嵩草 *Kobresia pinetorum*		
		嵩草 *Kobresia myosuroides*		
		薹穗嵩草 *Kobresia caricina*		

续表

科名	属名	种名	常用别名	备注
莎草科 Cyperaceae	嵩草属 *Kobresia*	弯叶嵩草 *Kobresia curvata*		
		尾穗嵩草 *Kobresia cercostachya*		
		藏嵩草 *Kobresia tibetica*		
		喜马拉雅嵩草 *Kobresia royleana*		
		细果嵩草 *Kobresia stenocarpa*		
		细序嵩草 *Kobresia angusta*		
		夏河嵩草 *Kobresia squamaeformis*		
		纤细嵩草 *Kobresia yangii*		
		线形嵩草 *Kobresia duthiei*		
		线叶嵩草 *Kobresia capillifolia*		
		亚东嵩草 *Kobresia yadongensis*		
		玉龙嵩草 *Kobresia tunicata*		
		玉树嵩草 *Kobresia yushuensis*		
		杂穗嵩草 *Kobresia clarkeana*		
		长芒嵩草 *Kobresia longearistita*		
	薹草属 *Carex*	暗褐薹草 *Carex atrofusca*	黑褐薹草	
		无穗柄薹草 *Carex ivanoviae*	青海薹草	
十字花科 Brassicaeae	葶苈属 *Draba*	高山葶苈 *Draba alpina*		
	芸薹属 *Brassica*	欧洲油菜 *Brassica napus*	油菜	
石竹科 Caryophyllaceae	蝇子草属 *Silene*	女娄菜 *Silene aprica*		
	卷耳属 *Cerastium*	卷耳 *Cerastium arvense*		
	繁缕属 *Stellaria*	湿地繁缕 *Stellaria uda*		
玄参科 Scrophulariaceae	婆婆纳属 *Veronica*	婆婆纳 *Veronica didyma*		
	肉果草属 *Lancea*	肉果草 *Lancea tibetica*	兰石草	
	小米草属 *Euphrasia*	小米草 *Euphrasia pectinata*		
眼子菜科 Potamogetonaceae	水麦冬属 *Triglochin*	水麦冬 *Triglochin palustre*		
杨柳科 Salicaceae	柳属 *Salix*	高山柳 *Salix cupularis*	杯腺柳	
紫草科 Boraginaceae	微孔草属 *Microula*	微孔草 *Microula sikkimensis*		

附录 2　动物物种名录 *

科名	属名	种名	常用别名
牛科 Bovidae	牛属 *Bos*	家养牦牛 *Bos grunniens*	
		野牦牛 *Bos mutus*	
		牛 *Bos taurus*	
		瘤牛 *Bos indicus*	
	绵羊属 *Ovis*	绵羊 *Ovis aries*	
鼠兔科 Ochotonidae	鼠兔属 *Ochotona*	高原鼠兔 *Ochotona curzoniae*	
		间颅鼠兔 *Ochotona cansus*	甘肃鼠兔
仓鼠科 Circetidae	田鼠属 *Microtus*	根田鼠 *Microtus oeconomus*	
鼹形鼠科 Tachyoryctinae	鼢鼠属 *Eospalax*	高原鼢鼠 *Eospalax fontanierii*	
松鼠科 Sciuridae	旱獭属 *Marmota*	喜马拉雅旱獭 *Marmota himalayana*	

附录 3　高寒草甸牦牛放牧利用技术规程 **

青海省地方标准 DB63/T607—2006

高寒草甸生态系统退化的根本原因是草地过度放牧利用。因此，依据 GB/T1.1—2001《标准化工作导则》，在参阅有关资料的基础上，总结牦牛放牧试验结果，本着科学、实用、先进的原则，特制定本规程。

本规程由青海省质量技术监督局提出。

本规程起草单位：中国科学院西北高原生物研究所和青海省畜牧兽医科学院。

本规程主要起草人：赵新全，马玉寿，董全民，王启基，施建军。

1. 范围

本规程规定了高寒草甸天然草地牦牛放牧利用率、最佳放牧强度、两季轮牧草场的最佳配置、植被不退化最大放牧强度等技术内容。

---

* 此名录包含了本书出现的所有动物，其中学名出自《中国动物志》。

** 青海省质量技术监督局 2006-11-21 发布，2007-01-01 实施。

本规程适用于青海省海拔3500～4500m高寒草甸天然草地两季轮牧草场牦牛放牧利用科研及教学。

2. 规范性引用文件

下列文件中的条款通过本规程的引用而成为本规程的条款。凡是注明日期的引用文件，其后所有的修改单（不包括勘误的内容）或修订版均不适用于本规程，然而，鼓励根据本规程达成协议的各方，研究是否可使用这些文件的最新版本。凡是不注明日期的引用文件，其最新版本适用于本标准。

JB/T7137—1993	镀锌网围栏基本参数
JB/T7138.1—7138.3—1993	编结网围栏技术条件
DB63/T209—1994	青海省草地资源调查规程
DB63/T373—2001	牛皮蝇蛆病防治技术规范
DB63/T390—2002	天然草地改良技术规程
DB63/T462—2004	牦牛寄生虫病防治技术规范

3. 术语和定义

3.1　高寒草甸

高寒草甸是高山（高原）亚寒带、寒带、半湿润、半干旱地区的地带性草地，由耐寒的旱中生或中旱生草本植物为优势种组成的草地类型；主要分布在我国的西藏自治区、青海省和甘肃省境内；常占据海拔3500～4500m的高原面、宽谷、河流高阶地、湖盆外缘及山体中上部等地形；分布区气候寒冷，属高寒半湿润、半干旱气候；年平均温度－4～0℃，年降水量300～500mm。

3.2　放牧利用率

放牧利用率，是指以放牧为牧草利用形式，在一定时间内，放牧家畜在单位面积上的采食量占牧草产量的比例。

3.3　最佳放牧强度

最佳放牧强度，是指在既不造成草地退化，又可获得单位草地面积最大家畜生产力的放牧强度。

3.4　两季轮牧草场最佳配置

受地理条件、环境因素和放牧习惯的影响，在高寒牧区形成了冷季草场和暖季草场两季轮牧制度。两季轮牧草场最佳配置，是指两季草场在不退化情况下，草场的年度家畜生产力最大时的草场面积的比例。

4. 放牧管理

4.1　围栏

围栏按 JB/T7137—1993 和 JB/T71.8.1—7138.3—1993 执行。

4.2　放牧季节

暖季草场放牧时间为 6～10 月，冷季草场放牧时间为 11 月～翌年 5 月。

4.3　放牧牦牛

放牧牦牛为 3 岁生长牦牛，平均体重为 120～140kg/ 头，相当于 2.5 个羊单位，而一头成年育成牛相当于 5 个羊单位。

4.4　牦牛疫病防治

牦牛常见疫病防治按 DB63/T373—2001 和 DB63/T462—2004 执行。

5. 放牧利用标准的确定

5.1　畜群数量和草场资源的调查

畜群数量、结构和草场资源调查，按 DB63/T209—1994 执行。

5.2　牦牛体重及采食量的确定

依据放牧家畜不同生长阶段和不同生产状况的营养需求，按照以下公式计算放牧畜群的采食量：

成年牦牛的干物质采食量＝牦牛活重×2.4%　　（附 3.1）

生长牦牛的干物质采食量＝牦牛活重×2.5%　　（附 3.2）

怀孕母牦牛的干物质采食量＝牦牛活重×2.6%　　（附 3.3）

5.3　牧草产量的测定

牧草产量于每年生物量高峰期 8 月中下旬测定，测产取样按 DB63/T390—2002 执行；牧草产量为 1800～2000kg・DM/hm^2。

5.4　最佳放牧强度

高寒草甸天然草地的最佳放牧强度为：暖季草场为 0.93～1.26 头 /hm^2（4.65～6.30 羊单位 /hm^2），冷季草场为 0.46～0.84 头 /hm^2（2.30～4.20 羊单位 /hm^2），年最佳放牧强度为 1.54～2.52 羊单位 /hm^2。

5.5　两季轮牧草场的最佳配置

暖季草场：冷季草场＝1：1.68。

5.6　放牧利用率

放牧利用率＝(放牧家畜头数×采食量）/（草地面积×牧草产量）　　（附 3.4）

根据以上各指标综合计算，暖季草场合理的放牧利用率为 40%～60%，冷季草场合理的放牧利用率为 70%～80%。

6. 规范性附录

Jones 和 Sandland（1974）考察了从热带到温带共 33 个不同植被类型牧场的大量放牧强度试验数据，发现家畜的个体增重 Y 与放牧强度 x 之间存在一种线性关系：

$$Y=a-bx\ (b>0) \tag{附 3.5}$$

尽管对极轻和极重的放牧强度下直线或曲线的形状存在一些争议，但对很大放牧强度范围内存在着线性关系，则是人们普遍接受的。从附表 3.1 可以看出，高寒草甸上牦牛个体增重与放牧强度之间确实存在着如式（附 3.5）所示的线性关系，表明放牧强度是引起牦牛个体增重变化的主要原因。

附表 3.1　牦牛个体增重与放牧强度之间的回归方程

时间	回归方程	r	P
冷季	$Y=46.925-28.365x$	−1.0000	<0.001
暖季	$Y=50.6-24.05x$	−0.8499	<0.05
放牧第一年	$Y=99.692-67.978x$	−0.9914	<0.01

回归方程中的 Y 轴截距（a）和斜率（b）均不相同，一般认为 a 分别表示草场的营养水平。a 值越大表示草场营养水平越高，低放牧强度下牦牛个体增重越大；而斜率（b）则表示草场关于放牧强度的空间稳定性（家畜在不同强度的啃食下，草场维持潜在生产力和植被组成不变的能力）及恢复能力（植被组成改变后恢复到原来状态的能力）。b 值越小牦牛个体增重减少越慢，直线 Y 就趋向水平，草场的空间稳定性越好，恢复能力越强。

但是，这种解释只适于放牧时间长度相差不多的季节性草场之间的比较，以牦牛的个体增重变化间接相对度量草场的质量截距（a）及草场的稳定性和恢复能力斜率（b）。年度回归方程显然不宜与季节性草场比较。因为牦牛个体的总增重等于两季草场上牦牛个体年度的增重之和，从而年度回归方程在 Y 轴上的截距（a）必然大于两季草场回归方程在 Y 轴上的截距之和。换言之，如果将年度回归方程与两季草场的回归方程相比，只会得出在试验期内草场的营养水平高于两季草场的错误结论。对于斜率（b）也存在类似的问题。

回归直线 Y 与 X 轴的交点（$x=a/b$）表示牦牛个体增重为 0 的放牧强度。即在该放牧强度之下，草场只能支撑牦牛的维持代谢。若高于该放牧强度，牦牛个体增重则呈负增长，称其为草场的最大负载能力 x_c，这也是草场理论上容纳牦牛数量的能力。

当放牧强度为 x，也即每公顷草地有 x 头牦牛时，由式（附 3.5），每公顷草地的牦牛总增重 Y_T（kg/hm^2）为

$$Y_T = ax - bx^2 \quad （附 3.6）$$

对于每公顷的草地，若以牦牛的活重来度量其牦牛生产力，则式（附 3.6）表示每公顷草地牦牛生产力与放牧强度之间的定量关系。因为 $b>0$，Y_T 达到最大值的放牧强度为

$$x^* = a/2b \quad （附 3.7）$$

x^* 恰好是草场最大负载能力 x_c 的一半。相应的 Y_T 最大值为

$$Y_{T_{max}} = a^2/4b = (a/b) \cdot a/4 = x_c \cdot a/4 \quad （附 3.8）$$

表明每公顷草地的最大牦牛生产力仅由草场的最大负载能力和营养水平决定。可见营养水平和最大负载能力是评价草场的重要指标。

在暖季草场放牧 5 个月、冷季草场放牧 7 个月、各放牧强度两季草场牧草利用率控制基本相同的条件下，暖季草场、冷季草场最佳放牧强度分别为 1.26 头 /hm^2（6.30 羊单位 /hm^2）、0.84 头 /hm^2（4.20 羊单位 /hm^2）。

7. 规范性附录

周立等（1995）通过建立非线性数学模型对海北定位站轮牧草场放牧强度最佳配置进行了分析证明，证明了非线性无约束最优化问题解的存在和唯一性，提出了优化方法并给出两季草场最佳放牧强度的解析表达式

$$x_1 = (b_2/b_1)^{1/2} \cdot x_2 \quad （附 3.9）$$

$$x_2 = (a_1 + a_2)/2\left[(b_1 b_2)^{1/2} + b_2\right] \quad （附 3.10）$$

式中，a、b 为两季草场牦牛体重增长方程中的系数；x_1 表示暖季草场放牧强度；x_2 表示冬季草场放牧强度。将附表 3A-1 中的回归方程的系数用于上式，得出两季草场放牧强度最佳配置为：暖季草场为 0.91 头 /hm^2（4.55 羊单位 /hm^2），冬季草场为 0.54 头 /hm^2（2.70 羊单位 /hm^2），暖季草场：冷季草场＝1：1.68。

8. 资料性附录

经回归分析，优良牧草比例和牦牛个体增重与放牧强度均呈负相关线性回归关系（附表 3.2）。优良牧草比例的年度变化（Rd）、牦牛个体增重的年度变化（Bg）与放牧强度（S）之间的回归方程分别为

$$Rd = 16.29 - 5.77S \quad (R = -0.9823,\ P < 0.02) \quad （附 3.11）$$

$$Bg = 13.767 - 4.4S \quad (R = -0.9206,\ P < 0.05) \quad （附 3.12）$$

附表 3.2 牦牛个体增重和优良牧草比例年度变化

放牧处理	轻度放牧	中度放牧	重度放牧
放牧强度 / （头 /hm^2）	0.89	1.45	2.08
牧草利用率 /%	30	50	70
优良牧草比例的年度变化 /%	3.93	−0.07	−7.61
牦牛个体增重的年度变化 / （kg/ 头）	10.6	3.7	1.2

放牧强度为 0.93 头 /hm^2 时，基本能维持优良牧草比例和牦牛个体增重的年度变化不变。如果高于该放牧强度，优良牧草比例和牦牛个体增重在第二年下降，反之上升；而且偏离越远上升或下降幅度越大。因此，结合两季草场的最佳放牧强度，可以认为放牧强度为 0.93～1.26 头 /hm^2 时是高寒草甸暖季草场不退化的最大放牧强度；另外，依据冬季草场牧草营养减损情况，冬季草场不退化的最大放牧强度为 0.46～0.84 头 /hm^2。

编 制 说 明

高寒草甸占青海省天然草地总面积的 60% 以上，但它的初级生产力水平很低、牧草营养成分的季节性变化大，放牧牦牛始终处于“夏饱、秋肥、冬瘦、春死亡”的恶性循环之中，导致牦牛生产处在低水平的发展阶段。长期以来，高寒草甸天然草地放牧利用技术研究缺乏系统性、规范化的技术标准。因此，以达日县高寒草甸天然草地牦牛放牧试验及国家“十五”科技攻关计划重大项目（2001BA606A-02）研究结果为基础，结合其他地区的成功技术和经验，组装配套，使各项分立技术整体化、系统化，促使高寒天然草地牦牛放牧利用技术上升到规范化、标准化程度，并依照国家标准化导则的要求，制定高寒草甸天然草地牦牛放牧利用技术规程。

此规程的发布与实施对指导高寒草甸天然草地牦牛放牧管理及防治草地退化等研究工作将发挥积极的作用，同时可为即将实施的青海三江源自然保护区生态保护和建设总体规划提供技术保障和理论支持。